工程软件应用精解

ANSYS Fluent
中文版 超级学习手册

仿真联盟 编著

人民邮电出版社

北 京

图书在版编目（CIP）数据

ANSYS Fluent中文版超级学习手册 / 仿真联盟编著
. -- 北京 : 人民邮电出版社，2023.10
ISBN 978-7-115-61805-4

Ⅰ. ①A… Ⅱ. ①仿… Ⅲ. ①工程力学－流体力学－
有限元分析－应用软件－手册 Ⅳ. ①TB126-39

中国国家版本馆CIP数据核字(2023)第090238号

内 容 提 要

　　本书以有限体积法（又称为控制容积法）为基础，结合作者多年的使用和开发经验，通过丰富的工程实例详细讲解 ANSYS Fluent 在各个专业领域中的应用。

　　全书分为基础知识和实例详解两个部分，共 15 章。基础知识部分详细介绍了流体力学的相关理论基础知识和 Fluent 软件，包括 Fluent 软件、前处理、后处理、常用的边界条件等内容；实例详解部分包括导热问题、流体流动与传热、自然对流与辐射换热、凝固和熔化过程、多相流模型、离散相、组分传输与气体燃烧、动网格问题、多孔介质内部流动与换热、UDF 基础应用和燃料电池问题等的数值模拟。本书每个实例都有详细的说明和操作步骤，读者只需按书中的方法和步骤进行软件操作，即可完成一个具体问题的数值模拟和分析，掌握 Fluent 软件的使用方法。

　　本书内容翔实，既可以作为动力、能源、水利、航空、冶金、海洋、环境、气象、流体工程等专业领域的工程技术人员参考用书，也可以作为高等院校相关专业高年级本科生、研究生的学习用书。读者可以扫描书中的二维码观看讲解视频，以进一步提升阅读体验。

◆ 编　　著　仿真联盟
　　责任编辑　胡俊英
　　责任印制　王　郁　焦志炜
◆ 人民邮电出版社出版发行　　北京市丰台区成寿寺路 11 号
　　邮编　100164　　电子邮件　315@ptpress.com.cn
　　网址　https://www.ptpress.com.cn
　　北京虎彩文化传播有限公司印刷
◆ 开本：787×1092　1/16
　　印张：26　　　　　　　　　2023 年 10 月第 1 版
　　字数：618 千字　　　　　　2024 年 9 月北京第 4 次印刷

定价：99.80 元

读者服务热线：(010)81055410　印装质量热线：(010)81055316
反盗版热线：(010)81055315
广告经营许可证：京东市监广登字 20170147 号

前　言

流体的流动规律以三大守恒定律，即质量守恒定律、动量守恒定律和能量守恒定律为基础。一方面，这些定律由数学方程组来描述，但由于这些方程组是非线性的，因此利用传统的求解方法解决复杂问题时无法得到分析解。另一方面，随着计算机技术的不断发展和进步，计算流体动力学（CFD）逐渐在流体力学研究领域崭露头角，它通过计算机数值计算和图像显示方法，在时间和空间上定量描述流场的数值解，从而达到研究物理问题的目的。它兼具理论性和实践性，成为继理论流体力学和实验流体力学之后的又一种重要研究手段。

Fluent 是国际流行的商用 CFD 软件包，包含基于压力的分离求解器和耦合求解器、基于密度的隐式求解器和显式求解器。它具有丰富的物理模型、先进的数值方法和强大的前后处理功能，可对高超音速流场、传热与相变、化学反应与燃烧、多相流、旋转机械、动/变形网格、噪声、材料加工复杂激励等流动问题进行精确的模拟，具有较高的可信度。

本书以 ANSYS Fluent 2022 作为软件平台，详尽地讲解了 Fluent 软件的使用方法，全书共 15 章，各章的主要内容如下。

第 1 章：Fluent 软件概述。讲解 Fluent 软件的特点、Fluent 与 ANSYS Workbench 之间的关系以及在 Workbench 中使用 Fluent 的方法等内容，并在此基础上介绍 Fluent 的基本操作。

第 2 章：前处理方法。简要介绍主流前处理软件 Fluent Meshing 及 ANSYS ICEM 的功能及特点，并通过实例介绍使用 Fluent Meshing 及 ICEM CFD 划分三维结构化网格的方法。

第 3 章：后处理方法。主要介绍两种对 Fluent 结果文件进行后处理的途径：Fluent 内置后处理、Workbench CFD-Post 通用后处理器，以及运用这两种途径进行可视化图形处理、渲染以及图表、曲线和报告的生成方法。

第 4 章：Fluent 常用边界条件。首先对 Fluent 中提供的各种边界条件进行分类，然后阐述 Fluent 中流动入口和出口边界的各种参数确定方法，重点介绍 Fluent 中若干种常用边界条件的使用条件及方法。

第 5 章：导热问题数值模拟。首先介绍导热的基础理论，即傅里叶定律，然后通过两个实例对导热问题进行具体的数值模拟分析，包括有内热源的导热问题以及钢球非稳态冷却过程的数值模拟。

第 6 章：流体流动与传热数值模拟。首先介绍流体的两种流动状态——层流和湍流，然后介绍 Fluent 中的湍流模型，包括 Spalart-Allmaras 模型、k-ε 模型、k-ω 模型等。最后通过 4 个实例对其流场和温度场进行数值模拟。

其中引射器内流场、圆柱绕流和二维离心泵内流场的数值模拟属于流体流动的数值模拟；地埋管流固耦合换热的数值模拟属于强制对流与导热耦合的数值模拟。

第 7 章：自然对流与辐射换热数值模拟。首先介绍自然对流与辐射换热的理论知识，然后通过 3 个实例分别对自然对流与辐射换热进行数值模拟。

两相连方腔内自然对流换热的数值模拟，左侧高温壁面以自然对流的形式通过中间壁面向右侧壁面传热，通过数值模拟可准确预测其内部温度场、压力场和速度场。

烟道内烟气对流辐射换热的数值模拟，主要是烟气中的三原子气体、非对称结构的双原子气体等对壁面有辐射换热，通过数值模拟可准确预测其内部的温度场、速度场。

室内通风问题模拟的是在英国菲尔德 Fluent 欧洲办事处接待区的通风问题，考虑了不同材质墙体的传热和辐射问题，同时加载了夏季的太阳模型，得到室内温度分布情况和墙面太阳热流分布。

第 8 章：凝固和熔化过程数值模拟。首先介绍凝固熔化模型的基础理论，然后通过一个实例对其进行数值模拟，通过数值模拟可清晰地看到熔化过程固液相的变化，并计算出冰块熔化所需要的时间。

第 9 章：多相流模型数值模拟。首先介绍多相流的基础知识，然后介绍 Fluent 中的 3 种多相流模型，最后通过 4 个实例进行数值模拟。

其中孔口出流、水中气泡的上升属于 VOF 模型，气穴现象的数值模拟属于 Mixture 模型，水流对沙滩冲刷过程的数值模拟属于 Eulerian 模型。

第 10 章：离散相数值模拟。首先介绍离散相模型的基础知识，然后通过两个实例进行详细的数值模拟分析。

引射器离散相流场的数值模拟，是在第 7.2 节引射器内流场的基础上添加离散相模型，用于模拟其内部烟灰的流动特性；喷淋过程的数值模拟是利用离散相的喷雾模型，对喷淋过程进行数值模拟。

第 11 章：组分传输与气体燃烧数值模拟。首先介绍基础理论知识，然后通过 3 个实例进行数值模拟分析。

室内甲醛污染物浓度的数值模拟，利用数值模拟方法准确预测室内甲醛的浓度；焦炉煤气燃烧和预混气体化学反应的模拟，利用数值模拟方法对多组分气体燃烧进行模拟，得到其温度场、速度场和各组分的浓度场。

第 12 章：动网格问题数值模拟。首先介绍 Fluent 动网格的基础理论知识，然后通过 4 个实例进行数值模拟，包括两车交会过程、运动物体强制对流换热、双叶轮旋转流场和单级轴流涡轮机模型内部流场的数值模拟。

第 13 章：多孔介质内流动与换热数值模拟。首先介绍多孔介质的基础理论知识，然后介绍 Fluent 多孔介质模型，最后通过 3 个实例进行数值模拟分析。

第 14 章：UDF 基础应用。首先介绍 UDF（用户自定义函数）的基本用法，然后用 3 个实例演示 UDF 在定义物性参数、求解多孔介质和定义运动参数等方面的应用。

第 15 章：燃料电池问题模拟。主要向读者介绍如何使用 Fluent 中的燃料电池附件模块来求解单通道逆流聚合物电解质膜（PEM）燃料电池问题。

本书致力于探索 ANSYS 软件发展的前沿，对 Fluent 2022 软件的部分新功能进行详细的介绍与案例分析，希望对读者有所帮助。读者可通过异步社区网站获取本书配套资源，还可以扫描书中所附的二维码观看图书配套视频，提升学习效果。

说明：目前 ANSYS Fluent 2022 中文版需要在 Workbench 平台内启动 Fluent 分析项目才可以实现。本书中的案例均是在 ANSYS Workbench 平台内启动 Fluent，然后进行后续分析。

虽然作者在本书的编写过程中力求叙述准确、完善，但由于水平有限，书中欠妥之处在所难免，欢迎读者指正，共同提高本书质量。读者在阅读过程中遇到与本书有关的问题，可访问"仿真技术"公众号并回复"RYFL001"获取相关资源，还可加入交流群。

资源与支持

资源获取

本书提供如下资源：
- 配套案例素材；
- 配套彩图文件；
- 本书思维导图；
- 异步社区 7 天 VIP 会员。

要获得以上资源，您可以扫描下方二维码，根据指引领取。

提交勘误

作者和编辑尽最大努力来确保书中内容的准确性，但难免会存在疏漏。欢迎您将发现的问题反馈给我们，帮助我们提升图书的质量。

当您发现错误时，请登录异步社区（https://www.epubit.com/），按书名搜索，进入本书页面，点击"发表勘误"，输入勘误信息，点击"提交勘误"按钮即可（见下图）。本书的作者和编辑会对您提交的勘误进行审核，确认并接受后，您将获赠异步社区的 100 积分。积分可用于在异步社区兑换优惠券、样书或奖品。

与我们联系

我们的联系邮箱是 contact@epubit.com.cn。

如果您对本书有任何疑问或建议，请您发邮件给我们，并请在邮件标题中注明本书书名，以便我们更高效地做出反馈。

如果您有兴趣出版图书、录制教学视频，或者参与图书翻译、技术审校等工作，可以发邮件给我们。

如果您所在的学校、培训机构或企业，想批量购买本书或异步社区出版的其他图书，也可以发邮件给我们。

如果您在网上发现有针对异步社区出品图书的各种形式的盗版行为，包括对图书全部或部分内容的非授权传播，请您将怀疑有侵权行为的链接发邮件给我们。您的这一举动是对作者权益的保护，也是我们持续为您提供有价值的内容的动力之源。

关于异步社区和异步图书

"异步社区"(www.epubit.com)是由人民邮电出版社创办的 IT 专业图书社区，于 2015 年 8 月上线运营，致力于优质内容的出版和分享，为读者提供高品质的学习内容，为作译者提供专业的出版服务，实现作者与读者在线交流互动，以及传统出版与数字出版的融合发展。

"异步图书"是异步社区策划出版的精品 IT 图书的品牌，依托于人民邮电出版社在计算机图书领域 30 余年的发展与积淀。异步图书面向 IT 行业以及各行业使用 IT 技术的用户。

目　录

第1章　Fluent 软件概述 ………………1

1.1　Fluent 软件简介 …………………1
　1.1.1　网格技术 …………………2
　1.1.2　数值技术 …………………3
　1.1.3　物理模型 …………………4
1.2　Fluent 与 Workbench ………………5
　1.2.1　Workbench 简介 …………………5
　1.2.2　Workbench 的操作界面 …………5
　1.2.3　在 Workbench 中启动
　　　　 Fluent …………………6
1.3　Fluent 的基本操作流程 ………………7
　1.3.1　启动 Fluent 主程序 …………………7
　1.3.2　Fluent 主界面 …………………8
　1.3.3　读入网格 …………………9
　1.3.4　检查网格 …………………9
　1.3.5　选择基本物理模型 …………………9
　1.3.6　设置材料属性 …………………10
　1.3.7　设置计算区域条件 …………………11
　1.3.8　设置边界条件 …………………12
　1.3.9　设置动网格 …………………12
　1.3.10　设置参考值 …………………12
　1.3.11　设置算法及离散格式 …………13
　1.3.12　设置求解参数 …………………13
　1.3.13　设置监视窗口 …………………13
　1.3.14　初始化流场 …………………14
　1.3.15　运行计算 …………………14
　1.3.16　保存结果 …………………15
1.4　本章小结 …………………15

第2章　前处理方法 …………………16

2.1　ICEM CFD 软件概述 …………16

2.1.1　ICEM CFD 的基本功能 ……16
2.1.2　ICEM CFD 的操作界面 ……19
2.1.3　ICEM CFD 的文件系统 ……20
2.1.4　ICEM CFD 的操作步骤 ……20
2.1.5　ICEM CFD 应用实例 ……21
2.2　Fluent Meshing 网格划分
　　实例 …………………29
　2.2.1　创建分析项目 …………………29
　2.2.2　导入创建几何体 …………………29
　2.2.3　网格划分 …………………30
2.3　本章小结 …………………34

第3章　后处理方法 …………………35

3.1　Fluent 内置后处理方法 …………35
　3.1.1　创建面 …………………36
　3.1.2　显示及着色处理 …………………36
　3.1.3　绘图功能 …………………42
　3.1.4　通量报告和积分计算 …………42
3.2　Workbench CFD-Post 通用后
　　处理器 …………………45
　3.2.1　启动 CFD-Post …………………45
　3.2.2　创建位置 …………………46
　3.2.3　颜色、渲染和视图 …………………49
　3.2.4　矢量图、云图及流线图的
　　　　绘制 …………………49
　3.2.5　其他图形功能 …………………50
　3.2.6　变量列表与表达式列表 ……51
　3.2.7　创建表格和图表 …………………53
　3.2.8　制作报告 …………………55
　3.2.9　动画制作 …………………56
　3.2.10　其他工具 …………………57

3.2.11 多文件模式·············57
3.3 本章小结·················58

第4章 Fluent 常用边界条件·······59
4.1 Fluent 中边界条件的分类·······59
4.2 边界条件设置及操作方法·······59
4.2.1 边界条件的设置·········60
4.2.2 边界条件的修改·········60
4.2.3 边界条件的复制·········60
4.2.4 边界的重命名···········61
4.3 Fluent 中流动出入口边界条件及
参数确定·················61
4.3.1 用轮廓指定湍流参量·····62
4.3.2 湍流参量的估算·········62
4.4 Fluent 中常用的边界条件·······65
4.4.1 入口边界条件···········65
4.4.2 质量入口边界条件·······69
4.4.3 入口通风口边界条件·····70
4.4.4 吸风扇边界条件·········72
4.4.5 出口边界条件···········73
4.4.6 壁面边界条件···········78
4.4.7 对称边界条件···········84
4.4.8 周期性边界条件·········84
4.4.9 流体区域条件···········85
4.4.10 固体区域条件·········86
4.4.11 其他边界条件·········87
4.5 本章小结·················88

第5章 导热问题数值模拟·········89
5.1 导热问题分析概述···········89
5.2 有内热源的导热问题的数值
模拟·····················90
5.2.1 案例简介···············90
5.2.2 Fluent 中求解计算·······90
5.2.3 计算结果后处理·········97
5.2.4 保存数据并退出·········100
5.3 钢球非稳态冷却过程的数值
模拟·····················100
5.3.1 案例简介···············100

5.3.2 Fluent 求解计算设置·······100
5.3.3 求解计算···············103
5.3.4 计算结果后处理及分析···108
5.4 本章小结·················110

第6章 流体流动与传热数值模拟······111
6.1 流体流动与传热概述·········111
6.2 引射器内流场数值模拟·······113
6.2.1 案例简介···············113
6.2.2 Fluent 求解计算设置·······113
6.2.3 求解计算···············117
6.2.4 计算结果后处理及分析···119
6.3 地埋管流固耦合换热的数值
模拟·····················121
6.3.1 案例简介···············121
6.3.2 Fluent 求解计算设置·······121
6.3.3 流场求解计算···········125
6.3.4 温度场求解计算设置·····126
6.3.5 温度场求解计算·········128
6.3.6 计算结果后处理及分析···129
6.4 圆柱绕流流场的数值模拟·······130
6.4.1 案例简介···············130
6.4.2 Fluent 求解计算设置·······131
6.4.3 求解计算···············134
6.4.4 计算结果后处理及分析···136
6.5 二维离心泵叶轮内流场数值
模拟·····················138
6.5.1 案例简介···············138
6.5.2 Fluent 求解计算设置·······138
6.5.3 求解计算···············142
6.5.4 计算结果后处理及分析···143
6.6 本章小结·················146

**第7章 自然对流与辐射换热数值
模拟**·····················147
7.1 自然对流与辐射换热概述·········147
7.2 相连方腔内自然对流换热的数值
模拟·····················149
7.2.1 案例简介···············149

7.2.2 Fluent 求解计算设置 ······ 149
7.2.3 求解计算 ······ 152
7.2.4 计算结果后处理及分析 ··· 155
7.3 烟道内烟气对流辐射换热的数值
模拟 ······ 159
7.3.1 案例简介 ······ 159
7.3.2 Fluent 求解计算设置 ······ 159
7.3.3 求解计算 ······ 167
7.3.4 计算结果后处理及分析 ··· 169
7.4 室内通风问题的计算实例 ······ 171
7.4.1 案例简介 ······ 171
7.4.2 Fluent 求解计算设置 ······ 172
7.4.3 求解计算 ······ 183
7.4.4 计算结果后处理及分析 ··· 186
7.5 本章小结 ······ 188

第 8 章 凝固和熔化过程数值模拟 ······ 189
8.1 凝固和熔化模型概述 ······ 189
8.2 冰熔化过程的数值模拟 ······ 189
8.2.1 案例简介 ······ 189
8.2.2 Fluent 求解计算设置 ······ 190
8.2.3 求解计算 ······ 194
8.2.4 计算结果后处理及分析 ··· 197
8.3 本章小结 ······ 198

第 9 章 多相流模型数值模拟 ······ 199
9.1 多相流概述 ······ 199
9.2 孔口自由出流的数值模拟 ······ 201
9.2.1 案例简介 ······ 201
9.2.2 Fluent 求解计算设置 ······ 201
9.2.3 求解计算 ······ 206
9.2.4 计算结果后处理及分析 ··· 209
9.3 水中气泡上升过程的数值模拟 ··· 211
9.3.1 案例简介 ······ 211
9.3.2 Fluent 求解计算设置 ······ 211
9.3.3 求解计算 ······ 216
9.3.4 计算结果后处理及分析 ··· 219
9.4 水流对沙滩冲刷过程的数值
模拟 ······ 221

9.4.1 案例简介 ······ 221
9.4.2 Fluent 求解计算设置 ······ 222
9.4.3 求解计算 ······ 227
9.4.4 计算结果后处理及分析 ··· 230
9.5 气穴现象的数值模拟 ······ 232
9.5.1 案例简介 ······ 232
9.5.2 Fluent 求解计算设置 ······ 232
9.5.3 求解计算 ······ 238
9.5.4 计算结果后处理及分析 ··· 239
9.6 本章小结 ······ 240

第 10 章 离散相数值模拟 ······ 241
10.1 离散相模型概述 ······ 241
10.2 引射器离散相流场的数值
模拟 ······ 242
10.2.1 案例简介 ······ 242
10.2.2 Fluent 求解计算设置 ······ 242
10.2.3 求解计算 ······ 245
10.2.4 计算结果后处理及
分析 ······ 246
10.3 喷淋过程的数值模拟 ······ 248
10.3.1 案例简介 ······ 248
10.3.2 Fluent 求解计算设置 ······ 248
10.3.3 求解计算 ······ 253
10.3.4 计算结果后处理及
分析 ······ 254
10.4 本章小结 ······ 256

**第 11 章 组分传输与气体燃烧数值
模拟** ······ 257
11.1 组分传输与气体燃烧概述 ······ 257
11.2 室内甲醛污染物浓度的数值
模拟 ······ 259
11.2.1 案例简介 ······ 259
11.2.2 Fluent 求解计算设置 ······ 260
11.2.3 求解计算 ······ 265
11.2.4 计算结果后处理及
分析 ······ 266
11.3 焦炉煤气燃烧的数值模拟 ······ 268

11.3.1　案例简介···········268

11.3.2　Fluent 求解计算设置······268

11.3.3　求解计算···········274

11.3.4　计算结果后处理及
分析·············275

11.4　预混气体化学反应的模拟·······277

11.4.1　案例简介···········277

11.4.2　Fluent 求解计算设置······277

11.4.3　求解计算及后处理······281

11.5　本章小结·············288

第 12 章　动网格问题数值模拟·········289

12.1　动网格问题概述·········289

12.2　两车交会过程的数值
模拟·············290

12.2.1　案例简介···········290

12.2.2　Fluent 求解计算设置·····291

12.2.3　求解计算···········296

12.2.4　计算结果后处理及
分析·············299

12.3　运动物体强制对流换热的数值
模拟·············300

12.3.1　案例简介···········300

12.3.2　Fluent 求解计算设置·····301

12.3.3　求解计算···········306

12.3.4　计算结果后处理及
分析·············310

12.4　双叶轮旋转流场的数值模拟·····311

12.4.1　案例简介···········311

12.4.2　Fluent 求解计算设置·····311

12.4.3　求解计算···········316

12.4.4　计算结果后处理及
分析·············319

12.5　单级轴流涡轮机模型内部流场
模拟·············320

12.5.1　案例简介···········320

12.5.2　Fluent 求解计算设置·····321

12.5.3　求解计算···········329

12.5.4　计算结果后处理及分析···331

12.6　本章小结·············335

第 13 章　多孔介质内流动与换热数值
模拟·············336

13.1　多孔介质模型概述·········336

13.2　多孔烧结矿内部流动换热的数值
模拟·············337

13.2.1　案例简介···········337

13.2.2　Fluent 求解计算设置······337

13.2.3　求解计算···········341

13.2.4　计算结果后处理及分析···344

13.3　三维多孔介质内部流动的数值
模拟·············346

13.3.1　案例简介···········346

13.3.2　Fluent 求解计算设置······346

13.3.3　求解计算···········350

13.3.4　计算结果后处理及
分析·············351

13.4　催化转换器内部流动的数值
模拟·············353

13.4.1　案例简介···········353

13.4.2　Fluent 求解计算设置······354

13.4.3　求解计算···········358

13.4.4　计算结果后处理及
分析·············361

13.5　本章小结·············364

第 14 章　UDF 基础应用·············365

14.1　UDF 介绍·············365

14.1.1　UDF 的基本功能·······365

14.1.2　UDF 编写基础·······365

14.1.3　UDF 中的 C 语言基础···367

14.2　利用 UDF 自定义物性参数······370

14.2.1　案例简介···········371

14.2.2　Fluent 求解计算设置······371

14.2.3　求解计算···········375

14.2.4　计算结果后处理及
分析·············376

14.3　利用 UDF 求解多孔介质问题···377

14.3.1　案例简介⋯⋯⋯⋯⋯377

14.3.2　Fluent 求解计算设置⋯⋯377

14.3.3　求解计算⋯⋯⋯⋯⋯381

14.3.4　计算结果后处理及
　　　　分析⋯⋯⋯⋯⋯⋯⋯381

14.4　水中落物的数值模拟⋯⋯⋯⋯382

14.4.1　案例简介⋯⋯⋯⋯⋯382

14.4.2　Fluent 求解计算设置⋯⋯382

14.4.3　求解计算⋯⋯⋯⋯⋯389

14.5　本章小结⋯⋯⋯⋯⋯⋯⋯⋯394

第 15 章　燃料电池问题模拟⋯⋯⋯⋯395

15.1　单直通道逆流 PEM 燃料电池⋯395

15.1.1　案例简介⋯⋯⋯⋯⋯395

15.1.2　Fluent 求解计算设置⋯⋯396

15.1.3　求解计算⋯⋯⋯⋯⋯399

15.1.4　计算结果后处理及
　　　　分析⋯⋯⋯⋯⋯⋯⋯401

15.2　本章小结⋯⋯⋯⋯⋯⋯⋯⋯403

参考文献⋯⋯⋯⋯⋯⋯⋯⋯⋯⋯⋯⋯404

第 1 章 Fluent 软件概述

CFD 商业软件 Fluent 是通用 CFD 软件包，用来模拟从不可压缩到高度压缩范围内的复杂流动。由于采用了多种求解方法和多重网格加速收敛技术，因此 Fluent 能够实现理想的收敛速度和求解精度。灵活的非结构化网格、基于解的自适应网格技术及成熟的物理模型，使 Fluent 在转换与湍流、传热与相变、化学反应与燃烧、多相流、旋转机械、动/变形网格、噪声、材料加工、燃料电池等方面有广泛的应用。

扫码观看
配套视频

第 1 章配套视频

学习目标：

● 学习 Fluent 软件的主要特点；
● 了解 ANSYS Workbench 的基本操作方法；
● 学习 Fluent 的基本操作流程。

1.1 Fluent 软件简介

2006 年 5 月，Fluent 成为全球知名的 CAE 软件供应商——ANSYS 大家庭中的重要成员。所有的 Fluent 软件都集成在 ANSYS Workbench 环境下，共享先进的 ANSYS 公共 CAE 技术。

Fluent 是 ANSYS CFD 的旗舰产品，ANSYS 增加了对 Fluent 核心 CFD 技术的投资，确保 Fluent 在 CFD 领域的绝对领先地位。ANSYS 公司收购 Fluent 以后进行了大量高技术含量的开发工作，具体如下。

● 内置六自由度刚体运动模块配合强大的动网格技术。
● 领先的转捩模型精确计算层流到湍流的转捩以及飞行器阻力精确模拟。
● 非平衡壁面函数和增强型壁面函数加压力梯度修正能够有效提高边界层回流计算精度。
● 多面体网格技术能够有效减少网格量并提高计算精度。
● 密度基算法用于解决高超音速流动问题。
● 高阶格式可以精确捕捉激波。
● 噪声模块用于解决航空领域的气动噪声问题。
● 非平衡火焰模型用于模拟航空发动机燃烧。
● 旋转机械模型和虚拟叶片模型广泛用于模拟螺旋桨旋翼 CFD。
● 先进的多相流模型。
● HPC 大规模计算高效并行技术。

图 1-1 所示为一个 Fluent 的计算图例，是 Fluent 在航空领域的应用实例，演示了飞机

滑行过程中起落架附近的涡流分布。

图 1-1　Fluent 的计算图例

1.1.1　网格技术

计算网格是计算流体动力学（Computational Fluid Dynamics，CFD）的核心，它通常把计算域划分为几千甚至几百万个单元，在单元上计算并存储求解变量。Fluent 使用非结构化网格技术，意味着有各种各样的网格单元，具体如下。

- 二维的四边形和三角形单元。
- 三维的四面体核心单元。
- 六面体核心单元。
- 棱柱和多面体单元。

在目前的 CFD 市场上，Fluent 以其在非结构网格的基础上提供丰富的物理模型而著称，主要有以下特点。

1. 完全非结构化网格。

Fluent 软件采用基于完全非结构化网格的有限体积法，而且具有基于网格节点和网格单元的梯度算法。

2. 先进的动/变形网格技术。

Fluent 软件中的动/变形网格技术主要用于解决边界运动的问题，用户只需指定初始网格和运动壁面的边界条件，其余网格变化完全由解算器自动生成。网格变形方式有 3 种：弹簧压缩式、动态铺层式以及局部网格重生式。其中，局部网格重生式是 Fluent 特有的，而且用途广泛，可用于非结构网格、变形较大问题，以及物体运动规律未知而完全由于流动所产生的问题。

3. 多网格支持功能。

Fluent 软件具有强大的网格支持能力，支持界面不连续的网格、混合网格、动/变形网格以及滑动网格等。值得强调的是，Fluent 软件还拥有多种基于解的网格的自适应、动态自适应技术，以及动网格与网格动态自适应相结合的技术。

1.1.2 数值技术

在 Fluent 软件中，有两种数值技术可以选择：基于压力的求解器和基于密度的求解器。

从传统上讲，基于压力的求解器是针对低速、不可压缩流开发的，基于密度的求解器是针对高速、可压缩流开发的。但近年来这两种技术被不断地扩展和重构，使得它们突破限制，可以求解更为广泛的流体流动问题。

在 Fluent 软件中，基于压力的求解器和基于密度的求解器处于同一界面中，确保 Fluent 对于不同的问题都可以实现良好的收敛性、稳定性和精度。

1. 基于压力的求解器

基于压力的求解器采用的计算法则属于常规意义上的投影方法。在投影方法中，首先通过动量方程求解速度场，继而通过压力方程的修正使得速度场满足连续性条件。

由于压力方程来源于连续性方程和动量方程，因此能够保证整个流场的模拟结果同时满足质量守恒和动量守恒。

由于控制方程（动量方程和压力方程）的非线性和相互耦合作用，因此需要一个迭代过程，使得控制方程重复求解直至结果收敛，这种方法可以用来求解压力方程和动量方程。

Fluent 软件中包含以下两种基于压力的求解器。

（1）基于压力的分离求解器。

如图 1-2 所示，分离求解器顺序地求解每一个变量的控制方程，每一个控制方程在求解时被从其他方程中"解耦"或分离，并且因此而得名。

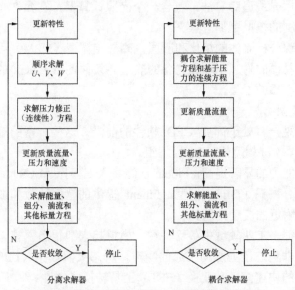

图 1-2　分离求解器和耦合求解器的流程对比

分离求解器的内存效率非常高，因为离散方程仅需要在一个时刻占用内存；收敛速度相对较慢，因为方程是以"解耦"方式求解的。

工程实践表明，分离求解器对于燃烧、多相流问题更加有效，因为它提供了更为灵活的收敛控制机制。

（2）基于压力的耦合求解器。

如图 2-2 所示，基于压力的耦合求解器以耦合方式求解动量方程和基于压力的连续性方程，它的内存使用量大约是分离求解器的 1.5～2 倍；由于以耦合方式求解，因此其收敛速度能够提高 5～10 倍。

基于压力的耦合求解器同时具有传统压力算法物理模型丰富的优点，可以与所有动网格、多相流、燃烧和化学反应模型兼容，同时收敛速度远远高于基于密度的求解器。

2. 基于密度的求解器

基于密度的求解器直接求解瞬态 N-S 方程（瞬态 N-S 方程在理论上是绝对稳定的），将稳态问题转化为时间推进的瞬态问题，由给定的初场时间推进到收敛的稳态解，这就是通常说的时间推进法（密度基求解方法）。这种方法适用于求解亚音速、高超音速等流场的强可压缩流问题，且易于转换为瞬态求解器。

1.1.3 物理模型

Fluent 软件包含丰富而先进的物理模型，具体包括以下几种。

1. 传热、相变、辐射模型

许多流体流动伴随传热现象，Fluent 提供了一系列应用广泛的对流、热传导及辐射模型。对于热辐射，P1 和 Rossland 模型适用于介质光学厚度较大的环境；基于角系数的 surface to surface 模型适用于介质不参与辐射的情况；DO（Discrete Ordinates）模型适用于包括玻璃在内的任何介质。DRTM 模型（Discrete Ray Tracing Module）也同样适用。

太阳辐射模型使用光线追踪算法，包含一个光照计算器，它允许光照和阴影面积的可视化，这使得气候控制的模拟更加有意义。

相变模型可以追踪分析流体的熔化和凝固。离散相模型（DPM）可用于液滴和湿粒子的蒸发及煤的液化。易懂的附加源项和完备的热边界条件使得 Fluent 的传热模型成为满足各种模拟需要的成熟可靠的工具。

2. 湍流和噪声模型

Fluent 的湍流模型一直处于商业 CFD 软件的前沿，这些丰富的湍流模型中常用的有 Spalart-Allmaras 模型、k-ω 模型组、k-ε 模型组。

随着计算机处理能力的显著提高，Fluent 已经将大涡模拟（LES）纳入其标准模块，并且开发了更加高效的分离涡（DES）模型，Fluent 提供的壁面函数和加强壁面处理的方法可以很好地处理壁面附近的流动问题。

气动声学曾经在很多工业领域中备受关注，模拟起来却相当困难。如今，Fluent 可以使用多种方法计算由非稳态压力脉动引起的噪声，瞬态大涡模拟（LES）预测的表面压力可以使用 Fluent 内嵌的快速傅里叶变换（FFT）工具转换成频谱。

Ffowcs-Williams & Hawkings 声学模型可以用于模拟从非流线型实体到旋转风机叶片等各式各样的噪声源的传播，宽带噪声源模型允许在稳态结果的基础上进行模拟，是一个快速评估设计是否需要改进的实用工具。

3. 多相流模型

Fluent 软件是多相流建模方面的领导者，其丰富的模拟能力可以帮助工程师洞察设备内部难以探测的现象，Eulerian 多相流模型通过分别求解各相的流动方程的方法分析相互渗透的各种流体或各相流体。对于颗粒相流体，则采用特殊的物理模型进行模拟。

很多情况下，占用资源较少的混合模型也可以用来模拟颗粒相与非颗粒相的混合。Fluent 可以用来模拟三相混合流（液、颗粒、气），如泥浆气泡柱和喷淋床，也可以用来模拟相间传热和相间传质的流动，使模拟均相及非均相成为可能。

Fluent 标准模块中还包括许多其他的多相流模型，对于其他的一些多相流流动，如喷雾干燥器、煤粉高炉、液体燃料喷雾，可以使用离散相模型（DPM）来模拟。射入的粒子、泡沫及液滴与背景流之间进行发生热、质量及动量的交换。

VOF（Volume of Fluid）模型可以用于对界面预测比较敏感的自由表面流动，如海浪。汽蚀模型已被证实可以很好地应用于水翼艇、泵及燃料喷雾器的模拟。沸腾现象可以通过用户自定义函数轻松实现。

1.2 Fluent 与 Workbench

为了帮助读者更好地在 ANSYS Workbench 平台中使用 Fluent，本节将简要介绍 ANSYS Workbench 及其与 Fluent 之间的关系。

1.2.1 Workbench 简介

ANSYS Workbench 提供了多种先进工程仿真技术的基础框架。全新的项目视图概念将整个仿真过程紧密地组合在一起，引导用户通过简单的鼠标拖曳操作完成复杂的多物理场分析流程。

ANSYS Workbench 环境中的应用程序都支持参数变量，包括 CAD 几何尺寸参数、材料属性参数、边界条件参数以及计算结果参数等。在仿真流程各环节中定义的参数可以直接在项目窗口中进行管理，方便研究多个参数变量的变化。

ANSYS Workbench 全新的项目视图功能改变了工程师的仿真方式。仿真项目中的各项任务以互相连接的图形化方式清晰地表达出来，使用户对项目的工程意图、数据关系和分析过程一目了然。

只要通过鼠标的拖曳操作，即可快捷地创建复杂的、包含多个物理场的耦合分析流程，各物理场之间的数据传输也可以实现自动定义。

项目视图系统使用起来非常简单，直接从左侧的工具栏中将所需的分析系统拖动至项目视图窗口即可。完整的分析系统包含所选分析类型的所有任务节点及相关应用程序，自上而下执行各个分析步骤即可完成分析过程。

1.2.2 Workbench 的操作界面

ANSYS Workbench 的操作界面主要由菜单栏、工具栏、工具箱和项目原理图区组成，如图 1-3 所示。其中工具箱主要包括以下 4 个组。

- 分析系统：可用的预定义模板。
- 组件系统：可存取多种程序来建立和扩展分析系统。
- 定制系统：为耦合应用预定义分析系统（FSI、thermal-stress 等）。用户也可以建立自己的预定义系统。

- 设计探索：参数管理和优化工具。

需要进行某种项目分析时，可以通过两种方法在项目原理图区中生成相关的分析项目流程。一种是在工具箱中双击相关项目，另一种是使用鼠标将相关项目拖曳至项目原理图区。

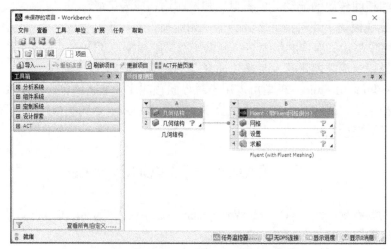

图 1-3　ANSYS Workbench 的操作界面

1.2.3　在 Workbench 中启动 Fluent

在 ANSYS Workbench 中，用户可以按如下步骤创建 Fluent 分析项目并打开 Fluent。

1. 执行"开始"→"所有程序"→ANSYS 2022 R1→Workbench 2022 R1 命令，启动 ANSYS Workbench 2022 R1。

2. 双击主界面"工具箱"→"组件系统"→"几何结构"选项，即可在项目管理区创建分析项目 A，如图 1-4 所示。

3. 将"工具箱"→"组件系统"→"网格"选项拖曳至项目管理区中，悬停在项目 A 中的 A2 栏"几何结构"上，当项目 A2 的"几何结构"栏红色高亮显示时，即可松开鼠标按键创建项目 B，项目 A 和项目 B 中的"几何结构"栏（A2 和 B2）之间出现了一条连接线，表示它们之间可共享几何体数据，如图 1-5 所示。

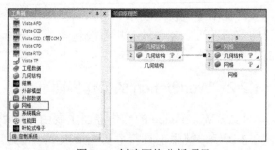

图 1-4　创建几何结构分析项目　　　　图 1-5　创建网格分析项目

4. 将"工具箱"→"组件系统"→Fluent 选项拖曳至项目管理区中，悬停在项目 B 中的 B3 栏"网格"上，当项目 B3 的"网格"栏红色高亮显示时，即可松开鼠标按键创建项目 C。项目 B 和项目 C 之间出现了一条连接线，表示它们之间可共享数据，如图 1-6 所示。

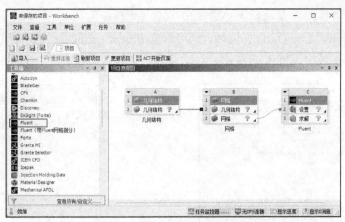

图 1-6   创建 Fluent 分析项目

用户也可以跳过创建项目 A 和项目 B 直接创建图 1-7 中的项目 C，这样就不必使用 ANSYS Workbench 中集成的 CAD 模块 DesignModeler 创建和处理几何体。

> **注意**：目前中文版的 Fluent 2022 版本需要在 Workbench 平台内启动 Fluent 分析项目才可以实现，如图 1-8 所示，后续案例均是在 ANSYS Workbench 平台内启动 Fluent 软件进行分析。

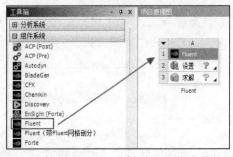

图 1-7   直接创建 Fluent 分析项目   图 1-8   直接创建 Fluent 分析项目（不包含前处理）

1.3   Fluent 的基本操作流程

本节将介绍 Fluent 的用户界面和一些基本操作。在本书中，若不做特殊说明，Fluent 均指 Fluent 2022 版本。

1.3.1   启动 Fluent 主程序

在 ANSYS Workbench 中运行 Fluent 项目，打开 Fluent Launcher 对话框，如图 1-9 所示。在对话框中可以进行如下设置。

- 二维或三维版本，在 Dimension 选项区中选择 2D 或 3D。
- 单精度或双精度版本，默认为单精度，当选中 Double Precision 选项时选择双精度版本。

● 并行运算选项，直接输入设置使用处理器的数量。
● 单击 Show More Options 选项，即可展开 Fluent Launcher 对话框，如图 1-10 所示，用户可在其中设置工作目录、启动路径、并行运算类型、UDF 编译环境等。

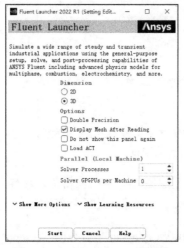

图 1-9 Fluent Launcher 对话框

图 1-10 展开的 Fluent Launcher 对话框

1.3.2 Fluent 主界面

设置完毕后，单击 Fluent Launcher 对话框中的 Start 按钮，打开图 1-11 所示的 Fluent 主界面，Fluent 主界面大致分为以下 6 个区域。

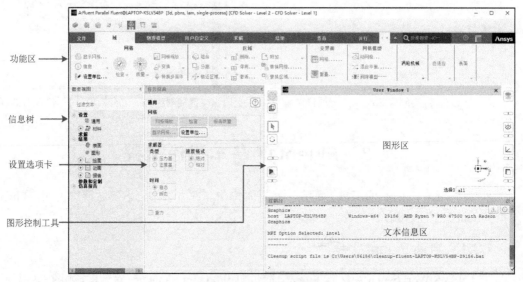

图 1-11 Fluent 主界面

1. 主菜单：Fluent 遵循常规软件的主菜单设置方式，其中包含软件的全部功能。
2. 工具栏：包括打开、保存、视图显示等操作功能。
3. 模型设置区：包括 Fluent 计算分析的全部内容，包括网格、求解域、边界条件后处理显示等。

4．设置选项卡：在模型设置区选中某一功能后，设置选项卡可以用来对这一功能进行详细设置。

5．右侧窗口分为上下两个区域，上方是图形区，以图形方式直观显示模型；下方是文本信息区。

1.3.3 读入网格

执行"工具箱"→"导入"→"网格"命令，读入准备好的网格文件，如图 1-12 所示。

在 Fluent 中，Case 和 Data 文件（默认读入可识别的 Fluent 网格格式）的扩展名分别为.cas 和.dat。通常情况下，一个 Case 文件包括网格、边界条件和解的控制参数。

Fluent 中常见的几种文件形式如下。

- .jou 文件：日志文档，可以编辑运行。
- .dbs 文件：Gambit 工作文件。
- .msh 文件：从 Gambit 输出的网格文件。
- .cas 文件：经 Fluent 定义的文件。
- .dat 文件：经 Fluent 计算的数据结果文件。

1.3.4 检查网格

读入网格之后要检查网格，相应的操作方法为在"通用"面板中单击"检查"按钮，如图 1-13 所示。

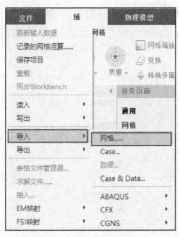

图 1-12 读取网格

图 1-13 检查网格的操作

在检查网格的过程中，用户可以在控制台窗口中看到区域范围、体积统计以及连通性信息。网格检查过程中最容易出现的问题是网格体积为负数。如果最小体积是负数，就需要修复网格以减少解域的非物理离散。

1.3.5 选择基本物理模型

单击项目树中的"模型"选项，打开"模型"面板，用户可以在这里选择采用的基本物理模型，如图 1-14 所示，包括多相流模型、能量方程、粘性①模型、辐射模型、换热器模型、组份模型、离散相模型、凝固和熔化模型、声学模型等。

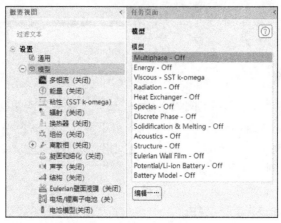

图 1-14 物理模型设置对话框

在 Fluent 中，用户也可以在项目树中进行参数项的选取和设置，采用何种方式取决于用户的习惯。以下为演示功能，均采用在项目树中选取项目，在控制面板中设置参数的方式，其他方式不赘述。

单击相应的物理模型，可以打开相应的对话框对模型参数进行设置。

1.3.6 设置材料属性

单击项目树中的"材料"选项，打开"材料"面板，可以显示材料列表，如图 1-15 所示。

单击"材料"面板中的"创建/编辑"按钮，打开"创建/编辑材料"对话框，如图 1-16 所示。

图 1-15 材料设置对话框 图 1-16 "创建/编辑材料"对话框

在创建/编辑材料对话框中单击"Fluent 数据库"选项，打开"Fluent 数据库材料"对话框，如图 1-17 所示。也可以单击"用户自定义数据库"按钮，自定义材料属性。

---

① 备注："粘性"是一个力学术语，也称"黏性"。为了能与软件界面中的术语形式保持一致，本书均采用"粘性"这种写法。

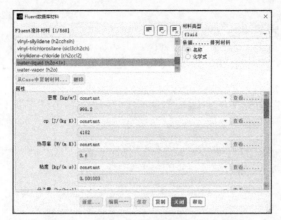

图 1-17　"Fluent 数据库材料"对话框

1.3.7　设置计算区域条件

单击项目树中的"单元区域条件"选项，打开"单元区域条件"面板设置区域类型，如图 1-18 所示。

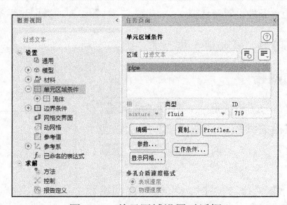

图 1-18　单元区域设置对话框

单击"单元区域条件"面板中的"编辑"按钮，打开流体或固体区域的参数设置对话框，对区域的运动、源项、反应、多孔介质等参数进行设置，如图 1-19 所示。

图 1-19　流体和固体区域的参数设置对话框

1.3.8 设置边界条件

单击项目树中的"边界条件"选项，打开"边界条件"面板，选择边界类型，如图 1-20 所示。

单击"边界条件"面板中的"编辑"按钮，打开边界条件参数设置对话框，如图 1-21 所示。

图 1-20 边界条件设置对话框　　　　图 1-21 壁面边界条件设置对话框

边界条件的相关内容，将在第 5 章详细介绍。

1.3.9 设置动网格

单击项目树中的"动网格"选项，打开"动网格"面板，设置动网格的相关参数，如图 1-22 所示，包括设置局部网格更新方法："光顺""层铺"和"重新划分网格"。

当选择"光顺"网格更新方法时，需要设置网格光滑更新的参数，包括弹性常数因子、边界节点松弛、收敛公差和迭代数。

当选择"层铺"网格更新方法时，选项包括常数高度和常数变化率，设置参数包括分裂因子和合并因子。

当选择"重新划分网格"网格更新方法时，需要设置的参数有尺寸函数、必须改善扭曲和面重划分。

图 1-22 动网格设置对话框

"动网格"面板中的"选项"包括"内燃机""6 自由度"和"隐式更新"等选项。对于活塞内腔的往复运动，需要选中"内燃机"选项。对于自由度运动，需要选中"6 自由度"选项。

1.3.10 设置参考值

单击项目树中的"参考值"选项，打开"参考值"面板，可以设置参考参数，如图 1-23 所示，这些参考参数用来计算如升力系数、阻力系数等与参考参数相关的值。具体操作方法请参考帮助文档。

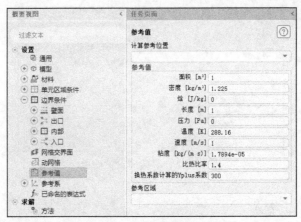

图 1-23　参考值设置对话框

1.3.11　设置算法及离散格式

单击项目树中的"方法"选项，打开"求解方法"面板，如图 1-24 所示，用户可以在该面板中设置求解算法，同时还可以设置各物理量或方程的离散格式。

1.3.12　设置求解参数

单击项目树中的"控制"选项，打开"解决方案控制"面板，设置求解松弛因子以控制收敛性和收敛速度，如图 1-25 所示。具体操作方法请参考帮助文档。

图 1-24　求解方法及离散格式设置面板

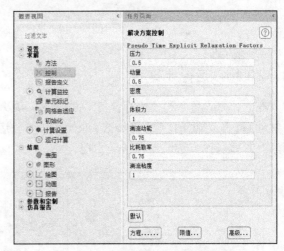

图 1-25　解决方案控制设置面板

1.3.13　设置监视窗口

单击项目树中的"计算监控"选项，打开"计算监控"面板，如图 1-26 所示，设置监视点、线、面、体上的压力、速度、流量、力等物理量随迭代次数或时间的变化，并绘制成曲线。最常用的是监视求解的残差曲线，也称为收敛曲线。具体操作方法请参考帮助文档。

图 1-26　计算监控设置面板

1.3.14　初始化流场

迭代之前需要初始化流场，即提供一个初始解。用户可以根据一个或多个边界条件计算出初始解，也可以根据需要设置流场的数值。单击项目树中的"初始化"选项，打开"解决方案初始化"面板，如图 1-27 所示，单击"初始化"按钮开始初始化。

图 1-27　初始化设置面板

1.3.15　运行计算

在"计算设置"和"运行计算"面板中，可以设置自动保存间隔步数、自动输出文件、求解动画、自动初始化、迭代步数、迭代步长等与运行计算相关的参数，如图 1-28 及图 1-29 所示。具体操作方法请参考帮助文档。

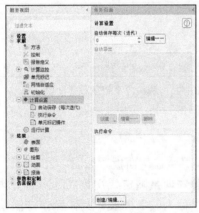

图 1-28　计算设置面板

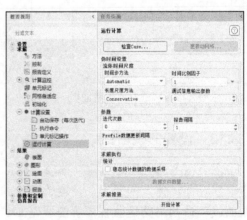

图 1-29　运行计算设置面板

1.3.16　保存结果

Fluent 自带的后处理功能分别在"图形"面板、"绘图"面板及"报告"面板中实现，这些内容将在后面的章节中详细介绍。

问题的定义和 Fluent 计算结果分别保存在 Case 文件和 Data 文件中，必须保存这两个文件以便后续重新启动分析。保存 Case 文件和 Data 文件的方法为执行"文件"→"导出"→Case&Data 命令。

一般来说，仿真分析是一个反复改进的过程，如果首次仿真结果精度不理想或无法反映实际情况，可提高网格质量，调整参数设置和物理模型，使结果不断接近真实值，提高仿真精度。

1.4　本章小结

本章比较系统地介绍了通用 CFD 软件 Fluent 的基本功能及新版本的特点，帮助读者初步了解 Fluent 在 CFD 领域中的地位和作用，并详细介绍了 Fluent 的基本操作流程，帮助读者对整个软件进行比较全面的了解。

第 2 章　前处理方法

前处理器（preprocessor）用于完成前处理工作。前处理环节是向 CFD 软件输入所求解问题的相关数据，该过程一般是借助与求解器相对应的对话框等图形界面来完成的。本章将详细介绍常用前处理软件 Fluent Meshing 和 ICEM CFD 的基本功能和操作方法。

学习目标：
- 掌握 ICEM CFD 软件网格划分的方法；
- 掌握 Fluent Meshing 软件网格划分的方法。

2.1　ICEM CFD 软件概述

与其他前处理软件相比，ICEM CFD 在结构化网格划分方面有着巨大的优势，其强大的结构化网格划分功能在 CFD 前处理过程中得到了非常广泛的应用，本节将介绍 ICEM CFD 2022 的基本特点和用法。

2.1.1　ICEM CFD 的基本功能

ICEM CFD 是一款世界领先的 CFD/CAE 前处理器，为各种 CFD/CAE 软件提供了高效可靠的分析模型。ICEM CFD 2022 的操作界面如图 2-1 所示[①]。

下面从模型接口、几何功能、网格划分、网格编辑等几个方面简单介绍该软件的基本功能。

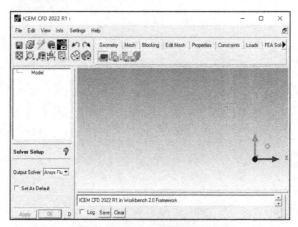

图 2-1　ICEM CFD 的操作界面

----

① 注：因当前 ANSYS 软件版本中，ICEM CFD 暂无中文版界面，因此该章节配图为英文版操作界面截图。

1. 强大的模型接口

ICEM CFD 模型接口具体功能如图 2-2 所示。

2. 几何体构造及编辑功能

几何体构造及编辑功能包括：创建点线面体、几何变换（平移、旋转、镜面、缩放）、布尔运算（相交、相加、切分）、高级曲面造型（抽取中面、包络面）、几何修复（拓扑重建、闭合缝隙、缝合装配边界）。

3. 丰富的网格类型

网格类型包括四面体网格（Tetra Meshing）、棱柱网格（Prism Meshing）、六面体网格（Hexa Meshing）、锥形网格（Pyramid Meshing）、O 形网格（O-Grid Meshing）、自动六面体网格（AutoHexa）等。下面重点介绍 ICEM CFD3 种典型的网格划分模型。

（1）四面体网格。

四面体网格适合对结构复杂的几何模型进行快速高效的网格划分。ICEM CFD 实现了四面体网格的自动化生成。

系统自动对 ICEM CFD 已有的几何模型生成拓扑结构，用户只需要设定网格参数，系统即可自动快速生成四面体网格，如图 2-3 所示。系统还提供了丰富的工具，使用户能够对网格质量进行检查和修改。

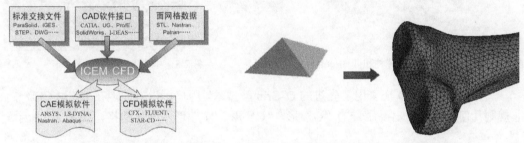

图 2-2　ICEM CFD 的模型接口功能　　　　图 2-3　生成的四面体网格

Tetra 采用 8 叉树算法来对体积进行四面体填充并生成表面网格。Tetra 具有强大的网格平滑算法，以及局部适应性加密和粗化算法。

对于复杂模型，ICEM CFD Tetra 具有如下优点。

- 基于 8 叉树算法的网格生成。
- 快速模型及快速算法，建模速度高达 1500 cells/s。
- 网格与表面拓扑独立。
- 无须表面的三角形划分。
- 可以直接根据 CAD 模型和 STL 数据生成网格。
- 控制体积内部的网格尺寸。
- 采用自然网格尺寸（Natural Size）单独决定几何特征的四面体网格尺寸。
- 四面体网格能够合并到混合网格中，并实施体积网格和表面网格的平滑、节点合并和边交换操作。图 2-4 所示为采用 Tetra 生成的棱柱和四面体混合网格。
- 单独区域的粗化。
- 表面网格编辑和诊断工具。

- 局部细化和粗化。
- 为多种材料提供一个统一的网格。

（2）棱柱网格。

Prism 网格（棱柱网格）主要用于四面体网格中对边界层的网格进行局部细化，还可以用于不同形状网格（Hexa 和 Tetra）之间交接处的过渡。与四面体网格相比，Prism 网格的形状更为规则，能够在边界层处提供更好的计算网络。

针对物体表面分布层问题，特别增加了 Prism 正交性网格，通过内部品质（Quality）的平滑性（Smooth）运算，能够迅速产生良好的连续性格点。

（3）六面体网格。

在 ICEM CFD 中，六面体网格划分采用了由顶至下和自底向上的"雕塑"方式，可以生成多重拓扑块的结构和非结构化网格，还可以划分任意复杂的几何体纯六面体网格，如图 2-5 所示。整个过程半自动化，用户能够在短时间内掌握原本复杂的操作。

图 2-4　采用 Tetra 生成的棱柱和四面体混合网格　　　　图 2-5　生成的六面体网格

另外，ICEM CFD 还采用了先进的 O-Grid 等技术，用户可以方便地在 ICEM CFD 中将非规则几何形状划分出高质量的"O"形、"C"形、"L"形六面体网格，如图 2-6 所示。

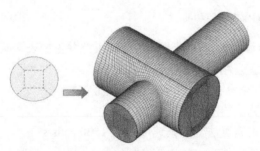

图 2-6　ICEM CFD 生成的"O"形网格

ICEM CFD 的网格工具还包括网格信息预报、网格装配工具、网格拖动工具。

4. 网格编辑功能

网格编辑功能具体如下。

- 网格质量检查功能（多种评价方式）。
- 网格修补及光顺功能（增删网格/自动 Smooth/缝合边界等）。
- 网格变换功能（平移/旋转/镜面/缩放）。
- 网格劈分功能（细化）。

- 网格节点编辑功能。
- 网格类型转换功能（实现 Tri→Quad/Quad→Tri/Tet→Hexa/所有类型→Tet 的转换）。

工程应用中经常采用网格自动划分功能实现模型的网格划分，一般操作的基本步骤如下。

（1）导入几何模型并修整模型。

（2）创建实体与边界，根据模型创建实体（Body），根据具体表面创建边界（Part）。

（3）指定网格尺寸，首先指定全局网格尺寸及合适的网格类型，然后划分并进行网格光顺处理。

（4）生成网格并导出，指定 CFD/CAE 软件和输出文件。

2.1.2 ICEM CFD 的操作界面

由于篇幅所限及版本更新频繁，这里只简单介绍 ICEM CFD 版本的网格编辑器界面的基本用法。

1. ICEM CFD 菜单

ICEM CFD 在操作界面的上方是功能菜单，下面进行简单说明。

File：文件菜单提供许多与文件管理相关的功能，如打开文件、保存文件、合并和输入几何模型、存档工程，这些功能方便用户管理 ICEM CFD 工程。

Edit：编辑菜单包括回退、前进、命令行、网格转化为小面结构、小面结构转化为网格、结构化模型面等选项。

View：视图菜单包括适合窗口、放大、俯视、仰视、左视、右视、前视、后视、等角视、视图控制、保存视图、背景设置、镜像与复制、注释、添加标记、清除标记、网格截面剖视等选项。

Info：信息菜单包括几何信息、面的面积、最大截面积、曲线长度、网格信息、单元体信息、节点信息、位置、距离、角度、变量、分区文件、网格报告等选项。

Settings：设置菜单包括常规、求解、显示、选择、内存、远程、速度、重启、网格划分等选项。

Help：帮助菜单包括启动帮助、启动用户指南、启动使用手册、启动安装指南、有关法律等选项。

2. 模型树

模型树位于操作界面左侧，通过几何实体、单元类型和用户定义的子集控制图形显示。

因为有些功能只对显示的实体发生作用，所以模型树在孤立需要修改的特殊实体时体现了重要性。使用鼠标右键单击各个项目可以方便地进行相应的设置，如颜色标记和用户定义显示等。

3. 消息窗口

消息窗口显示 ICEM CFD 提示的所有信息，使用户了解内部过程。消息窗口显示操作界面和几何、网格功能的联系。在操作过程中，用户需要时刻注意消息窗口，这里将显示用户进程的状态。

单击 Save 按钮，可将所有窗口内容写入一个文件，文件路径默认为工程打开的位置。

选中 Log 复选框，将只保存用户的特定消息。

2.1.3 ICEM CFD 的文件系统

在 ICEM CFD 中打开或者创建一个工程时，总是读入一个扩展名为 prj（project）的文件，即工程文件，其中包含该工程的基本信息，包括工程状态及相关子文件的信息。

一个工程可能包含的子文件及文件说明如下（以"name"代表文件名）。

- name.tin（tetin）文件：几何模型文件，其中可以包含网格尺寸定义的信息。
- name.blk（blocking）文件：六面体网格拓扑块文件。
- domain.n 文件：结构六面体网格分区文件，n 表示分区序号。
- name.uns（unstructured）文件：非结构网格文件。
- multi-block 文件：结构六面体网格文件，包含各个分区的链接信息，输出网格用它来链接各个网格分区文件。
- name.jrf 文件：操作过程的记录文件，但不同于命令记录。
- family.boco（boundary condition）、boco 和 name.fbc 文件：边界条件文件。
- family_topo 和 top_mulcad_out.top 文件：结构六面体网格的拓扑定义文件。
- name.rpl（replay）文件：命令流文件，记录 ICEM CFD 的操作命令码，可以通过修改或编写后导入软件，自动执行相应的操作命令。

> **提示：**对于已经划分网格的模型，当其几何参数发生变化，而几何元素的名称及所属的族名称没有发生变化时，即可通过读入命令流文件重新执行所有命令，从而快捷地再生成网格。利用该功能可以记录一个模型网格划分的命令流，因此建立这类模型的操作模块将会节省大量时间。

2.1.4 ICEM CFD 的操作步骤

ICEM CFD 的功能非常强大，不仅可以划分非结构化网格，还可以划分结构化网格。划分结构化网格是 ICEM CFD 的优势，也是该软件的主要功能。下面以使用 ICEM CFD 进行结构化网格划分为例来说明这个软件的用法。

如果计算模型比较简单，可以直接使用 ICEM CFD 的工具来建立几何模型，因为 ICEM CFD 的建模功能不够强大，一般的模型需要在 CATIA 或其他 CAD 软件中创建再导入。假设我们已经在 CATIA 中创建了一个模型，下面介绍将模型导入并利用 ICEM CFD 划分结构化网格的具体方法。

1. 导入几何体

执行 File→Geometry→Open Geometry 命令，选择好文件后在打开的对话框中进行相应的设置，即可导入几何文件。这里还可以导入其他类型的文件，如 msh 文件等。导入之后即可进行相关操作。

2. 几何操作

通常情况下，导入的几何体是非常粗糙的，需要在 ICEM CFD 中进行相应的修改，这里建议在 CATIA 等 CAD 软件中将几何模型尽量简化。如图 2-7 所示为对几何体进行操作时经常用到的一些工具。

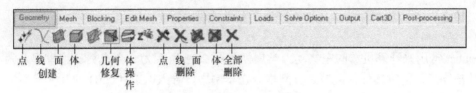

图 2-7　Geometry 工具栏

对导入的几何体进行相关的几何操作，以得到理想的拓扑结构，才能更好地进行后续的操作。

3. 创建拓扑结构并与几何模型关联

在处理好几何体之后，接下来需要创建几何模型的拓扑结构，方法是单击 Blocking 标签。其中一些主要工具如图 2-8 所示。

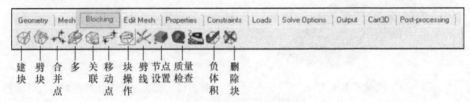

图 2-8　Blocking 工具栏

利用这些工具可以创建几何模型的拓扑结构，以及与几何模型对应的边和点。

4. 划分网格工具

创建几何模型的拓扑结构后，接下来需要设置网格划分参数。单击 Mesh 标签，设置网格参数，如图 2-9 所示。根据几何线的长度以及流场的情况来设置网格划分参数。

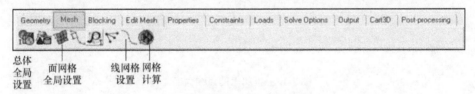

图 2-9　Mesh 工具栏

5. 设置求解器

完成网格划分后，需要设置求解器，然后输出为相应格式并保存，如图 2-10 所示。

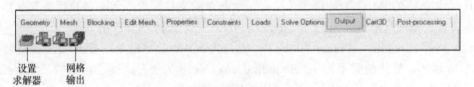

图 2-10　选择求解器并设置边界条件工具

2.1.5　ICEM CFD 应用实例

本节通过介绍一个划分结构化网格的实例，帮助读者初步了解 ICEM CFD 的功能。如果有兴趣进一步学习，请参看 ICEM CFD 的帮助文件。

1．实例描述

Fluent 常用来计算机翼的空气动力学属性，图 2-11 所示为一个机翼三维模型，为了计算其外部绕流，需对其外部区域划分网格。在本例中，导入 ICEM CFD 的几何模型中已经包含整个计算区域的模型。

2．打开几何体

首先将几何文件 tin 复制到工作目录下，然后执行 File→Open Geometry 命令，选择文件，单击 Accept 按钮，即可将在.tin 中创建的图形读入 ICEM CFD，如图 2-12 所示。

图 2-11　机翼三维模型

图 2-12　机翼及外部计算区域（几何文件）

在这个几何体中，点、曲线和曲面均已经被分类并命名，如图 2-13 所示，因此可以直接进入分块的过程。

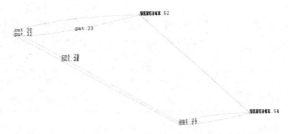

图 2-13　机翼上的点线命名

3．创建块

（1）执行 File→Replay Scripts→Replay Control 命令，开始记录在创建块的过程中输入的所有命令。后期在划分几何形状相同但尺寸有所不同的几何体的结构化网格时，只需要将新几何体导入 ICEM CFD，再调入执行记录命令的文件即可，而不必执行重复操作。该功能在进行大量而且形状相似的几何体的结构化网格划分时特别有用。

（2）执行 Blocking→Create Block→Initialize Blocks命令，打开创建块的面板，如图 2-14 所示，默认的类型为 3D Bounding Box。先确认是否选择了该类型，然后在 Part 中输入 Fluid，单击 Apply 按钮，在体周围创建初始的块。

（3）在显示树中，确认曲线被选中，并且曲线名称不被选中。使用鼠标右键单击 Geometry 并在弹出的快捷菜单中选择 Curves→Show Curve Names 命令，关闭显示曲线名称。同样确认所有的曲面不显示。打开 Blocking→Vertices，并使用鼠标右键单击 Vertices，在弹出的快捷菜单中选择 Numbers，显示点的数字。初始化后的块如图 2-15 所示。

图 2-14 创建块的面板　　　　　　　　　图 2-15 初始化后的块

在显示树中选择 Points→Show Point Names 命令，显示点。

（4）选择 Blocking→Split Block→Split Block 命令。从 Split Method 下拉列表中选择 Prescribed point，如图 2-16 所示。

单击 Edge 按钮，并选择 25～41 线段，按 Enter 键确认。点 25 和点 41 是这条线的端点，单击 Point 按钮，并选择机翼尾部的 pnt.30，如图 2-17 所示。

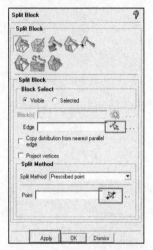

图 2-16 划分块设置面板　　　　　　　　图 2-17 指定划分点

单击 Apply 按钮，即完成了通过指定点来划分块，如图 2-18 所示。

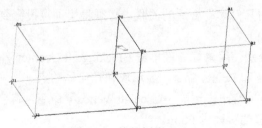

图 2-18 块的划分（1）

（5）同样，选择由点 70 和点 41 定义的边，并选择 pnt.35（见图 2-19）作为 Prescribed point 来打断这条边。完成之后的块显示如图 2-20 所示。

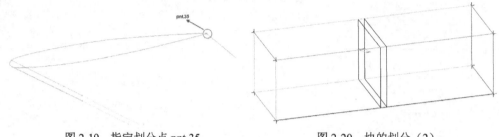

图 2-19　指定划分点 pnt.35　　　　　　图 2-20　块的划分（2）

（6）使用 pnt.30 划分线 69～70，得到如图 2-21 所示的块。

（7）使用 pnt.32 划分线 69～104，得到如图 2-22 所示的块（局部）。

（8）使用翼稍的 pnt.36 划分线 105～111，得到如图 2-23 所示的块（局部）。

至此，块的划分已经完成，完成后的块如图 2-24 所示。

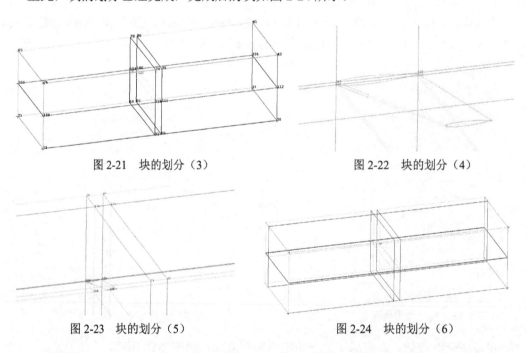

图 2-21　块的划分（3）　　　　　　　　图 2-22　块的划分（4）

图 2-23　块的划分（5）　　　　　　　　图 2-24　块的划分（6）

4．关联点

为了保证块的边与几何体有合适的关联，必须将块顶点投影到几何体的指定点上，然后将块边界投影到曲线上。

（1）在显示树中分别使用鼠标右键单击 Blocking 和 Geometry，并在弹出的快捷菜单中选择 Vertices→Numbers 和 Points 命令，显示块和几何体的点。

（2）选择 Blocking→Associate →Associate Vertex 命令，将会打开一个选择面板，如图 2-25 所示。确保关联的实体为 Point。

（3）单击 Vertex 按钮 ，选择 Vertex104，单击鼠标中键确认选择。单击 Point 按钮 ，选择 pnt.30，单击 Apply 按钮，完成 Vertex104 和 pnt.30 的关联。

以同样的方法，关联 Vertex128 和 pnt.32、Vertex105 和 pnt.35、Vertex129 和 pnt.34、Vertex164 和 pnt.25、Vertex158 和 pnt.27、Vertex165 和 pnt.36、Vertex159 和 wing.46，完成点关联后的块如图 2-26 所示。

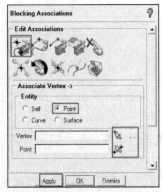

图 2-25 关联对话框

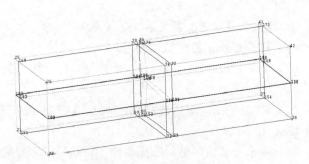

图 2-26 完成点关联后的块

5. 调整点的分布

由于只是关联机翼表面的特征点，造成 Vertex 的分布不合理，因此需要调整 Vertex 的分布。单击 Blocking 工具栏中的 按钮，打开 Move Vertices 面板，单击 按钮，选中 Modify X 项，如图 2-27 所示。这些操作将以选定参考点的 X 坐标为标准，把被移动点的 X 坐标调整为与参考点的 X 坐标相同。

单击 Ref.Vertex 框后面的 按钮，然后选择参考 Vertex，这里选择 Vertex164。

单击 Vertices to Set 框后面的 按钮，然后选择需要调整的 Vertex，此处选择 Vertex73、Vertex74、Vertex110、Vertex134、Vertex152、Vertex170，单击鼠标中键确认选择，单击 Apply 按钮完成调整。调整后的块如图 2-28 所示。

图 2-27 Move Vertices 面板

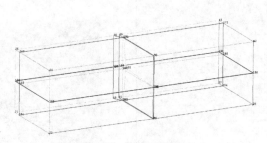

图 2-28 调整后的块（1）

使用同样的方法，以 Vertex165 为参考点，调整 Vertex89、Vertex90、Vertex111、Vertex135、Vertex153、Vertex171，得到最终调整的块，如图 2-29 所示。

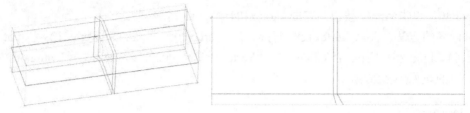

图 2-29 调整后的块（2）

6. 建立机翼附近映射关系（边关联）

（1）打开 Curve 名和 Vertex 名。

（2）单击 Blocking 工具栏中的 按钮，打开块调整面板，单击 按钮，将 Edge 关联到 Curve。

（3）单击 按钮，然后选择 Edge105-104-128-129（翼根处的 3 条 Edge 分别是 105-104、104-128、128-129）。

（4）单击 按钮，然后选择曲线 F_78e77，单击鼠标中键确认选择，单击 Apply 按钮完成关联。

使用同样的方法关联 Edge105-129 到曲线 box8.01e102、关联 Edge165-164-158-159 到曲线 F_142e33、关联 Edge165-159 到曲线 box8.01e100、关联 Edge165-105 到曲线 crv.23、关联 Edge159-129 到曲线 crv.25。

关联后的 Edge 都变成了绿色，如图 2-30 所示。

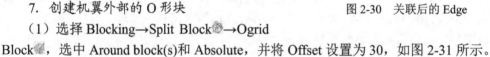

图 2-30 关联后的 Edge

7. 创建机翼外部的 O 形块

（1）选择 Blocking→Split Block →Ogrid Block ，选中 Around block(s)和 Absolute，并将 Offset 设置为 30，如图 2-31 所示。

（2）单击增加 Select Block(s)图标 ，选择如图 2-32 所示的块，单击鼠标中键确认选择。此步选择代表机翼本体的块，在机翼的外围表面生成 O 形网格。

图 2-31 创建 O 形块

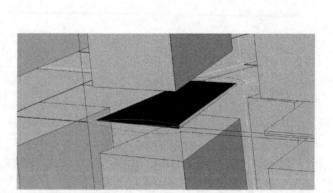

图 2-32 选择要创建 O 形网格的块

（3）单击 Apply 按钮创建 O 形块，形成的块如图 2-33 所示。

8. 删除无用的块

CFD 计算流场时，由于机翼本体的网格不参与计算，因此需要把代表机翼本体的块删除。选择 Blocking→Split Block→Delete Block命令，再选择代表机翼本体的块，单击鼠标中键确认选择，然后单击 Apply 按钮删除选中的块。

9. 定义网格节点分布

选择 Blocking→Pre-Parameters→Edge Params命令，选中 Copy Parameters，并在 Method 后选择 To All Parallel Edges。选择 Edge 后再选择需要设置的边，输入设置参数即可，如图 2-34 所示。

按照表 2-1 设置各边的参数。

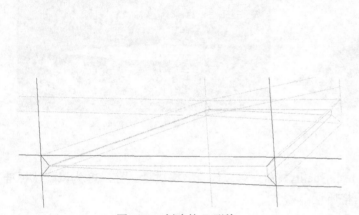

图 2-33　创建的 O 形块

图 2-34　网格参数设置面板

表 2-1　　　　　　　　　　　各边网格划分参数

Edge	Nodes	Mesh law	Spacing1	Ratio1	Spacing2	Ratio2
25-70	30	Exponential2	0	2	15	1.1
86-41	30	Exponential1	15	1.1	0	2
103-25	25	Exponential1	15	1.1	0	2
21-127	25	Exponential2	0	2	15	1.1
25-169	61	BiGeometric	0	2	0	2
169-26	30	Exponential1	15	1.1	0	2
180-182	16	BiGeometric	0	2	0	2
182-104	25	Exponential2	0	2	0.01	1.05
104-105	65	Biexponential	2	1.2	1	1.5

设置完成后，即可完成块的创建，建议此时保存块文件，执行 File→Blocking→Save Blocking As 命令，在弹出的对话框中输入文件名，将保存一个.blk 文件。

10. 生成网格

在模型树中选择 Model→Blocking→Pre-Mesh 命令，即可完成网格的划分。完成后的计算域外部网格如图 2-35 所示。

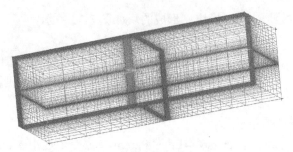

图 2-35　计算域外部网格

观察机翼表面，如图 2-36 所示。观察内部网格，如图 2-37 所示，可以发现网格质量较好。

图 2-36　机翼表面网格

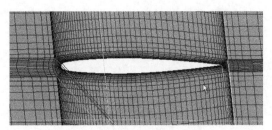

图 2-37　内部网格

11. 检查网格质量

通过选择 Blocking→Pre-Mesh Quality 命令可以检查网格质量。图 2-38 为以默认标准 "Determinant 2×2×2" 判断的网格质量。

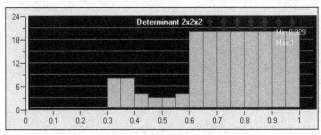

图 2-38　检查网格质量

12. 输出 msh 文件

接下来将网格文件导出为 ANSYS Fluent 能够读取的 msh 文件。

（1）使用鼠标右键单击模型树中的 Pre-Mesh，选择 Convert to Unstruct Mesh 命令，将网格转换成非结构网格。

（2）选择 Output→Select Solver 命令，在打开的图 2-39 所示的面板中选择 ANSYS Fluent（对应的 ANSYS Fluent 版本为 2022）。

（3）选择 Output→Write input 命令，在打开的 Save Current Project First 面板中选择 No。在打开的选择文件对话框中选中相应的文件后，打开如图 2-40 所示的输出 msh 文件对话框，在其中进行相应设置之后，单击 Done 按钮即可输出 msh 文件到指定路径，并导入 Fluent。

图 2-39　选择求解器

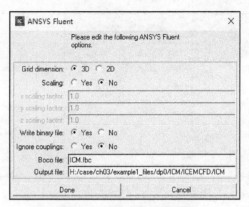

图 2-40　输出参数设置面板

2.2　Fluent Meshing 网格划分实例

2.2.1　创建分析项目

1. 在 Windows 系统中执行"开始"→"所有程序"→ANSYS 2022→Workbench 2022 命令，启动 ANSYS Workbench，进入 Workbench 主界面。

2. 在 Workbench 主界面的工具箱中双击"组件系统"→"几何结构"选项，即可在项目管理区创建分析项目 A，如图 2-41 所示。

3. 将工具箱中的"组件系统"→"Fluent（带 Fluent 网格剖分）"拖曳至项目管理区中，当项目 A 的 A2 几何结构呈红色高亮显示时，松开鼠标按键创建项目 B，此时相关联的数据可共享，如图 2-42 所示。

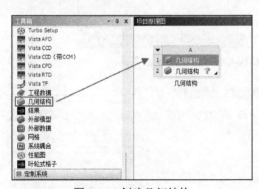

图 2-41　创建几何结构

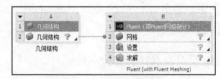

图 2-42　创建分析项目

2.2.2　导入创建几何体

1. 使用鼠标右键单击 A2 栏"几何结构"，在弹出的快捷菜单中选择"导入几何模型"→"浏览"命令，如图 2-43 所示，此时会弹出"打开"对话框。

2. 在"打开"对话框中选择 Condensation，导入 Condensation 几何体文件，如图 2-44 所示，此时 A2 栏"几何结构"后的 ❓ 变为 ✔，表示实体模型已经存在。

图 2-43　导入几何体

图 2-44　"打开"对话框

3．双击项目 A 中的 A2 栏"几何结构"，进入几何结构-Geom-SpaceClaim 界面，显示的几何模型如图 2-45 所示，本例中无须进行几何模型修改操作。

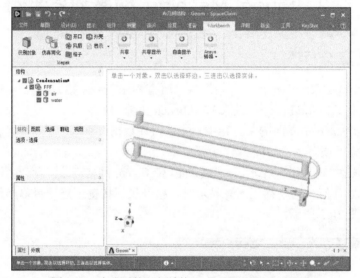

图 2-45　生成后的几何结构-Geom-SpaceClaim 界面

4．单击几何结构- Geom-SpaceClaim 界面右上角的关闭按钮，退出几何结构-Geom-SpaceClaim，返回 Workbench 主界面。

2.2.3　网格划分

1．双击项目管理区项目 B 中的 B2 栏"网格"选项，进入网格划分启动界面。如图 2-46 所示为计算双精度、读取网格后显示网格、网格划分及计算求解选用 1 核并行计算。

2．单击 Start 按钮进入 Fluent（with Fluent Meshing）界面，在该界面下可以执行网格的划分、边界条件的设置等操作，如图 2-47 所示。

图 2-46　网格划分启动界面

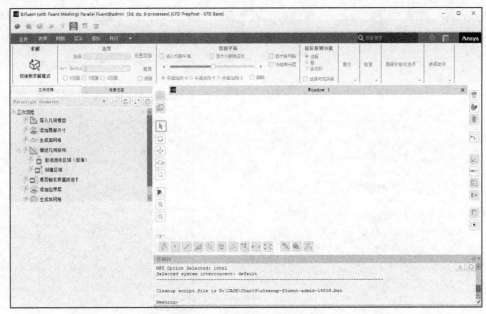

图 2-47　网格划分设置界面

3．在 Fluent 界面左侧浏览树中单击"工作流程"→"导入几何模型"选项，在打开的界面中单击"导入几何模型"按钮，即可将几何模型导入，如图 2-48 所示。导入的几何模型如图 2-49 所示。

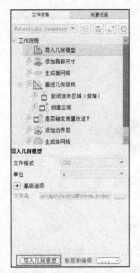

图 2-48　几何模型导入设置界面

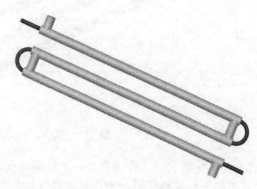

图 2-49　模型导入示意图

4．继续在浏览树中单击"工作流程"→"添加局部尺寸"选项，在打开的界面中单击"更新"按钮，如图 2-50 所示。

5．在浏览树中单击"工作流程"→"生成面网格"选项，在打开的界面中设置面网格划分参数，将 Minimum size 设置为 0.002，将 Maximum size 设置为 0.05，将"增长率"设置为 1.2，打开高级选项，将"质量优化的偏度阈值"设置为 0.8，将"基于坍塌方法改进质量的偏斜度阈值"设置为 0.8，其他参数设置保持默认。单击"生成面网格"按钮即可进行面网格划分，如图 2-51 所示。划分好的面网格如图 2-52 所示。

图 2-50 局部尺寸设置界面

图 2-51 面网格划分设置界面

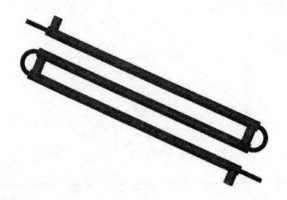

图 2-52 面网格划分示意图

6. 在浏览树中单击"工作流程"→"描述几何结构"选项，在打开的界面中设置几何结构参数，包括几何模型区域类型、是否共享拓扑等。因为几何模型已经在 SpaceClaim 内完成了拓扑共享，具体设置如图 2-53 所示，单击"描述几何结构"按钮完成设置。

7. 在浏览树中单击"工作流程"→"更新边界"选项，在打开的界面中设置边界条件类型，边界条件名称建议在 SpaceClaim 中进行命名。在 Boundary Type 处，将 vaporin 的边界条件类型修改为 Velocity-inlet，将 vaporout 的边界条件类型修改为 pressure-out，将 waterin 的边界条件类型修改为 Velocity-inlet，将 waterout 的边界条件类型修改为 pressure-out，单击"更新边界"按钮完成设置，如图 2-54 所示。

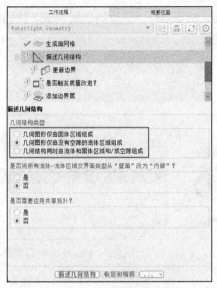

图 2-53 几何结构描述设置界面   图 2-54 更新边界设置界面

8．在浏览树中单击"工作流程"→"是否触发质量改进？"选项，在打开的界面中设置区域的属性，固体区域或者流体区域，单击"是否触发质量改进？"按钮完成设置，如图 2-55 所示。

9．在浏览树中单击"工作流程"→"添加边界层"选项，在打开的界面中设置边界层，保持默认设置，即在壁面上添加 3 层边界层，单击"添加边界层"按钮完成设置，如图 2-56 所示。

10．在浏览树中单击"工作流程"→"生成体网格"选项，在打开的界面中设置体网格划分参数，将 Max Cell Length（m）设置为 0.02，单击"生成体网格"按钮完成设置，如图 2-57 所示。生成的体网格如图 2-58 所示。

图 2-55 计算区域属性设置界面   图 2-56 边界层设置界面   图 2-57 体网格生成设置界面

11. 在 Fluent 界面上方的选项卡中单击"求解"→"切换到求解模式"按钮，如图 2-59 所示，将打开 Fluent 求解设置界面进行求解计算。

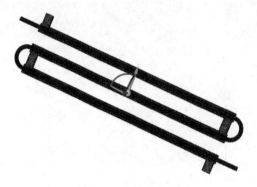

图 2-58　网格划分效果图　　　　图 2-59　Fluent 求解设置界面

2.3　本章小结

本章首先介绍了 ICEM CFD 的基本功能、操作界面和基本操作方法，并讲解了应用案例，其次对 Fluent Meshing 进行网格划分的实例进行了讲解。通过实例的学习，读者应该能够应用这两款软件进行简单的网格划分。

第 3 章　后处理方法

后处理的目的是有效地观察和分析流动计算结果，从而深刻分析理解问题的物理本质，掌握流动规律。本章主要介绍对 Fluent 结果文件进行后处理的 2 种途径：Fluent 内置后处理及 Workbench CFD-Post 通用后处理器，以及运用这些途径进行可视化图形处理和渲染，图表、曲线和报告的生成方法。

学习目标：

● 掌握 Fluent 内置的后处理方法；
● 掌握 Workbench CFD-Post 通用后处理器的使用方法。

3.1　Fluent 内置后处理方法

ANSYS Fluent 软件具有强大的后处理功能，能够实现 CFD 计算所要求的功能，包括速度矢量图、云图、等值面图、流动轨迹图，并具有积分功能，可以求得力、力矩及其对应的力和力矩系数、流量等。该软件可以对用户关心的参数和计算中的误差进行动态跟踪显示。对于瞬态计算，Fluent 提供非常强大的动画制作功能，并在迭代过程中将所模拟非定常现象的整个过程记录成动画文件，供后续进行分析演示。

Fluent 内置的后处理功能主要体现在以下几个方面。

● 创建表面。
● 图形显示。
● 绘图功能。
● 报告和积分计算。

Fluent 内置的后处理功能可以在图 3-1 所示的功能区内实现，也可以通过项目树中激活的图形面板、绘图面板和报告面板来实现，如图 3-2 所示。

图 3-1　Fluent 内置的后处理菜单

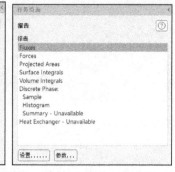

图 3-2　Fluent 中的后处理面板

3.1.1　创建面

后处理函数一般在面上操作，Fluent 可以自动创建面，也可以由用户创建。用户可以在 Fluent 中选择域的一部分生成面，用来可视化流场；同时可以重命名、删除或移动面，将面上的变量输出至文件。

在 Fluent 中，创建面的方法主要包括以下几种。

- 求解器自动从域中创建。
- 指定域中一个特定的平面。
- 对指定变量有固定值的面。
- 特定角度内的等值面。
- 域中一个特定的位置。
- 用于显示颗粒迹线。

3.1.2　显示及着色处理

Fluent 可以实现多种显示和着色功能，具体如下。

- 视图和显示选项。
- 云图/矢量图/轨迹图显示及着色。
- 在面上打光。
- 使用重叠、不同的颜色、打光、透明等混合的方式。
- 动画。

1. 视图和显示选项

执行"图形"→"选项"命令，打开图 3-3 所示的显示选项设置面板，进行以下设置。

- 渲染相关参数设置。
- 布局及照明属性设置。

执行"图形"→"组合"命令，打开图 3-4 所示的场景描述面板。

单击场景描述面板中的"显示"按钮，打开图 3-5 所示的显示特性设置面板，对显示面执行色彩配置、透明设置等操作。

单击场景描述面板中的"变换"按钮，打开图 3-6 所示的变换设置面板，可以设置参数，对显示的面执行平移、旋转和缩放操作。

图3-3　"显示选项"设置面板

图3-4　"场景描述"面板

图3-5　"显示属性"设置面板

图3-6　"变换"设置面板

执行"图形"→"视图"命令，打开图 3-7 所示的视图控制面板，控制显示视图、选择镜像面等，还可以根据需要命名并保存视图。

执行"图形"→"光照"命令，打开图3-8所示的光照设置面板，对光线进行设置。

图3-7　"视图控制"面板

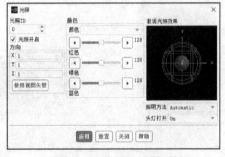

图3-8　"光照"设置面板

2. 云图显示及着色

在 Fluent 中，可以绘制等压线、等温线等。等值线由某个选定变量（压力或温度）为相等值的线所组成。轮廓则是将等压（温）线沿一个参考矢量，并按照一定比例投影到某个面上形成的。

绘制等值线的一般步骤如下。

（1）执行"图形"→"云图"命令，打开云图面板，如图3-9所示。

（2）在"着色变量"下拉列表框中选择一个变量或函数作为绘制的对象。首先在上方的列表中选择显示对象的种类，然后在下方的列表中选择相关变量。

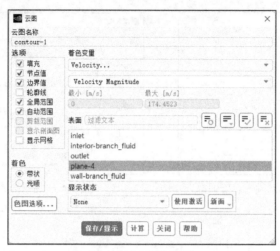

图 3-9 "云图"面板

（3）在"表面"列表中选择需要绘制等值线或轮廓的平面。对于二维情况，如果没有选取任何面，则会在整个求解对象上绘制等值线或轮廓。对于三维情况，则至少需要选择一个表面。

（4）设置"云图"面板中的其他选项。包括填充的等值线/轮廓线、节点值、边界值、全局范围、自动范围、在等值线轮廓中显示部分网格等相关设置。如图 3-10 所示为速度云图。

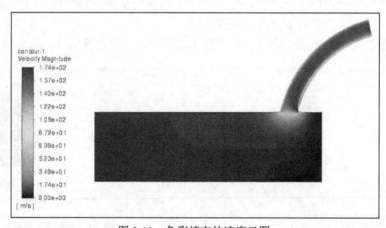

图 3-10 色彩填充的速度云图

默认情况下，等值线或轮廓的变化范围通常被设置在求解对象结果的变化范围内。这意味着求解对象的色彩变化将以最小值开始，以最大值结束。

如果绘制的等值线或轮廓只是求解对象的一个子集（即一个较小的变化范围），绘制结果可能只覆盖色彩变化的一部分。例如，假设用蓝色代表 0，用红色代表 175，而我们只关注 50～75 范围内的值，则该范围内的值可以表示为同一种颜色的等值线。因此当我们关注的值在一个小范围内时，需要设置显示的范围。

此外，当需要了解哪些位置的应力超过了指定的值，只需要显示超过这个值的部分即可，其余部分不需要显示。通过以下操作可以设置等值线的显示范围，选中"云图"面板中的"自动范围"选项,"最小"和"最大"文本框中将显示相应的值。在显示默认范围时,单击"保存/显示"按钮将更新"最小"值和"最大"值。

在需要绘制色彩填充等值线时,可以控制超过显示范围的值是否显示。"裁剪范围"选项的默认状态为选中,使超出显示范围的值不显示。

如果没有选中"裁剪范围"项,低于"最小"的值将会以代表最低值的色彩显示,而高于"最大"的值将以代表最高值的色彩显示,如图 3-11 所示。图 3-12 所示为改变"最小"和"最大"后显示的云图,可以看出速度为 120m/s 以上的部分没有显示。

图 3-11 "云图"面板

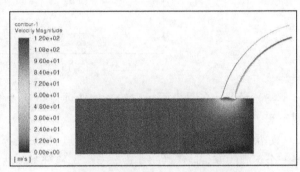

图 3-12 显示 120m/s 以下的速度

对于一些问题,特别是三维几何体,用户希望在等值线中包含部分网格作为空间参考点,并在等值线中显示入口和出口的位置。选中"显示网格"选项,可以在打开的"网格显示"对话框中设置网格显示参数,如图 3-13 所示。单击"云图"面板中的"保存/显示"按钮,在等值线视图中会显示在"显示网格"对话框中定义的网格,如图 3-14 所示。

图 3-13 "网格显示"面板

图 3-14 在云图中显示网格

3. 矢量图显示及着色

在 Fluent 中可以绘制速度矢量图。默认情况下,速度矢量被绘制在每个单元的中心(或在每个选中表面的中心),长度和箭头的颜色表示其梯度。通过设置矢量绘制参数,可以修改箭头的间隔、尺寸和颜色。

在 Fluent 中显示速度矢量的步骤如下。

(1)执行"图形"→"矢量"命令,打开如图 3-15 所示的矢量面板。

(2)在"表面"列表中,选择需要绘制其速度矢量图的表面。

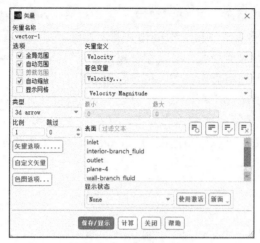

图 3-15 "矢量"面板

（3）设置"矢量"面板中的其他选项，包括"矢量定义""着色变量""选项"及"类型"等。

如果用某矢量场来对要显示的矢量场进行渲染，可以通过在"着色变量"下拉列表中选择一个不同的变量或函数来实现。首先选择分类，然后从下面的列表框中选择相关量。如果选择静态压力，速度矢量将与速度梯度有关，但是速度矢量的颜色将与每一点的压力有关。

如果希望所有的矢量都以相同的颜色显示，可单击"矢量"面板中的"矢量选项"按钮，打开矢量选项对话框中的"颜色"下拉列表框，指定所使用的颜色，如图 3-16 所示。如果没有选择任何颜色（默认选项为空格），矢量的颜色将由速度矢量对话框中的"着色变量"选项决定。单色矢量显示通常应用于等值线和速度矢量叠加图中。

图 3-16 "矢量选项"面板

在默认情况下，速度矢量会自动缩放，使在没有任何矢量被忽略时重叠的矢量箭头最少。取消选中"自动缩放"选项，可以通过修改比例系数（默认情况为 1）增加或减少默认值。选中"自动缩放"选项，速度矢量将会按照实际的尺寸和比例系数（默认为 1）进行绘制。一个矢量的尺寸表示该点的速度梯度。无论求解对象是 0.1 m 还是 100 m，一个速度梯度为 10 的点矢量都将被绘制成 100 m 长，因此只能通过改变"自动缩放"的值达到速度矢量适合显示的目的。

如果矢量显示图上有太多的箭头，用户不能很好地分辨，可以通过设置速度矢量对话框中的"跳过"值显示较少的矢量数。默认情况下，"跳过"的值为 0，表示每个求解对象或平面上的矢量都将被显示。如果将"跳过"的值设置为 1，那么只有总数一半的矢量被显示。如果继续将"跳过"的值设置为 2，则只有总数 1/3 的矢量被显示。面的选择（或求解对象单元）将会决定哪一个矢量被忽略或被绘制，因此当"跳过"的值不为 0 时，调整选择顺序将会改变速度矢量图。

（4）单击"保存/显示"按钮，在激活的窗口中绘制速度矢量图。图 3-17 所示为速度矢量图示例。

图 3-17 速度矢量图示例

4. 轨迹图显示及着色

轨迹用于显示求解对象的质量微粒流。粒子是在"从表面释放"列表中定义的一个或多个表面中释放出并形成的微粒。

生成微粒轨迹的基本步骤如下。

（1）执行"图形"→"迹线"命令，打开"迹线"对话框，如图 3-18 所示，通过该对话框可以显示从表面开始的微粒轨迹图。

图 3-18 "迹线"面板

（2）在"从表面释放"列表中选择相关平面。

（3）设置"步长"和"步骤"的最大数目。"步长"用于设置长度间隔，计算下一个微粒的位置。当一个微粒进入或离开一个表面时，其位置通常由计算得到，即使指定了一个很大的"步长"，微粒在每个单元入口或出口的位置仍然可以被计算并显示。"步骤"用于设置一个微粒能够前进的最大步数。当一个微粒离开求解对象，并且其飞行的步数超过该值时，将停止前进。如果希望微粒能够前进的距离超过长度 L 时，应该使"步长"和"步骤"的乘积近似等于 L。

（4）其他选项在前面均有涉及，这里不再介绍。用户可以根据需要设置"迹线"对话框中的其他参数。

（5）单击"保存/显示"按钮绘制轨迹线。单击"脉冲"按钮显示微粒位置的动画。在动画显示过程中，"脉冲"按钮将变成"停止"按钮，在动画运动过程中可以通过单击该按钮使动画停止运行。图 3-19 为生成的轨迹图示例，着色依据为停留时间。

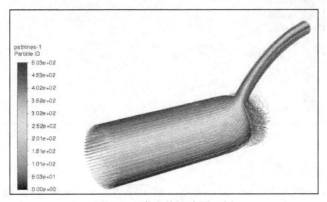

图 3-19 生成的迹线图示例

3.1.3 绘图功能

Fluent 提供以下绘制结果数据的工具。

● 求解结果的 XY 图。
● 显示脉动频率的历史图。
● 快速傅里叶变换（FFT）。
● 累积图。

用户可以修改曲线的颜色、标题、图标、轴和曲线属性，也可以读入其他数据文件（试验、计算）以便比较。在图 3-20 所示的"解决方案 XY 图"设置面板中，可以选择 X 轴或 Y 轴代表的位置量，并指定另外一个轴代表的物理量。在图 3-21 所示的曲线图例中，X 轴代表位置量，Y 轴为静温。

图 3-20 "解决方案 XY 图"设置面板

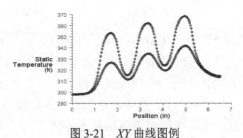

图 3-21 XY 曲线图例

3.1.4 通量报告和积分计算

1. 报告流量

流量文字报告产生的步骤如下。

（1）执行"图形"→"通量"命令，打开图 3-22 所示的"通量报告"面板，"结果"

列表中显示了边界区域的质量流率、总传热速率和辐射传热速率等。

图 3-22 "通量报告"面板

（2）从"选项"列表中选择"质量流率""总传热速率"及"辐射传热速率"等需要计算的流量。

（3）从"边界"列表中选择获得流量数据的目标边界区域。

（4）单击"计算"按钮进行计算。

"结果"列表将显示已选择的每一个边界区域的选定流量计算结果，并在"最终结果"列表下方的文本框中显示单个区域流量的总和结果。

2. 报告作用力

Fluent 可以计算并报告沿一个指定矢量方向的作用力以及关于选择区域的一个指定中心位置的力矩。这个特性可以应用于报告升力、阻力及一个机翼需要计算的空气动力学系数等。

作用力文字报告产生的步骤如下。

（1）执行"图形"→"力"命令，打开"力报告"面板，如图 3-23 所示，可以生成指定区域内沿着一个说明的矢量方向的作用力或关于一个指定中心位置的力矩的报告。

图 3-23 "力报告"面板

（2）在"选项"列表框中选择"力""力矩"及"压力中心"来生成报告。

（3）如果用户选择的是一个力报告，则需要在"方向矢量"中输入 X、Y 和 Z 的值来指定需要计算力的方向。

（4）在"壁面区域"列表中选择想要生成作用力和力矩信息报告的区域。

（5）单击"打印"按钮，在 Fluent 控制窗口中将显示已选择的壁面区域沿指定的作用力矢量方向或指定力矩中心的压力、粘度和总作用力或力矩，以及压力系数、粘度系数、总作用力或力矩系数。

3. 积分计算

（1）表面积分的计算。

在 Fluent 中可以计算一个主体中选择面上选定的场变量，其中包括面积或质量流率、面积加权平均、质量加权平均、面平均、面最大值、面最小值、顶点平均、顶点最小值、顶点最大值等。

面是 Fluent 软件在与用户使用的模型相关的每一个区域中创建的数据点，或者是用户定义的数据。

面可以被放置在主体的任意位置，而且每一个数据点处的变量值都是由节点值线性向内插值得到。对于一些变量，其节点值由求解器计算得到；对于另外一些变量，仅网格中心处的值被计算，节点处的值通过平均网格处的值得到。

为了获得所选表面的面积、质量流率、积分、流动速率、求和、面最大值、面最小值、顶点最大值、顶点最小值或质量、面积、面、顶点平均等指定变量的值，可通过 Surface Integrals 面板来生成报告。

执行"图形"→"表面积分"命令，打开图 3-24 所示的"表面积分"面板。

在"报告类型"下拉列表中选择 Area、Area-Weighted Average、Flow Rate、Mass Flow Rate 等报告类型。在"场变量"下拉列表中选择在表面积分中使用的场变量。首先在上方的下拉列表中选择需要的变量值所属的类型，然后在下方的下拉列表中选择相关变量。如果需要生成的是面积或质量流率报告，则省略这一步。在"表面"列表框中选择需要表面积分的面。单击"计算"按钮，根据设置不同，结果标签会有相应调整，图 3-24 所示面板中显示的是出口速度。

图 3-24 "表面积分"面板

（2）体积分的计算。

按照计算表面积分的方法可以计算体积积分，获得指定网格区域的体积或者指定变量的体积积分、体积加权平均、质量加权积分或质量加权平均等。执行"图形"→"体积积分"命令，可以打开图 3-25 所示的"体积积分"面板。

图 3-25 "体积积分"面板

在"报告类型"列表框中选择想要计算的类型,有体积、总和、最大值、最小值和体积积分等。在"场变量"下拉列表中选择需要的积分类型,有压力、密度和速度等。先在上方的下拉列表中选择需要的种类,然后在下方的列表中选择相关的量。如果想要生成体积报告,则省略这一步。在"单元区域"列表框中选择需要计算的区域。单击"计算"按钮,根据用户的设置,结果标签将调整为相应的量,并在下面显示计算值。

3.2 Workbench CFD-Post 通用后处理器

ANSYS CFD-Post 是 ANSYS CFD 产品的新一代后处理工具,可以单独运行或在 Workbench 下运行。本节将简要介绍 CFD-Post 的用法,CFD-Post 后处理的一般流程如下。

(1)创建位置:数据会在这个位置抽取出来,各种图形也在这个位置产生。

(2)创建变量/表达式(根据需要)。

(3)在这个位置生成定量的数据。

(4)在这个位置生成定性的数据。

(5)生成报告。

3.2.1 启动 CFD-Post

启动 CFD-Post 有两种方法,一种是在 ANSYS Workbench 下启动,另一种是从开始菜单或命令行启动。在 ANSYS Workbench 下启动时,在工具箱中,拖动"结果"至 A3(求解)项目上创建一个"结果"分析项目,如图 3-26 所示。

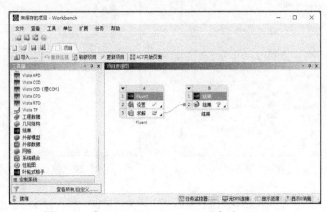

图 3-26 在 ANSYS Workbench 下启动 CFD-Post

ANSYS CFD-Post 主界面如图 3-27 所示[①]。

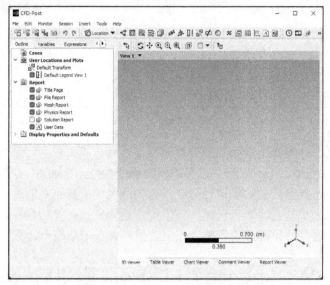

图 3-27 CFD-Post 主界面

3.2.2 创建位置

用户可以通过 Insert 菜单或工具栏创建位置，创建好的位置显示在 Outline 树中，如图 3-28 所示。在模型树中双击位置对象可以对其进行编辑，使用鼠标右键单击对象可以执行复制或删除操作。

域、子域、边界和网格区域都属于位置，边界和网格区域可以编辑、用变量着色，网格区域从网格中提供所有内部或外部的二维/三维区域，用户创建的位置都罗列在 User Locations and Plots 菜单下，如图 3-29 所示。

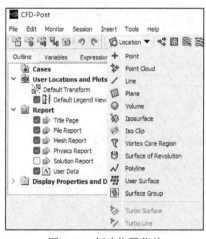

图 3-28 创建位置菜单

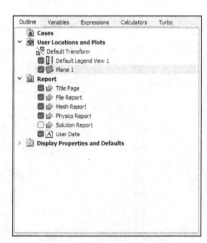

图 3-29 模型树中的位置

---

① 注：因当前 ANSYS 软件版本中，CFD-Post 暂无中文版界面，因此该章节配图为英文版操作界面截图。

1. 位置面（Plane）的创建

在 Location 菜单中选择 Plane 命令，打开 Insert Plane 对话框，在其中输入创建面的名称。单击 OK 按钮后，模型树的下方会出现所创建平面的细节设置面板。在细节设置面板中选择面的定义方法及参数，在 CFD-Post 中，位置面的定义有 5 种，如图 3-30 所示。

2. 位置点（Point）的创建

在 Location 菜单中选择 Point 命令，打开 Insert Point 对话框，在其中输入创建点的名称。在细节设置面板中选择点的定义方法及参数，在 CFD-Post 中，位置点的定义有 4 种，如图 3-31 所示。

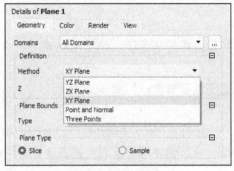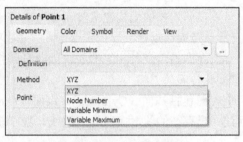

图 3-30　Plane 的定义方法　　　　　　图 3-31　Point 的定义方法

● XYZ：坐标系创建或通过鼠标拾取。

● 节点数（Node Number）：一些求解器错误产生的节点数信息。

● 最大/最小变量：变量最大或最小值出现的点。

除创建单个的位置点外，该功能还可以创建点云（Point Cloud），即创建多个点。点云的定义方法如图 3-32 所示。

3. 直线（Line）的创建

直线用两点来定义，如图 3-33 所示。直线通常用于制作 *XY* 图表。

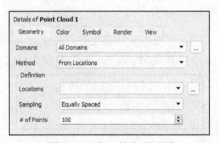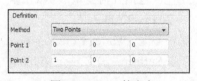

图 3-32　点云的定义方法　　　　　　图 3-33　Line 的定义

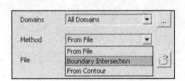

图 3-34　多段线的定义方法

4. 多段线（Polyline）的创建

多段线有 3 种定义方法：从文件中读入点、采用边界相交线和采用从云图中抽取的线，如图 3-34 所示。

采用边界相交线和从云图中抽取的线的区别如图 3-35 所示。

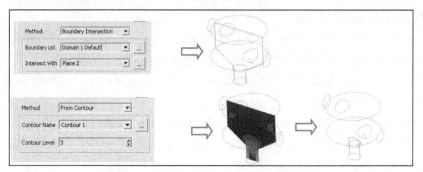

图 3-35   边界相交线和从云图中抽取的线

5. 体（Volume）的创建

可以以所选择的面构建成体，也可以基于变量值构建等值体，如图 3-36 所示。

6. 等值面的创建

等值面即指定变量相等的面，因此只需指定变量及其值，如图 3-37 所示。

7. 旋转面的创建

旋转面包括柱面（Cylinder）、锥面（Cone）、盘面（Disc）和球面（Sphere），通常是任何线（已存在的线、多段线、流线、粒子轨迹）绕某轴旋转形成面，如图 3-38 所示。

图 3-36   体（Volume）的定义方法   图 3-37   等值面的定义方法

8. 其他位置创建

此外，CFD-Post 还可以创建如下位置。

- Iso Clip：通过复制已有的 Location，并对一个或多个标准进行约束，可以约束任何变量，包括几何变量（例如，对于出口边界条件，将速度值界定在>= 10 [m/s]和<= 20 [m/s]之间）。

- 涡核心区（Vortex Core Region）：自动甄别涡核心区。

- User Surface：有多种定义方法，如图 3-39 所示。

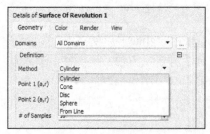

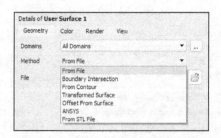

图 3-38   旋转面的定义   图 3-39   User Surface 的定义方法

3.2.3　颜色、渲染和视图

在 CFD-Post 中，所有 Location 都有类似的 Colour、Render 和 View 设置，如图 3-40 所示。

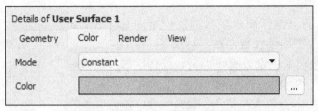

图 3-40　Colour、Render 和 View 设置

1．Colour：用来设置所选位置上的着色方案，选用何种变量着色、设置变量范围、选取配色方案等。

2．Render：用来设置渲染方法，是否显示网格线，设置纹理、灯光以及透明参数等。

3．View：用来设置显示图像的旋转、平移、镜像和缩放等。

3.2.4　矢量图、云图及流线图的绘制

图 3-41　矢量图、云图及流线图绘制按钮

在 CFD-Post 中通常使用工具栏中的按钮来绘制矢量图、云图及流线图，如图 3-41 所示。

1．矢量图的绘制

矢量图中能绘制任何变量，通常对速度进行绘制。单击 按钮，打开矢量图命名对话框，输入名称后单击 OK 按钮，打开矢量图细节设置面板。图 3-42 所示为矢量图细节设置面板的 Geometry、Color 和 Symbol 选项卡。

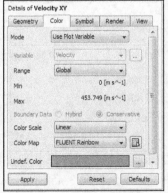

图 3-42　矢量图细节设置面板

在 Geometry 选项卡中，可以设置绘图区域、绘图位置、样式、缩放因子等参数。

在 Color 选项卡中，可以设置染色模式、范围和配色方案等。

在 Symbol 选项卡中，可以设置箭头形式和大小。

2. 云图的绘制

单击 按钮，打开云图命名对话框，输入名称后单击 OK 按钮，打开云图细节设置面板，如图 3-43 所示。设置变量、显示范围、配色方案等，单击 Apply 按钮即可生成云图。

3. 流线图的绘制

单击 按钮，打开流线图命名对话框，输入名称后单击 OK 按钮，打开流线图细节设置面板，如图 3-44 所示。

在 Geometry 选项卡中设置流线类型、绘图区域、流线起始位置、流线数量、变量、流线相对于起始面的方向等。

在 Color 选项卡中设置着色模式、着色变量、范围和配色方案等。

图 3-43　云图细节设置面板

在 Symbol 选项卡中设置流线形式、流线粗细等。

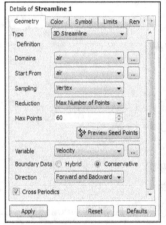

图 3-44　流线图细节设置面板

3.2.5　其他图形功能

1. Text：在视图中加入自己的标签，可自动显示和改变 time step/values、expressions、filenames 及 dates 等信息。

2. Coord Frame：自定义坐标系。

3. Legend：为 plot 创建 Legend。

4. Instance Transform：对 plot 进行旋转或平移操作。

5. Clip Plane：定义切面，可切割几何体并提取切面上的变量值。

6. Colour Map：定制色彩，图例如图 3-45 所示。

7. Viewer 快捷菜单。

在物体（如边框线、面）上单击鼠标右键，弹出的快捷菜单中将显示物体的一些选项。基于当前的 Location，还可以插入新的对象，如在面上插入一个矢量。在空白位置单击鼠标右键，弹出的快捷菜单中将显示当前视图下的选项。使用鼠标右键单击坐标轴，可以在弹出的快捷菜单中改变视图方向。用鼠标右键单击不同位置，弹出的快捷菜单如图 3-46 所示。

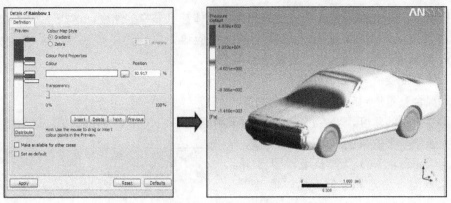

图 3-45　定制色彩图例

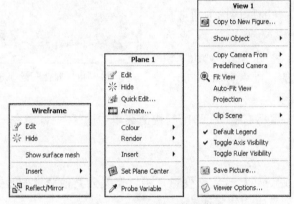

图 3-46　不同地方的快捷菜单

3.2.6　变量列表与表达式列表

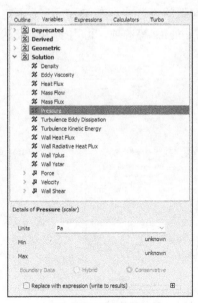

图 3-47　变量列表

1. 变量列表

变量列表显示所有可用变量的信息,如图 3-47 所示。其中各类信息的说明如下。

● Derived variables 是通过 CFD-Post 计算得到的,这些量不包括在结果文件中。

● Geometric variables 包括 X、Y、Z、法线、网格质量等。

● Solution variables 是来自结果文件的变量。

● Turbo variables 是透平机械算例自动创建的变量。

Details of Pressure(细节面板)中显示变量的所有详细信息。

2. 混合变量和守恒变量

CFX-Solver 基于有限体积法,有限体积法是基于网格构建的,但是并不等同于网格。网格节点位于控制体的中心,计算数据存储于节点,而不是"平均地"

存储于控制体，几乎所有 wall 边界上的半个控制体都有非零的速度，这些非零的速度存储在壁面的节点上，但是，理论上壁面上的速度应该为零。为了解决这个矛盾，ANSYS CFD-Post 提出混合变量值和守恒变量值的概念。

- 守恒变量值=控制体积值。
- 混合变量值=指定边界条件上的值。

从图片观察的角度，ANSYS CFD-Post 采用混合值（Hybrid）为默认值，这个值不会出现壁面上速度非零的情况；从计算的角度，守恒值（Conservative）为默认值。图 3-48 所示为选择混合变量和守恒变量时的结果示例图。

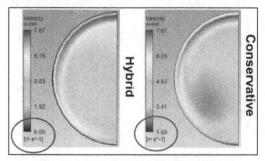

在大多数情况下，不用选择 Hybrid 或 Conservative，CFD-Post 的默认选项通常是正确的。如果采用定义变量，默认为 Conservative 值。如果选用 Hybrid 和 Conservative，变量值的范围将有所不同。

图 3-48　混合变量和守恒变量示例图

3. 用户自定义变量

在变量列表中单击鼠标右键，在弹出的快捷菜单中选择 New 命令，可以创建新的变量，如图 3-49 所示。

定义变量有以下 3 种方法。

- Expression：通过表达式定义变量，可以定义为其他变量的函数（需要先在 Expressions 列表中创建表达式）。
- Frozen Copy：用于 Case 的比较。
- Gradient：用于计算任何存在的标量变量的梯度。

4. 表达式列表

Expressions 列表显示所有存在的表达式，也可以创建新的表达式，在 Definition 下定义新表达式的细节，右键单击表达式将显示 Functions、Variables 等选项，可用于构建表达式，如图 3-50 所示。

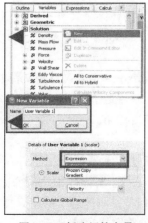

图 3-49　创建新的变量

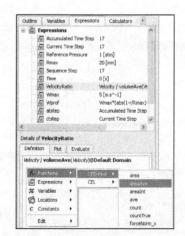

图 3-50　表达式列表及表达式的构建

单击 Plot Expression 按钮可绘制表达式的 XY 曲线，如图 3-51 所示。

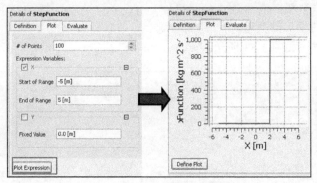

图 3-51　表达式的 XY 曲线

3.2.7　创建表格和图表

1. 表格的创建

创建表格的步骤如下。

（1）在工具栏中单击 Tables 按钮，或执行 Insert→Table 命令，3D 视图将转化为 Table 视图。

（2）在 Tables 中添加数据和表达式，表达式用于当变量和/或位置变化时的计算和更新，Tables 可以自动添加到 Report 中。

表格的创建方法如图 3-52 所示。

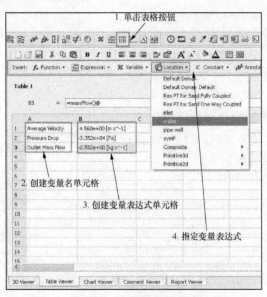

图 3-52　表格的创建方法

2. 制作图表

图表主要是沿着线/曲线显示两个变量之间的关系。创建图表的步骤如下。

（1）创建线、曲线、多段线、边界交线、等值线等。

（2）单击创建图表按钮。

（3）选择图表类型：XY、XY-Transient or Sequence 或者 Histogram。

（4）创建数据系列。

（5）指定 X 轴和 Y 轴变量。

图表的创建方法如图 3-53 所示。

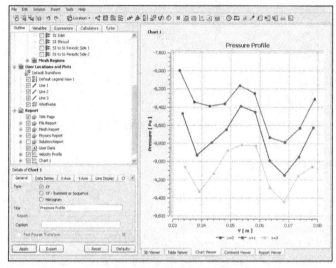

图 3-53　图表的创建方法

在图 3-54 所示图表的 3 种类型中，XY 基于线；XY-Transient or Sequence 基于点，典型的应用是显示变量在某点的瞬态变化计算结果，数据必须是瞬态结果文件；Histogram 能建立各种数据类型的柱状图，X 轴变量为离散量，Y 轴为频率。

图表中数据系列和轴的每种数据对应于一个位置（line、point 等）。数据系列的设置和 X 轴、Y 轴的变量设置如图 3-55 所示。

图 3-54　图表的 3 种类型

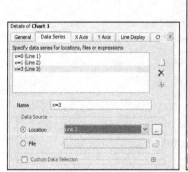

图 3-55　图表的相关设置

　　图表具有的快速傅里叶变换功能，可以将原始的压力信号转化为频率信号，其设置如图 3-56 所示，其效果示例如图 3-57 所示。

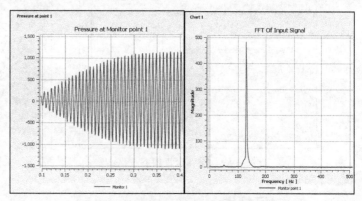

图 3-56　快速傅里叶变换设置　　　　　　　　图 3-57　快速傅里叶变换效果示例

3.2.8　制作报告

　　使用 CFD-Post 的报告生成工具，可以通过定制报告的方式快速生成报告，具体步骤如下。

　　1．选择报告模板。基于结果文件的类型，可以自动选择报告模板，使用鼠标右键单击 Report，选择模板，也可以自行创建模板或修改已存在的模板，如加入公司的 Logo、Charts、Tables、Plots 等，如图 3-58 所示。

　　2．选中报告里显示的内容，各显示内容可通过双击的方式进行编辑，Tables 和 Charts 可以自动添加至报告中，其他项目需要通过手动的方法添加。在 Report 上单击右键可以插入新的项目，如图 3-59 所示。

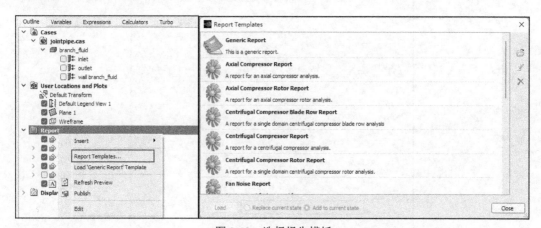

图 3-58　选择报告模板

　　3．添加图片。所有图片名称将显示在视图窗左上角的下拉列表中，可以改变视图的角度、大小等，如图 3-60 所示。

　　单击 Report Viewer 按钮，将显示 Report 内容，Report 的内容改变后，需要单击 Refresh

按钮进行更新。

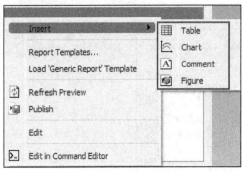

图 3-59 添加报告内容

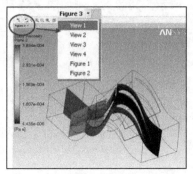

图 3-60 添加图片

3.2.9 动画制作

在 CFD-Post 中创建动画的模式有四种，如图 3-61 所示。这里主要介绍 Keyframe 模式，Keyframe 模式提供了大量的控制方式，创建当前状态的一个影像储存于 Keyframe；创建一系列的影像储存于 Keyframes，代表一系列不同的状态。视图方向、显示的对象、时间步的选择等任何变量都可以不同。动画的创建至少需要两个 Keyframe（一个作为开始，一个作为结束），每个 Keyframe 之间加入 # of Frames 数目。

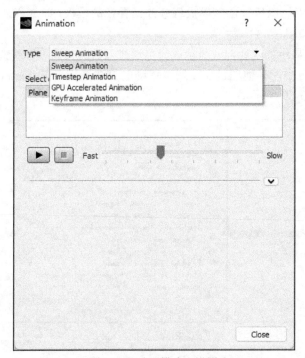

图 3-61 动画模式和设置

动画生成步骤如下。

1. 利用时间步选择器（Timestep Selector）调整到第一个时间步。

2．创建必要的显示对象。

3．创建第一个 Keyframe。

4．导入最后一个 Timestep。

5．创建最后一个 Keyframe。

6．选择第一个 Keyframe，并设置 # of Frames。

7．# of Frames 指第一个和最后一个 Keyframe 之间的帧数，如果有 100 timesteps，设置# of Frames=98，将有 100 个 Frame（98 个加第一个和最后一个），意味着 1frame/1timestep。

8．设置 Movie 选项。

9．返回第一个 Keyframe 并单击 Play 按钮。

3.2.10　其他工具

除上述功能外，CFD-Post 中还提供了其他几个比较实用的工具，如图 3-62 所示。

图 3-62　其他工具

时间步选择器 ⊙：瞬态计算结果的现实值为最后时刻的结果，可以在时间步选择器中选择不同的时间步。

动画创建 ▦：创建 MPEG 格式的动画视频。

快速编辑器 ✎：为每个项目提供快速的初值改变。

探测器 ✐：在视窗中拾取点，显示变量的值。

3.2.11　多文件模式

为了进行多个 CFD 结果的后处理和比较，CFD-Post 可以同时对多个文件进行后处理。导入多个结果文件的方法有以下几种。

● 　导入文件时选择多个结果文件。

● 　选择 Load complete history as→Separate cases。

导入其他的结果文件同时勾选 Keep current cases loaded 复选框，如图 3-63 所示。

图 3-63　导入多个结果文件

每个文件都分别显示在目录树和视图窗口中，如图 3-64 所示。

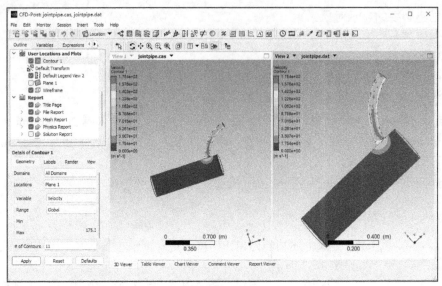

图 3-64　多文件的显示

3.3　本章小结

本章详细介绍了运用 Fluent 内置的后处理功能及 ANSYS CFD-Post 对 CFD 结果进行后处理的方法。通过本章的学习，读者可以运用这 2 种软件绘制各种矢量图、云图、流线图，可以制作表格、图表和生成简单报告，还可以制作动画显示，并对不同的结果进行对比。

总之，合理运用后处理，不仅可以使计算结果更直观，还可以全方位地阐述结果所表达出来的信息，对分析数据、了解物理现象有十分重要的作用。

第 4 章 Fluent 常用边界条件

通过前面的学习，我们了解到要求解流动问题的连续性方程、动量方程、能量方程和组分方程等，必须确定求解的初始条件和边界条件。

通常情况下，对于一个收敛的问题，给定的初始条件是比较随意的，只要初始值符合基本要求，其对计算结果的影响不大。而边界条件的设定对求解结果的影响十分关键，是使用 Fluent 分析流动问题的重点和难点之一。因此，本章将详细介绍 Fluent 中常用的边界条件。

学习目标：
- 了解 Fluent 边界条件的分类；
- 学习 Fluent 中边界条件的设置方法；
- 学习入口及出口边界上湍流参数的确定方法；
- 学习 Fluent 中常用的边界条件。

4.1 Fluent 中边界条件的分类

边界条件是在进行 Fluent 流动分析时最重要的设置参数，Fluent 提供的边界条件可以分为以下 4 类。
- 进出口边界条件：压力进口、速度进口、质量进口、进风口、进气扇、压力出口、压力远场、质量出口、出风口、排气扇。
- 壁面条件：壁面、对称、周期、轴。
- 内部单元区域：流体、固体（多孔是一种流动区域类型）。
- 内部表面边界：风扇、散热器、多孔跳跃、壁面、内部界面。

> **说明：** 内部表面边界条件定义在单元表面，这意味着它们没有有限厚度，并提供了流场性质每一步的变化。这些边界条件用来补充描述排气扇、细孔薄膜以及散热器的物理模型。内部表面区域的内部类型不需要设置任何参数。

4.2 边界条件设置及操作方法

在 Fluent 中，通过"单元区域条件"和"边界条件"面板设置边界条件，如图 4-1 所示。

图 4-1 单元区域条件和边界条件面板

4.2.1 边界条件的设置

执行"设置"→"边界条件"命令，可以打开相应的边界条件面板。

"单元区域条件"面板主要用于设置内部单元区域型的边界条件，如流体、固体等；"边界条件"面板用于设置其他类型的边界条件。设置边界条件的步骤如下。

1．在"区域"列表中选择要设置的区域。

2．在"类型"下拉列表中选择边界条件。

3．单击"编辑"按钮，对某个边界的边界条件进行详细的参数设置。

4.2.2 边界条件的修改

设定任何边界条件之前，必须检查所有边界区域的区域类型，如有必要则进行适当的修改。例如，如果网格是压力入口，但想要使用速度入口，需要把压力入口更改为速度入口之后再设定边界条件。

改变边界类型的步骤如下。

1．在区域下拉列表中选定所要修改的区域。

2．在类型列表中选择正确的区域类型。

3．如果弹出问题提示窗口，则单击确认按钮。

确认改变之后，区域类型将会改变，名称也会自动改变，设定区域边界条件的面板将自动打开。

> **注意**：这个方法不能用于改变周期性类型，因为该边界类型已经存在附加限制。

4.2.3 边界条件的复制

如果将要设置边界条件的"区域"与已经设置好边界条件的"区域"具有完全相同的边界条件，则可将已设置的"区域"上的边界条件复制到将要设置边界条件的"区域"上，步骤如下。

1．单击"边界条件"面板中的"复制"按钮，打开如图 4-2 所示的对话框。

2．在"从边界区域"列表中选择已设置好并将要被复制的区域。

3．在"到边界区域"列表中选择目标区域，可以多选。

4．单击"复制"按钮进行复制。完成后单击"关闭"按钮关闭对话框。

图 4-2　"复制条件"对话框

> **注意：** 计算域内部的壁面条件与外部的壁面条件不能相互复制，因为内部壁面可能是双面边界，而且在求解能量方程时，内部壁面和外部壁面上的热边界条件是不同的。

4.2.4　边界的重命名

边界的名称由其类型和标号数（如 pressure-inlet-7）组成。在某些情况下，需要为边界区域分配更多的描述名。

重命名边界的步骤如下。

1．在边界条件的"区域"列表中选择要重命名的区域。

2．单击"边界"按钮，打开所选区域的面板。

3．在区域名称设置为新的名称。

4．单击"应用"按钮。

> **注意：** 如果指定区域的新名称然后改变它的类型，修改前的名称将会被保留。如果区域名称是类型加标号，名称将会自动改变。

以上介绍了在 Fluent 中设置基本边界条件的方法，设置其他复杂边界条件的方法请参阅相关帮助文档。

4.3　Fluent 中流动出入口边界条件及参数确定

Fluent 有许多边界条件用来描述计算域的流入或者流出。对于流动的出入口，Fluent 提供了 10 种边界单元类型：速度入口、压力入口、质量入口、压力出口、压力远场、质量出口、进风口、进气扇、出风口以及排气扇。

Fluent 中的进出口边界条件选项如下。

● 速度入口边界条件：用于定义流动入口边界的速度和标量。

● 压力入口边界条件：用于定义流动入口边界的总压和其他标量。

- 质量入口边界条件：用于可压流规定入口的质量流速。在不可压流中无须指定入口的质量流，因为当密度是常数时，速度入口边界条件就确定了质量流条件。
- 压力出口边界条件：用于定义流动出口的静压（在回流中还包括其他的标量）。当出现回流时，使用压力出口边界条件来代替质量出口边界条件通常会具有更好的收敛速度。
- 压力远场边界条件：用于模拟无穷远处的自由可压流动，该流动的自由流马赫数以及静态条件已经指定。该边界条件类型只用于可压流。
- 出流边界条件：用于在解决流动问题之前，所模拟的流动出口的流速和压力的详细情况未知的情况。在流动出口是完全发展时，这一条件是适用的，这是因为出流边界条件假定除了压力之外的所有流动变量正法向梯度为零。对于可压流计算，这一条件是不适用的。
- 进风口边界条件：用于模拟具有指定的损失系数、流动方向以及周围（入口）环境总压和总温的进风口。
- 进气扇边界条件：用于模拟外部进气扇，它具有指定的压力跳跃、流动方向以及周围（进口）总压和总温。
- 出风口边界条件：用于模拟出风口，它具有指定的损失系数以及周围环境（排放处）的静压和静温。
- 排气扇边界条件：用于模拟外部排气扇，它具有指定的压力跳跃以及周围环境（排放处）的静压。

对于入口、出口或远场边界流入流域的流动，Fluent 需要指定输运标量的值。下面介绍几种湍流参数的设置方法。

4.3.1 用轮廓指定湍流参量

要想在入口处准确地描述边界层和完全发展的湍流流动，需要通过实验数据和经验公式创建边界轮廓文件来设定湍流量。

如果有轮廓函数而不是数据点，也可以使用这个函数来创建边界轮廓文件，创建轮廓函数后，即可使用如下模型。

Spalart-Allmaras 模型：在湍流指定方法下拉列表中指定湍流粘性比，并在湍流粘性比后面的下拉列表中选择适当的轮廓名。通过将 m_t/m 和密度与分子粘性适当结合，Fluent 为修改后的湍流粘性计算边界值。

k-ε 模型：在湍流指定方法下拉列表中选择 K 和 Epsilon，并在湍动能（Turb. Kinetic Energy）和湍流扩散速度（Turb. Dissipation Rate）后面的下拉列表中选择适当的轮廓名。

雷诺应力模型：在湍流指定方法下拉列表中选择雷诺应力部分，并在每一个单独的雷诺应力部分后面的下拉列表中选择适当的轮廓名。

4.3.2 湍流参量的估算

在某些情况下，流动流入开始时，可以将边界处的所有湍流量指定为统一值。例如，进入管道的流体、远场边界，甚至完全发展的管流中，湍流量的精确轮廓是未知的。

在大多数湍流流动中，湍流的更高层次产生于边界层而不是流动边界进入流域的地方，因此会导致计算结果相对于流入边界值不敏感。然而必须注意的是，要保证边界值不是非物理边界。

非物理边界会导致解不准确或者不收敛。对于外部流来说这一缺点尤其突出，如果自由流的有效粘性系数具有非物理性的大值，则无法确定边界层的位置。

用户可以使用轮廓指定湍流量中描述的湍流指定方法来输入同一数值取代轮廓，也可以选择用更为方便的量来指定湍流量，如湍流强度、湍流粘性比、水力直径以及湍流特征尺度等。

1. 湍流强度

湍流强度 I 定义为相对于平均速度 u_{avg} 的脉动速度 u' 的均方根。

小于或等于 1% 的湍流强度通常被认为是低强度湍流，大于 10% 被认为是高强度湍流。在外界测量数据的入口边界，可以方便地估计湍流强度。例如，如果模拟风洞试验，自由流的湍流强度通常可以从风洞指标中得到。在现代低湍流风洞中，自由流湍流强度通常会低至 0.05%。

对于内部流动，入口的湍流强度完全依赖于上游流动的历史，如果上游流动没有完全发展或者没有被扰动，就可以使用低湍流强度。

如果流动完全发展，湍流强度可能达到百分之几。完全发展的管流的核心湍流强度可以使用下面的经验公式计算。

$$I \equiv \frac{u'}{u_{\text{avg}}} \cong 0.16(Re_{D_H})^{-1/8} \tag{4-1}$$

例如，在雷诺数为 50000 时湍流强度为 4%。

2. 湍流尺度

湍流尺度 l 是与携带湍流能量的大涡尺度相关的物理量。在完全发展的管流中，l 被管道的尺寸所限制，因为大涡不能大于管道的尺寸。管道的相关尺寸 L 和管的物理尺寸 l 之间的计算关系为

$$l=0.07 L \tag{4-2}$$

其中因子 0.07 是基于完全发展湍流流动混合长度的最大值，对于非圆形截面的管道，可以用水力学直径取代 L。

公式 4-2 并不适用于所有的情况，它只是在大多数情况下的近似。对于特定流动，选择 L 和 l 的原则如下。

- 对于完全发展的内部流动，选择强度和水力学直径指定方法，并在水力学直径流场中指定 $L=D_H$。
- 对于旋转叶片的下游流动、穿孔圆盘等，选择强度和水力学直径指定方法，并在水力学直径流场中指定流动的特征长度为 L。
- 对于壁面限制的流动，入口流动包含湍流边界层。选择湍流强度和长度尺度方法并使用边界层厚度 $\delta_{99\%}$ 来计算湍流长度尺度 l，即 $l=0.4\,\delta_{99\%}$。
- 如果湍流的产生是由于管道中的障碍物等特征，最好使用该特征长度作为湍流长度 L，而不是用管道尺寸。

3. 湍流粘性比

湍流粘性比 μ_t/μ 直接与湍流雷诺数成比例：$Re_t=k^2/(\delta v)$。Re_t 在高湍流数的边界层、剪切层和完全发展的管流中较大（100～1000）。

然而，在大多数外流的自由流边界层中，μ_t/μ 相当小。湍流参数的典型设定为 $1<\mu_t/\mu<10$。要根据湍流粘性比来指定量，可以选择湍流粘性比（对于 Spalart-Allmaras 模型）或者强度和粘性比（对于 k-ε 模型或者 RSM）。

4. 推导湍流参量的关系式

要获得更方便的湍流量的输运值，必须求助于经验公式，下面是 Fluent 中常用的几个关系式。修改的湍流粘性 $\tilde{v}$ 与湍流强度 I、尺度 l 有如下关系。

$$\tilde{v}=\sqrt{\frac{3}{2}}u_{\text{avg}}Il \tag{4-3}$$

湍动能 k 和湍流强度 I 之间的关系如下。

$$k=\frac{3}{2}(u_{\text{avg}}I)^2 \tag{4-4}$$

式中，u_{avg} 为平均流动速度。

如果已知湍流长度尺度 l，可以使用下面的关系式。

$$\varepsilon=C_\mu^{\frac{3}{4}}\frac{k^{\frac{3}{2}}}{l} \tag{4-5}$$

式中，C_μ 是湍流模型中指定的经验常数（近似为 0.09），l 的公式在前面已经讨论过。ε 的值也可以使用式 4-6 计算，它与湍流粘性比 μ_t/μ 以及 k 有关。

$$\varepsilon=\rho C_\mu\frac{k^2}{\mu}\left(\frac{\mu_t}{\mu}\right)^{-1} \tag{4-6}$$

如果是模拟风洞条件，模型被安装在网格和/或金属网格屏下游的测试段，则可以使用下面的公式。

$$\varepsilon\approx\frac{\Delta k U_\infty}{L_\infty} \tag{4-7}$$

式中，Δk 是在穿过流场之后 k 的衰减期望值（假设为 k 入口值的 10%），U_∞ 是自由流的速度，L_∞ 是流域内自由流的流向长度。

当使用 RSM 时，如果不在雷诺应力指定方法下拉列表中选择雷诺应力选项，指定入口处的雷诺应力值，它们就会近似地由 k 的指定值来决定。

湍流假定为各向同性，保证

$$\overline{u_iu_j}=0 \tag{4-8}$$

以及

$$\overline{u_\alpha u_\alpha}=\frac{2}{3}k \tag{4-9}$$

如果在雷诺应力指定方法下拉列表中选择 k 或者湍流强度，Fluent 就会使用这种方法。

　　大涡模拟模型的 LES 速度入口中指定的湍流强度值，被用于随机扰动入口处速度场的瞬时速度。

4.4　Fluent 中常用的边界条件

本节详细介绍 Fluent 中常用的边界条件，这些边界条件是进行 Fluent 仿真求解的关键。

4.4.1　入口边界条件

1. 压力进口边界条件

　　压力进口边界条件用于定义流动入口的压力以及其他标量属性，它既适用于可压流，也适用于不可压流。

　　压力进口边界条件可用于压力已知但流动速度和/或速率未知的情况。这一情况可用于解决许多实际问题，如浮力驱动的流动。压力进口边界条件也可用来定义外部或无约束流的自由边界。

　　压力进口边界条件在如图 4-3 所示的"压力进口"对话框中进行设置。

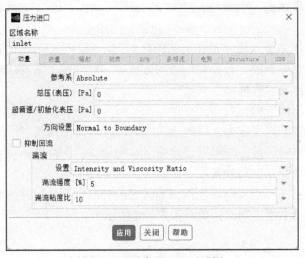

图 4-3　"压力进口"对话框

（1）设置入口压力
Fluent 定义压力的方程式为

$$p'_s = \rho_0 gx + p_s \tag{4-10}$$

或者

$$\frac{\partial p'_s}{\partial x} = \rho_0 g + \frac{\partial p_s}{\partial x} \tag{4-11}$$

　　这一定义允许静压头放入体积力项中考虑，而且当密度一致时，静压头从压力计算中排除。因此压力输入不应该考虑静压的微分，压力的报告也不会显示静压的任何影响。

　　不可压流体的总压定义为

$$p_0 = p_s + \rho \, | \, v \, |^2 \qquad\qquad (4\text{-}12)$$

可压流体的总压定义为

$$p_0 = p_s \left(1 + \frac{\gamma-1}{2} Ma^2 \right)^{\gamma/(\gamma-1)} \qquad\qquad (4\text{-}13)$$

式中，p_0 为总压，p_s 为静压，Ma 为马赫数，γ 为比热比。

如果模拟轴对称涡流，v 包括旋转分量。如果相邻区域是移动的（即如果使用旋转参考坐标系、多重参考坐标系、混合平面或者滑移网格），而且使用分离解算器，那么速度（或者马赫数）将是绝对的，或者相对于网格速度。这依赖于解算器面板中绝对速度公式是否激活。对于耦合解算器，速度（或者马赫数）通常是在绝对坐标系下的速度。

压力进口边界条件的设置方法为：在压力进口面板中的"总压"中输入总压值。总压值是在操作条件面板中定义的与操作压力有关的总压值。

如果入口流动是超声速的，或者使用压力进口边界条件来对解进行初始化，则必须指定"超音速/初始化表压"。

只要流动是亚声速的，Fluent 会忽略"超音速/初始化表压"，它是由指定的驻点值来计算的。

如果打算使用压力进口边界条件来初始化解域，"超音速/初始化表压"是与计算初始值的指定驻点压力相联系的，计算初始值的方法有各向同性关系式（对于可压流）和伯努利方程（对于不可压流）两种。

（2）设置入口流动方向

可以使用两种方法定义压力入口的流动方向：方向矢量和垂直于边界。

如果选择指定方向矢量，既可以设定笛卡儿坐标 X、Y 和 Z 的分量，也可以设定（圆柱坐标的）半径、切线和轴向分量。

根据柱坐标的定义，正径向速度指向旋转轴的外向，正轴向速度和旋转轴矢量的方向相同，正切向方向用右手定则来判断，如图 4-4 所示。

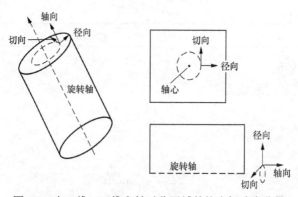

图 4-4 在二维、三维和轴对称区域的柱坐标速度分量

当地柱坐标系统允许对特定的入口定义坐标系，在压力进口面板中可以定义该坐标系统。具体操作方法为：在"方向设置"下拉列表中选择垂直于边界或者方向矢量。

（3）设置湍流参数

对于湍流计算，有以下几种方法来定义湍流参数。

首先在"压力进口"面板中的"湍流"选项组内选择湍流参数的定义方法，如 K and Epsilon、Intensity and Length Scale、Intensity and Viscosity Ratio、Intensity and Hydraulic Diameter 等。

对应于不同的湍流参数定义方法，面板中会出现不同的输入框，要求输入相应的参数，此处不做具体介绍，感兴趣的读者可参阅帮助文件。

至于湍流参量大小的计算请参阅 4.3 节。

（4）定义辐射参数

如果要使用 P-1 辐射模型、DTRM 或者 DO 模型，需要在"辐射"选项卡中设定"外部黑体温度方法"以及"内部辐射系数"。如果选用 Rosseland 辐射模型，则不需要任何输入。

（5）定义组分质量百分比

如果使用有限速度模型来模拟组份输运，就需要在"物质"选项卡中设定组分质量百分比。

（6）定义 PDF/混合分数参数

如果使用 PDF 模型模拟燃烧，需要设定平均混合分数以及混合分数变化（如果使用两个混合分数，则包括二级平均混合分数和二级混合分数变化）。

（7）定义预混合燃烧边界条件

如果使用预混合燃烧模型，则需要设定发展变量。

（8）定义离散相边界条件

离散相边界条件只在使用离散相轨道模型时可用。

（9）定义多相边界条件

对于多相流，如果使用 VOF、cavitation 或者代数滑移混合模型，则需要指定所有二级相的体积分数。

2. 速度入口边界条件

速度入口边界条件用于定义流动速度以及流动入口的流动属性相关标量。该边界条件适用于不可压流，如果用于可压流会导致非物理结果，这是因为它允许驻点条件浮动。另外需要避免速度入口靠近固体妨碍物，因为这会导致流动入口驻点属性具有高度非一致性。

对于特定的例子，Fluent 可能会使用速度入口在流动出口处定义流动速度。在这种情况下不使用标量输入，必须保证区域内的所有流动性。

速度入口边界条件在如图 4-5 所示的"速度入口"对话框中进行设置。

（1）定义流入速度

定义流入速度的步骤如下。

①选择定义入口速度的方法。"速度定义方法"下拉列表中有 3 种方法定义入口速度：Magnitude，Normal to Boundary、Magnitude and Direction 和 Components。

②如果邻近速度入口的单元区域是移动的，可以指定相对或绝对速度，相对于临近单元区域或者参考坐标系下拉列表的绝对速度。如果邻近单元区域是固定的，相对速度和绝对速度相等，则无须查看下拉列表。

③根据第一步的选择，采用不同的操作方法。

● 如果选择的速度定义方法为 Magnitude, Normal to Boundary，在"速度大小"文本框中输入速度矢量的大小，不用单独指定方向，因为方向垂直于边界流向计算区域。

● 如果在第一步中选择 Components，在"坐标系"下拉列表中选择坐标系并输入各个坐标上速度矢量的分量，如图 4-6 所示。如果使用柱坐标系，输入流动方向的径向、轴向和切向的 3 个分量值，以及旋转角速度（可选）。

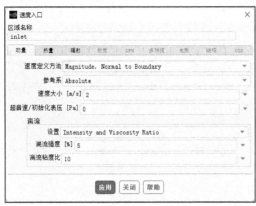

图 4-5 "速度入口"对话框

图 4-6 用分量定义速度矢量

● 如果第一步选择的是 Magnitude and Direction，则需要定义速度矢量大小和方向矢量，方向矢量是在选择的坐标系中定义的，如图 4-7 所示。

（2）设置温度

在解能量方程时，需要在温度场中的速度入口边界设定流动的"温度"，如图 4-8 所示。

图 4-7 用速度大小和方向矢量定义速度矢量

图 4-8 设置速度入口边界的温度

（3）定义流出标准压力

如果使用耦合解算器，可以为速度入口边界指定流出标准压力。如果流动要在任何表面边界处流出区域，表面则会被处理为压力出口，该压力出口为流出标准压力场中规定的压力。

湍流参数、辐射参数、组分质量百分比、PDF/混合分数参数、预混合燃烧边界条件、离散相边界条件及多相边界条件的定义与压力入口边界条件的定义相同，这里不赘述。

4.4.2 质量入口边界条件

质量入口边界条件用于规定入口的质量流量。为了实现规定的质量流量中需要的速度，需要调节当地入口总压。这与压力入口边界条件不同，压力入口边界条件规定的是流入驻点的属性，质量流量的变化依赖于内部解。

当匹配规定的质量和能量流速而不是匹配流入的总压时，通常会使用质量入口边界条件。例如，一个小的冷却喷流流入主流场并与主流场混合，此时主流的流速主要由（不同的）压力入口/出口边界条件对控制。

调节入口总压可能会导致节的收敛，因此如果压力入口边界条件和质量入口条件都可以接受，应该选择压力入口边界条件。

在不可压流中无须使用质量入口边界条件，因为密度是常数，速度入口边界条件已经确定了质量流。

质量入口边界条件在如图 4-9 所示的"质量流入口"对话框中进行设置。

图4-9 "质量流入口"对话框

1. 设置质量流量或质量流量密度

设置步骤如下。

（1）选择参考系：可以是绝对流量或相对流量，即选择 Absolute 或 Relative to Adjacent Cells。

（2）可以通过 3 种方式定义入口流量：Mass Flow Rate、Mass Flux 和 Mass Flux with Average Mass Flux。

（3）定义方向，参考 5.4.2 节中速度矢量的方向设置。

2. 设置总温

当需要进行传热、辐射或其他与温度相关的计算时，应设置流体温度，此处设置的温度是总温及驻点温度。

3. 定义静压

如果入口流动是超声速的，或者用压力入口边界条件对流场进行初始化，需要在"超音速/初始化表压"后面的设置为静压大小。

对于亚声速入口，则是在关于入口马赫数（可压流）或者入口速度（不可压流）合理的估计之上设定的。

> **说明：** 关于湍流参数、辐射参数、组分质量百分比、PDF/混合分数参数、预混合燃烧边界条件、离散相边界条件及多相边界条件的定义，请参照压力入口边界条件的定义，这里不赘述。

对入口区域使用质量入口边界条件，该区域每一个表面的速度都被计算出来，并且这一速度用于计算流入区域的流量。对于每一步迭代，需要调节计算速度以便于保证正确的质量流数值。

指定质量流速的方法有两种。第一种方法是指定入口的总质量流速 $\dot{m}$ ，第二种方法是指定质量流量（单位面积的质量流速）。

如果指定总质量流速，Fluent 会在内部通过将总流量除以垂直于流向区域的总入口面积得到统一质量流量。

$$\rho v = \frac{\dot{m}}{A} \tag{4-14}$$

如果直接使用质量流量指定选项，可以使用轮廓文件或者自定义函数来指定边界处的各种质量流量。

对于某一表面，必须确定其密度值，找到垂直速度。获取密度的方法根据所模拟的是不是理想气体而不同。

如果是理想气体，则使用式 4-15 计算密度。

$$P = \rho RT \tag{4-15}$$

如果入口是超音速，式 4-15 中所使用的静压值为用户设置的静压值。如果是亚音速，静压是从入口表面单元内部推导出来的。

入口的静温是从总焓推导出来的，总焓是从边界条件所设的总温推导出来的。

入口的密度是根据理想气体定律使用静压和静温推导出来的。

如果模拟的是非理想气体或者液体，静温和总温相同。入口处的密度能够很容易从温度函数和组分质量百分比计算出来。速度可以使用质量入口边界的计算程序中的方程计算出来。

4.4.3 入口通风口边界条件

入口通风口边界条件用于模拟具有指定损失系数、流动方向以及环境（入口）压力和温度的进风口。设置进风口边界条件需要输入以下参数。

● 总压即驻点压力。
● 总温即驻点温度。

- 流动方向。
- 静压。
- 湍流参数（对于湍流计算）。
- 辐射参数（对于 P-1 模型、DTRM 或者 DO 模型的计算）。
- 化学组分质量百分数（对于组分计算）。
- 混合分数和变化（对于 PDE 燃烧计算）。
- 发展变量（对于预混合燃烧计算）。
- 离散相边界条件（对于离散相计算）。
- 二级相的体积分数（对于多相流计算）。
- 损失系数。

入口通风口边界条件在图 4-10 所示的"入口通风口"对话框中设置。

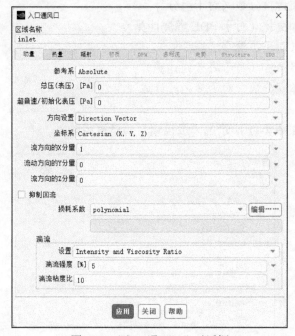

图 4-10　"入口通风口"对话框

大部分参数可以参考前面介绍的边界条件进行设置，这里只介绍损失系数的意义。

假定 Fluent 中的进风口模型中的进风口为无限薄，而且通过进风口的压降和流体的动压成比例，并以经验公式确定所应用的损失系数。则压降 Δp 与通过进风口速度 v 的垂直分量的关系为

$$\Delta p = k_L \frac{1}{2} \rho v^2 \tag{4-16}$$

式中，ρ 是流体密度，k_L 为无量纲的损失系数。

注意：Δp 是流向压降，因此即使是在回流中，进风口也会出现阻力。

通过进风口的损失系数可以定义为常量、多项式、分段线性函数或者垂向速度的分段

多项式函数，定义这些函数的面板和定义温度相关属性的面板相同。

4.4.4 吸风扇边界条件

吸风扇边界条件用于定义具有特定压力跳跃、流动方向以及环境（进风口）压力和温度的外部进气扇流动。设置进气扇边界条件需要输入以下参数。

- 总压即驻点压力。
- 总温即驻点温度。
- 流动方向。
- 静压。
- 湍流参数（对于湍流计算）。
- 辐射参数（对于 P-1 模型、DTRM 或者 DO 模型的计算）。
- 化学组分质量百分数（对于组分计算）。
- 混合分数和变化（对于 PDE 燃烧计算）。
- 发展变量（对于预混合燃烧计算）。
- 离散相边界条件（对于离散相计算）。
- 二级相的体积分数（对于多相流计算）。
- 压力跳跃。

上述所有值都在图 4-11 所示的"吸风扇"对话框中输入。

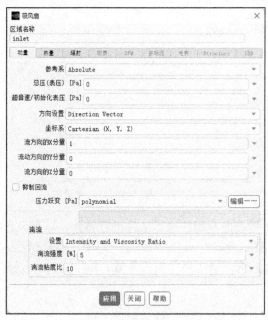

图 4-11 "吸风扇"对话框

上述前 11 项设定与压力入口边界的设定相同。

所有的吸风扇都被假定为无限薄，通过它的非连续压升被指定为通过进气扇速度的函数。在倒流的算例中，进气扇被看作具有统一损失系数的出风口。

通过进气扇的压力跳跃可以定义为常量、多项式、分段线性函数或者垂向速度的分段多项式函数。定义这些函数的面板与定义温度相关属性的面板相同。

4.4.5 出口边界条件

1. 压力出口边界条件

压力出口边界条件需要在出口边界处指定静压。静压的指定只用于亚声速流动。如果当地流动变为超声速，则不再使用指定压力，此时压力要从内部流动中推断。所有其他的流动属性都从内部推导出来。

在解算过程中，如果压力出口边界处的流动是反向的，回流条件也需要指定。如果对回流问题指定了比较符合实际的值，收敛性困难则会降低到最小。

设置压力出口边界条件需要输入以下参数。

- 静压。
- 回流条件。
- 总温即驻点温度（用于能量计算）。
- 湍流参数（用于湍流计算）。
- 化学组分质量百分数（用于组分计算）。
- 混合分数和变化（用于 PDE 燃烧计算）。
- 发展变量（用于预混合燃烧计算）。
- 二级相的体积分数（用于多相流计算）。
- 辐射参数（用于 P-1 模型、DTRM 或者 DO 模型的计算）。
- 离散相边界条件（用于离散相计算）。

这些参数都在如图 4-12 所示的"压力出口"对话框中设置。

图 4-12 "压力出口"对话框

在压力出口边界设定静压之前，需要在压力出口面板设定适当的表压压力值，该值只用于亚声速。如果出现超声速情况，压力则需要从上游条件推导出来。

需要注意的是，静压与在操作条件面板中的操作压力是相关的。请参阅有关压力输入和静压头输入的解释。

Fluent 还提供了使用平衡出口边界条件的选项。激活该选项,需要打开辐射平衡压力分布。当该选项被激活时,指定的表压压力只用于边界处的最小半径位置(相对于旋转轴)。其余边界的静压是从辐射速度可忽略不计的假定前提下计算出来的,压力梯度由式 4-17 给出。

$$\frac{\partial p}{\partial r} = \frac{\rho v_\theta^2}{r} \tag{4-17}$$

式中,r 是边界与旋转轴之间的距离,v_θ 是切向速度。

即使旋转速度为零,也可以使用压力出口边界条件。

其他参数的设置参考压力入口边界条件。

2. 压力远场边界条件

Fluent 中使用的压力远场边界条件用于模拟无穷远处的自由流条件,其中自由流马赫数和静态条件被指定。压力远场边界条件通常被称为典型边界条件,因为它使用典型的信息(黎曼不变量)来确定边界处的流动变量。

压力远场边界条件只适用于密度根据理想气体定律计算出来的情况,不适用于其他情况。要有效地近似无限远处的条件,必须将这个远场放到所关心的计算物体的足够远处,例如在机翼升力计算中,远场边界通常要设定到 20 倍弦长的圆周之外。

设置压力远场边界条件需要输入以下参数。

- 静压。
- 马赫数。
- 温度。
- 流动方向。
- 湍流参数(用于湍流计算)。
- 辐射参数(用于 P-1 模型、DTRM 或者 DO 模型的计算)。
- 化学组分质量百分数(用于组分计算)。
- 离散相边界条件(用于离散相计算)。

压力远场边界条件在如图 4-13 所示的“压力远场”对话框中设置。

压力远场的参数设置可以参考压力入口边界条件的设置。

图 4-13 “压力远场”对话框

对于垂直于边界的一维流动,在引入黎曼不变量(特征变量)的基础上,压力远场边界条件是非反射边界条件。对于亚声速流动,有两个黎曼不变量,它符合入射波和反射波。

$$R_\infty = V_{n_\infty} - \frac{2c_\infty}{\gamma - 1} \tag{4-18}$$

$$R_i = V_{n_i} - \frac{2c_i}{\gamma - 1} \tag{4-19}$$

式中,V_n 是垂直于边界的速度量,c 是当地声速,γ 为气体比热比。下标 ∞ 是应用于无穷远处的条件,下标 i 是用于内部区域的条件(即邻近于边界表面的单元)。将 R_∞、R_i 变量相加减有如下两式。

$$V_{n_i} = \frac{1}{2}(R_i + R_\infty) \qquad (4\text{-}20)$$

$$c = \frac{\gamma - 1}{4}(R_i - R_\infty) \qquad (4\text{-}21)$$

其中，V_n 和 c 变成边界处应用的垂直速度分量值和声速值。在通过流动出口的表面，切向分速度和焓由内部区域推导出来，流入表面部分被指定为自由流的值。使用 V_n、c、切向速度分量以及熵可以计算出边界表面的密度、速度、温度以及压力值。

3.　出口通风口边界条件

出口通风口边界条件用于模拟具有指定损失系数以及周围（流出）环境压力和温度的出风口。

设置出风口边界条件需要输入以下参数。

● 　静压。
● 　回流条件。
● 　总温即驻点温度（用于能量计算）。
● 　湍流参数（用于湍流计算）。
● 　化学组分质量百分数（用于组分计算）。
● 　混合分数和变化（用于 PDE 燃烧计算）。
● 　发展变量（用于预混合燃烧计算）。
● 　二级相的体积分数（用于多相流计算）。
● 　辐射参数（用于 P-1 模型、DTRM 或者 DO 模型的计算）。
● 　离散相边界条件（用于离散相计算）。
● 　损失系数。

这些参数在如图 4-14 所示的"出口通风口"对话框中设置。

图 4-14　"出口通风口"对话框

前 4 项参数的指定方法与压力出口边界条件的指定方法相同。

出风口被假定为无限薄，而且通过出风口的压降被假定为与流体的动压头成比例，同时使用决定损失系数的经验公式。通过出风口的损失系数通常定义为常量、多项式、分段线性函数或者垂向速度的分段多项式函数。

4. 排风扇边界条件

排风扇边界条件用于模拟具有指定压力跳跃和周围（流出）环境压力的外部排气扇。设置排气扇边界条件需要输入以下参数。

- 静压。
- 回流条件。
- 总温即驻点温度（用于能量计算）。
- 湍流参数（用于湍流计算）。
- 化学组分质量百分数（用于组分计算）。
- 混合分数和变化（用于 PDE 燃烧计算）。
- 发展变量（用于预混合燃烧计算）。
- 二级相的体积分数（用于多相流计算）。
- 辐射参数（用于 P-1 模型、DTRM 或者 DO 模型的计算）。
- 离散相边界条件（用于离散相计算）。
- 压力跳跃。

这些参数在如图 4-15 所示的"排风扇"对话框中设置。

Fluent 中模拟了排风扇，排风扇被假定为无限薄，同时其两侧流体具有一定的压力差，压力差的大小是当地流体速度的函数。通过排气扇的压力跳跃可以定义为常量、多项式、分段线性函数或者分段多项式函数。

模拟排风扇必须保证通过排风扇向前的流动压力有所升高。在回流算例中，排风扇可以看作具有同一损失系数的进风口。

图 4-15　"排风扇"对话框

5. 出流边界条件

在解决流动问题之前，当流动出口的速度和压力是未知数时，Fluent 会使用出流边界条件来模拟流动。流动出口边界的任何条件都不需要定义（模拟辐射热传导、粒子的离散相或者分离质量流除外），Fluent 会从内部推导所需要的信息。

需要注意的是，下述几种情况不能使用出流边界条件。

- 求解问题包含压力入口条件时，需要使用压力出口边界条件。

图 4-16 "出流边界"对话框

- 模拟可压缩流动时。
- 模拟变密度的非定常流，即使流动是不可压的。
- 使用欧拉多相流模型时。

"出流边界"对话框如图 4-16 所示，用户只需要设置出流边界上流体流出量的权重，即占总流量的百分比。如果计算域只有一个出口，则"流速加权"默认为1。

Fluent 在出流边界所应用的零扩散流量条件在物理上接近于完全发展流动。完全发展流动是指在流动方向上流动速度剖面（和/或其他诸如温度属性的轮廓）不改变。

> **注意：**在出流边界条件中，垂直于流向可能会有速度梯度。只有在垂直于出口平面的扩散流量才被假定为零。

用户也可以在流动没有完全发展的物理边界定义出流边界条件，在这种情况下，首先要保证出口处的零扩散流量对流动解没有太大的影响。下面是使用出流边界的一个例子。

出流边界的法向梯度可以忽略不计，如图 4-17 所示是一个简单的二维问题，有几个可能的出流边界。

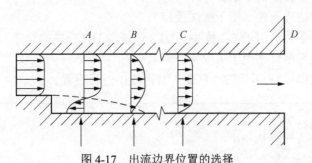

图 4-17 出流边界位置的选择

位置 D 表明流动边界在通风口的出口，假定对流占支配优势，边界条件完全适用，质量出口的位置也很理想。

位置 C 在通风口出口的上游，流动是完全发展的，因此出流边界条件在这里也完全适用。

出流边界的错误位置：位置 B 接近流动的再附着点，由于在回流点处垂直于出口表面的梯度相当大，它会对流场上游有很大的影响。同时因为出流边界条件忽略这些流动的轴向梯度，所以位置 B 是一个较差的出流边界。出口位置应该移动至再附着点的下游。

位置 A 是第二个出流边界的错误位置，流动会通过出流边界回流到 Fluent 计算域中。对于这种情况，Fluent 计算不会收敛，计算结果会失去意义。这是因为当流动通过质量出口又回流到计算区域时，通过计算区域的质量流速是浮动或者未定义的。

除此之外，当通过质量出口流入计算区域时，由于流动的标量属性是未定义的（Fluent

在流域内使用邻近于质量出口流体的温度来选择温度），因此应该以怀疑的态度来查看包括通过质量出口进入流域的所有计算。对于这些计算，推荐使用压力出口边界条件。

注意：如果在计算中的任何点有回流流过出流边界，甚至解的最后结果不排除到区域内有任何的回流，收敛性都会受到影响，这一情况在湍流中需要特别注意。

4.4.6　壁面边界条件

壁面边界条件用于限制流体和固体区域。在粘性流动中，壁面处默认为非滑移边界条件，但是用户也可以根据壁面边界区域的平动或者转动来指定切向速度分量，或者通过指定剪切来模拟滑移壁面。在当地流场详细资料的基础上，可以计算出流体和壁面之间的剪应力和热传导。

提示：用户可以在 Fluent 中用对称边界类型来模拟滑移壁面，但是需要在所有的方程中应用对称条件。

设置壁面边界条件需要输入下列信息。
- 热边界条件（用于热传导计算）。
- 速度边界条件（用于移动或旋转壁面）。
- 剪切（用于滑移壁面，可选项）。
- 壁面粗糙程度（用于湍流，可选项）。
- 物质边界条件（用于组份计算）。
- 化学反应边界条件（用于壁面反应）。
- 辐射边界条件（用于 P-1 模型、DTRM 或者 DO 模型的计算）。
- 离散相边界条件（用于离散相计算）。

这些参数在如图 4-18 所示的"壁面"对话框中进行设置。

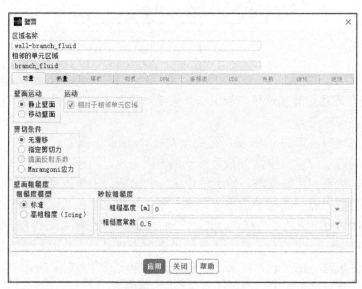

图 4-18　"壁面"对话框

1. 热边界条件

求解能量方程时，需要在壁面边界处定义热边界条件。在 Fluent 中有①热通量、②温度、③对流、④辐射及⑤混合 5 种类型的热边界条件。

如果壁面区域是双侧壁面（在两个区域之间形成界面的壁面，如共轭热传导问题中的流/固界面），即可得到这些热条件的子集，但也可以选择壁面的两侧是否耦合。

如果壁面具有非零厚度，还应该设定壁面处薄壁面热阻和热生成。

热边界条件在"壁面"对话框的"热量"选项卡中进行设置，如图 4-19 所示。

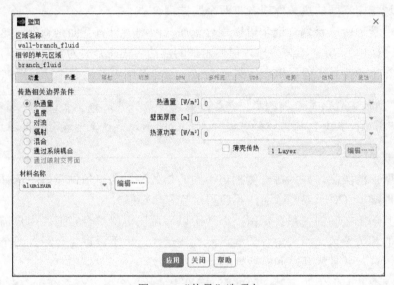

图 4-19　"热量"选项卡

5 种热边界条件的设置方法如下。

（1）热通量。对于热通量条件，先在"传热相关边界条件"选项中选择"热通量"选项，然后在"热通量"文本框中设定壁面处"热通量"的适当数值。设定零热流量条件就定义了绝热壁，这是壁面的默认条件。

（2）温度。选择"温度"条件，在"传热相关边界条件"选项中选择"温度"选项，并指定壁面表面的温度。

（3）对流。对于对流换热壁面，在"传热相关边界条件"选项中选择"对流"选项，输入热传导系数以及流体温度，Fluent 会使用对流热传导边界条件中的对流换热方程计算壁面的热传导。

（4）辐射。如果所模拟的是来自外界的辐射换热，在"传热相关边界条件"选项中选择"辐射"选项，然后设定外部发射率以及外部辐射温度。

（5）混合。如果选择"混合"选项，即可选择对流和辐射结合的热条件。这时需要设定热传导系数、自由流温度、外部发射率以及外部辐射温度。

默认情况下，壁面厚度为零，但可以结合任何热条件来模拟两个区域之间材料的薄层。例如，可以模拟两个流体区域之间的薄金属片的影响，以及固体区域上的薄层或者两个固体区域之间的接触阻力。Fluent 会求解一维热传导方程来计算壁面所提供的热阻以及壁面内部的热生成。

在进行热传导计算时需要指定材料的类型、壁面的厚度以及壁面的热源。在材料名称下拉列表中选择材料类型，然后在壁面厚度框中指定厚度。

壁面的热阻为 $\Delta x / \lambda$，其中 λ 是壁面材料的热传导系数，Δx 是壁面厚度。热边界条件将在薄壁面的外侧指定，如图 4-20 所示，其中 T_b 为壁面处指定的固定温度。

如果壁面区域的每一侧都是流体或者固体区域。当具有这类壁面区域的网格读入 Fluent 时，一个阴影区域会自动产生，以确保壁面的每一侧都是清楚的壁面区域。

在壁面区域面板中，阴影区域的名称将在阴影表面区域框中显示出来。用户可以选择在每一个区域指定不同的热条件或者将两个区域耦合。

在热条件选项中选择耦合选项可以耦合壁面的两侧（只有壁面是双侧时这一选项才会出现在壁面面板中）。用户不需要输入任何附加的热边界信息，因为解算器会直接从相邻单元的解中计算出热传导，但可以指定材料类型、壁面厚度以及热源来计算壁面热阻。

> **注意**：所设定壁面每一侧的阻抗参数会自动分配给其阴影壁面区域，指定壁面内的热源是很有用的。例如，模拟已知电能分布，但是不知道热流量或者壁面温度的印制电路板。

要解耦壁面的两侧，并为每一侧指定不同的热条件，在热条件类型中选择温度或者热流作为热条件类型（对于双侧壁面，不应用对流和热辐射）。

壁面及其阴影之间的关系会保留，以便于以后可以再次耦合它们。用户需要设定所选择的热条件的相关参数，相关内容前面已经叙述过，这里不再重复介绍。两个非耦合壁面具有不同的厚度，并且相互之间有效地绝缘。

对于非耦合壁面指定非零厚度的壁面，所设定的热边界条件会在两个薄壁的外侧指定，如图 4-21 所示，其中 T_{b1} 和 T_{b2} 分别是两个壁面的温度。

> **注意**：图 5-19 所示两个壁面之间的缺口并不是模型的一部分，它只是用来表明每一个非耦合壁面的热边界条件的应用位置。

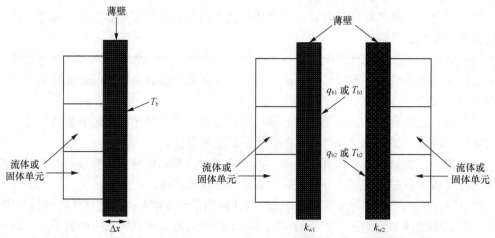

图 4-20　热条件被指定在薄壁面的外侧　　　图 4-21　热条件在非耦合薄壁的外侧指定

2. 设置壁面的运动参数

在壁面面板的"壁面运动"选项处选择"移动壁面"来设置壁面运动参数，如图 4-22 所示。

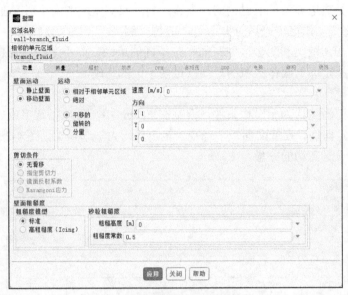

图 4-22 设置壁面的运动参数

如果邻近壁面的单元区域是移动的（如使用移动参考系或者滑动网格），可以激活相对邻近单元区域选项来选择指定的相对移动区域的移动速度。

如果指定相对速度，那么相对速度为零意味着壁面在相对坐标系中是静止的，因此在绝对坐标系中是以相对于邻近单元的速度运行。

如果选择绝对速度（激活绝对选项），速度为零意味着壁面在绝对坐标系中是静止的，而且以相对于邻近单元的速度移动，但在相对坐标系中方向相反。

如果使用一个或多个移动参考系、滑动网格或者混合平面，并且希望壁面固定在移动参考系上，建议指定相对速度（默认）而不是绝对速度。然后修改邻近单元区域的速度，与指定绝对速度相似，不需要对壁面速度做任何改变。

> **注意**：如果邻近单元不是移动的，则等同于相对选项。

对于壁面边界平动的问题（如以移动带作为壁面的矩形导管），可以激活"平移的"选项，并指定壁面速度和方向。作为默认值，平动速度为零，壁面移动未被激活。

对于包括转动壁面运动的问题，可以激活"旋转的"选项，并对指定的旋转轴定义旋转速度。定义轴需要设定旋转轴方向和旋转轴原点，该旋转轴和邻近单元区域所使用的旋转轴以及其他壁面旋转轴无关。

对于三维问题，旋转轴是通过指定坐标原点的矢量，它平行于在旋转轴方向框中指定的从 $(0,0,0)$ 到 (X,Y,Z) 的矢量。对于二维问题，只需要指定旋转轴起点，旋转轴是通过指定点的 Z 向矢量。对于二维轴对称问题，无须定义旋转轴：通常是绕 X 轴旋转，起点为 $(0,0)$。

注意：只有在壁面限制表面的旋转时，模拟切向旋转运动才是正确的（如圆环或者圆柱）。还要注意，只有静止参考系内的壁面才能指定旋转运动。

如定义壁面处热边界条件所讨论的，当读入具有双侧壁面的网格时（在流/固区域形成界面），会自动形成阴影区域来区分壁面区域的每一侧。

对于双侧壁面，壁面和阴影区域可能指定不同的运动，而不考虑它们耦合与否。需要注意的是，不能指定邻近固体区域的壁面（或阴影）的运动。

3. 设置滑移壁面

无粘流动的壁面默认为无滑移条件，但是在 Fluent 中，可以指定零或非零剪切来模拟滑移壁面。要指定剪切，在壁面面板中选择"指定剪切力"选项（见图 4-23），然后在"剪切应力"选项中设置剪切的分量。

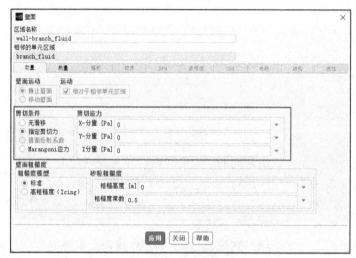

图 4-23　滑移壁面设置

4. 设置粗糙度

流过粗糙表面（例如流过机翼表面、船体、涡轮机、换热器和管系统，以及具有各种粗糙度的大气边界层）的流体流动需要考虑各种复杂的情况。还有具有各种粗糙度的大气边界层。壁面粗糙度会影响壁面处的阻力、热传导和质量输运。

在模拟具有壁面限制的湍流流动时，壁面粗糙度的影响比较大，用户可以通过修改壁面定律的粗糙度来还原壁面粗糙度影响。

粗糙管和隧道的实验表明使用半对数规则画图时，近粗糙壁面的平均速度分布具有相同的坡度（$1/k$），但具有不同的截止点（在对数定律中附加了常数 B）。对于粗糙壁面，平均速度的壁面定律的形式为

$$\frac{u_p u^*}{\tau_w / \rho} = \frac{1}{\tau} \ln \left(E \frac{\rho u^* y_p}{\mu} \right) - \Delta B \tag{4-22}$$

式中，$u^* = C_m^{1/4} k^{1/2}$；ΔB 是粗糙度函数，衡量由于粗糙影响而导致的截止点的转移。ΔB 通常依赖于粗糙表面的类型（如沙子、铆钉、螺纹、肋、铁丝网等）和尺寸，对于各种类型的

粗糙表面没有统一而有效的公式。然而，对于沙粒粗糙程度和各种类型的统一粗糙单元，ΔB 和无量纲高度 K_s^+ 具有很好的相关性，验数据分析表明，粗糙函数 ΔB 并不是 K_s^+ 的单值函数，而是依赖于 K_s^+ 的值有以下 3 种不同的形式。

● 液体动力光滑（$K_s^+ < 3 \sim 5$）。

● 过渡区（$3 \sim 5 < K_s^+ < 70 \sim 90$）。

● 完全粗糙（$K_s^+ > 70 \sim 90$）。

根据上述数据，粗糙度在光滑区域内的影响可以忽略，在过渡区域的影响则越来越重要，在完全粗糙区域具有完全的影响。

在 Fluent 中，整个粗糙区域分为 3 个区域。粗糙度函数 ΔB 的计算源于 Nikuradse's 数据基础上的由 Cebeci 和 Bradshaw 提出的公式。

对于液体动力光滑区域（$K_s^+ < 2.25$）：

$$\Delta B = 0 \tag{4-23}$$

对于过渡区（$2.25 < K_s^+ < 90$）：

$$\Delta B = \frac{1}{\kappa} \ln \left(\frac{K_s^+ - 2.25}{87.25} + C_{K_s} K_s^+ \right) \times \sin[0.4258(\ln K_s^+ - 0.811)] \tag{4-24}$$

其中 C_{K_s} 为粗糙常数，依赖于粗糙的类型。

在完全粗糙区域（$K_s^+ > 90$）：

$$\Delta B = \frac{1}{\kappa} \ln \left(1 + C_{K_s} K_s^+ \right) \tag{4-25}$$

在解算器中，给定粗糙参数之后，粗糙度函数 ΔB（K_s^+）可以使用相应的公式计算出来。方程式 4-22 中修改之后的壁面定律用于估计壁面处的剪应力以及其他对于平均温度和湍流量的壁面函数。

模拟壁面粗糙的影响必须指定两个参数：粗糙高度 K_s 和粗糙常数 C_{K_s}。默认的粗糙高度为零，这符合光滑壁面的要求。对于产生影响的粗糙度，须指定非零的 K_s。

对于同一沙粒粗糙情况，沙粒的高度可以简单地看作 K_s。然而，对于非同一沙粒粗糙情况，沙粒平均直径应该是最有意义的粗糙高度。对于其他类型的粗糙情况，需要使用同等意义上的沙粒粗糙高度 K_s。

适当的粗糙常数 C_{K_s} 主要由给定的粗糙情况决定。默认的粗糙常数（$C_{K_s} = 0.5$）用来满足在使用 $k\text{-}\varepsilon$ 湍流模型时，可以在具有同一沙粒粗糙度的充满流体的管中再现 Nikuradse's 阻力数据。

当模拟与同一沙粒粗糙度不同的情况时，则需要调节粗糙常数。例如，有些实验数据表明，对于非同一沙粒、肋和铁丝网，粗糙常数（$C_{K_s} = 0.5 \sim 1.0$）具有更高的值。目前对于任意类型的粗糙情况还没有一个明确的选择粗糙常数 C_{K_s} 的原则。

注意：要求邻近壁面单元小于粗糙高度并不是物理意义上的问题。对于最好的结果来说，要保证从壁面到质心的距离比 K_s 大。

"粗糙度常数"及"粗糙高度"在如图 4-24 所示的对话框中设置。

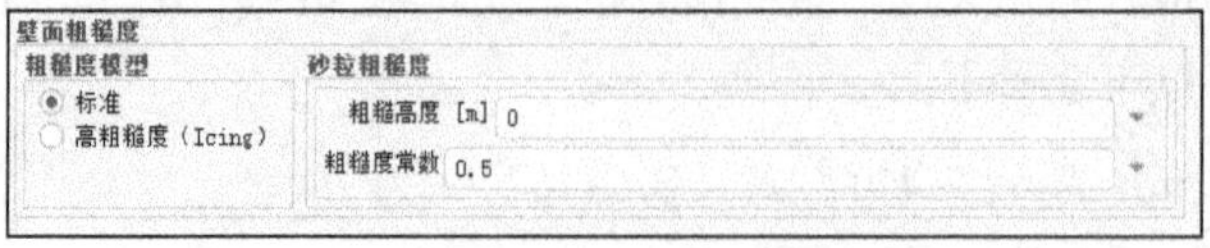

图 4-24 设置粗糙高度及粗糙常数

4.4.7 对称边界条件

对称边界条件用于所计算的物理外形和期望的流动/热解具有镜像对称特征的情况，也可以用来模拟粘性流动的滑移壁面。

Fluent 假定所有量通过对称边界的流量为零，因此对称边界的法向速度为零。通过对称平面没有扩散流量，因此所有流动变量的法向梯度在对称平面内为零。

如上所述，对称的定义要求这些条件决定流过对称平面的流量为零。因为对称边界的剪应力为零，所以在粘性流动计算中也可以用滑移壁面来解释。

对称边界条件用于减少计算模拟的范围，它只需要模拟所有物理系统的一个对称子集。使用对称边界的两个示例如图 4-25 和图 4-26 所示。

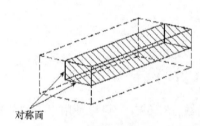

图 4-25 使用对称边界模拟三维管道的四分之一

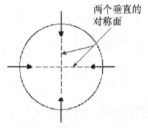

图 4-26 使用对称边界模拟圆形截面的四分之一

4.4.8 周期性边界条件

在流场的边界形状和流场结构存在周期性特征时，可以采用周期性边界条件。Fluent 提供了两种类型的周期性边界条件。

● 第一种类型不允许通过周期性平面具有压降。

● 第二种类型允许通过平移周期性边界具有压降，它能够模拟完全发展的周期性流动。

周期性边界条件用于模拟通过计算模型内的两个相反平面的流动相同的情况。图 5-25 所示为周期性边界条件的典型应用。在这些示例中，通过周期性平面进入计算模型的流动与通过相反的周期性平面流出流场的流动是相同的，周期性平面通常是成对使用的。

对于没有任何压降的周期性边界，只需要选择模拟的几何外形是旋转性周期还是平移性周期即可。

旋转性周期边界是指关于旋转对称几何外形中线形成了一个包括的角度，如图 4-27 所示。

平移性周期边界是指在直线几何外形内形成周期性边界，如图 4-28 所示。

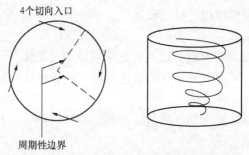

图 4-27　在圆柱容器中使用周期性边界定义涡流

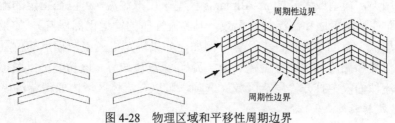

图 4-28　物理区域和平移性周期边界

4.4.9　流体区域条件

流体区域是一组所有现行的方程都被解出的单元。用户必须指明流体区域内包含哪种材料，以便于使用适当的材料属性。

如果模拟组分输运或者燃烧，则无须选择材料属性，当激活模型时，组分模型面板中会指定混合材料。同样，对于多相流动也无须指定材料属性。

用户可以设定热、质量、动量、湍流、组分以及其他标量属性的源项，也可以为流体区域定义运动。如果邻近流体区域内具有旋转周期性边界，则需要指定旋转轴。如果使用 $k\text{-}\varepsilon$ 模型或者 Spalart-Allmaras 模型来模拟湍流，可以选择定义流体区域为层流区域。如果用 DO 模型模拟辐射，可以指定流体是否参加辐射。

流体区域条件在如图 4-29 所示的"流体"对话框中进行设置。

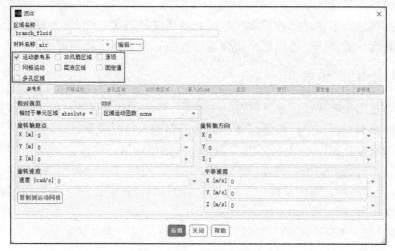

图 4-29　"流体"对话框

在"流体"对话框中可以进行以下设置。

1. 定义流体材料

在"材料名称"下拉列表中选择适当的选项可以定义流体区域内包含的材料。该下拉列表中包含所有用户在材料面板中定义的流体材料（或者从材料数据库中加载的材料）。

2. 定义源项

如果希望在流体区域内定义热、质量、动量、湍流、组分以及其他标量属性的源项，可以激活"源项"选项来实现。

3. 指定层流区域

如果使用 k-ε 模型或者 Spalart-Allmaras 模型来模拟湍流，可以在指定的流体区域关闭湍流模拟（即使湍流生成和湍流粘性无效，但湍流性质的输运仍然保持）。如果确定在某一区域流动是层流，有助于进行许多计算。例如，如果确定机翼上转捩点的位置，可以在层流单元区域边界和湍流区域边界创建一个层流/湍流过渡边界。该功能可以模拟机翼上的湍流过渡。在流体面板中打开"层流区域"选项，可以在流体区域内取消湍流模拟。

4. 定义旋转轴

如果邻近流体区域存在旋转性周期边界，或者区域是旋转的，必须指定旋转轴。定义旋转轴需要设定旋转轴的方向和起点。该轴和任何邻近壁面区域或任何其他单元区域所使用的旋转轴是独立的。

对于三维问题，旋转轴起点是在旋转轴起点选项中输入的起点，方向为旋转轴方向选项中输入的方向。

对于二维非轴对称问题，需要指定旋转轴起点，方向是通过指定点的 Z 方向（Z 向垂直于几何外形平面，以保证旋转出现在该平面内）。

对于二维轴对称问题，无须定义轴，旋转通常是关于 X 轴的，起点为（0，0）。

5. 定义区域运动

对于旋转和平移坐标系，需要定义移动区域，在运动类型下拉列表中选择运动参考坐标系，然后在面板的扩展部分设定适当的参数。

在移动类型下拉列表中选择移动网格，然后在扩展面板中设定适当的参数可以定义移动或者滑移网格的移动区域。

对于包括线性、平移运动的流体区域问题，通过设定 X、Y 和 Z 分量来指定平移速度。对于包括旋转运动的问题，可以在"旋转速度"文本框中指定旋转速度。

4.4.10 固体区域条件

固体区域是用来解决热传导问题的一种区域。作为固体处理的材料可能事实上是流体，但是假定其中没有对流发生。设置固体区域仅需要输入材料类型。

固体区域条件在如图 4-30 所示的"固体"对话框中进行设置。

在"固体"对话框中可以进行以下设置。

1. 定义固体材料。要定义固体区域内包含的材料，其定义方法与流体区域条件的流体材料定义方法相同。

2. 定义热源。激活"源项"选项，可以在固体区域内定义热源项。

3. 定义旋转轴，参考流体区域条件设置。

4. 定义区域运动，参考流体区域条件设置。

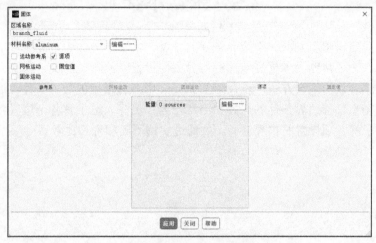

图 4-30 "固体"对话框

4.4.11 其他边界条件

风扇边界条件：风扇模型是集总模型，可用于确定具有已知特征的风扇对于大流域流场的影响。风扇边界条件允许输入控制通过风扇单元头部（压升）和流动速率（速度）之间关系的经验曲线，也可以指定风扇旋转速度的径向和切向分量。风扇模型能够精确模拟经过风扇叶片的详细流动，它所预测的是通过风扇的流量。风扇的使用可以与其他流动源项关联，或作为模拟中流动的唯一源项。

多孔跳跃边界条件：多孔跳跃边界条件用于模拟已知速度/压降特征的薄膜，其本质是单元区域的多孔介质模型的一维简化，应用实例有：模拟通过筛子和过滤器的压降，模拟不考虑热传导影响的散热器。由于具有很好的鲁棒性和收敛性，因此这一简化模型可以用来取代完全的多孔介质模型。

散热器：是 Fluent 提供的热交换单元（如散热器和冷凝器）的集总参数模型，散热器边界条件允许指定压降和热传导系数。

轴边界：轴边界条件必须应用于对称几何外形的中线处，如图 4-31 所示，也可以应用于圆柱两极的四边形和六面体网格的中线上。在轴边界处，无须定义任何边界条件。

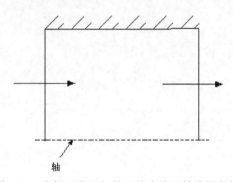

图 4-31 在轴对称几何外形的中线处轴边界条件

4.5 本章小结

　　本章首先简要介绍了 Fluent 中边界条件的分类，以及 Fluent 中边界条件的设置方法和一些基本操作。为了帮助读者更好地理解边界条件设置中的物理意义，详细介绍了入口及出口边界处湍流参数的确定方法，还介绍了 Fluent 中各种常用的边界条件。通过本章的学习，读者可以初步掌握边界条件的选择和用法。为了更深入地了解各个边界条件的区别，还需要深入地了解各项设置的物理意义，并通过实例不断印证和比较。

第 5 章　导热问题数值模拟

工程实际中经常遇到固体导热问题的计算，主要包括多层固壁导热计算、有内热源的导热计算、非稳态导热计算等，利用 Fluent 计算流体动力学软件，这些问题可以迎刃而解。通过充分学习本章内容，读者可对导热问题的数值解法有更加深入的认识，为后期的学习打下坚实的基础。

学习目标：

- 掌握导热问题数值求解的基本过程；
- 通过实例掌握导热问题数值求解的方法；
- 掌握导热问题边界条件的设置方法；
- 掌握导热问题计算结果的后处理及分析方法。

5.1　导热问题分析概述

导热是 3 种热量传递方式（导热、对流、辐射）中的一种，工程中的导热问题包括两种情况：稳态导热和非稳态导热。稳态导热是指整个过程物体各点的温度不随时间变化，始终保持一个温度；非稳态导热是指当设备处于变动工作条件下时，其内部温度场随时间变动，处于不稳定状态。

傅里叶定律可以揭示导热问题的基本规律：在导热现象中，单位时间内通过给定截面的热量，正比例于垂直该截面方向上的温度变化率和截面面积，而热量传递的方向与温度升高的方向相反。由傅里叶定律结合能量守恒定律，可以建立导热微分方程。

$$\rho c \frac{\partial t}{\partial \tau} = \frac{\partial t}{\partial x}\left(\lambda \frac{\partial t}{\partial x}\right) + \frac{\partial t}{\partial y}\left(\lambda \frac{\partial t}{\partial y}\right) + \frac{\partial t}{\partial z}\left(\lambda \frac{\partial t}{\partial z}\right) + \dot{\Phi} \tag{5-1}$$

等号左侧的项为非稳态项，等号右侧前 3 项为导热项，最后一项为源项。

传统方法求解导热问题实际是对导热微分方程在定解条件下的积分求解，这种方法获得的解称为分析解。但工程技术中遇到的许多几何形状或者边界条件复杂的导热问题，由于数学方法限制而无法得到其分析解。

近几十年来，随着计算机技术的迅速发展，对物理问题进行离散求解的数值方法不断出现，并得到广泛应用。

数值解法的基本思想是：将原来在时间、空间坐标系中连续的物理量的场，使用有限个离散点上的值的集合来代替，通过求解按一定方法建立起来的关于这些值的代数方程来获得离散点上被求物理量的值，这些离散点上被求物理量值的集合称为该物理量的数值解。

利用 Fluent 软件来求解导热问题非常简单，由于导热过程只有热量的传递而没有流体的流动，因此只对温度场求解即可。求解导热问题首先要建立物理模型，其关键是边界条件的选择和设置，边界条件可归纳为以下 3 类。

图 5-1 "能量"对话框

- 第一类边界条件：规定了边界处的温度值。
- 第二类边界条件：规定了边界处的热流密度。
- 第三类边界条件：规定了边界处物体与周围流体的对流换热系数及周围流体的温度。

双击执行"设置"→"模型"→"能量"命令，打开"能量"对话框，如图 5-1 所示。

导热计算的关键是开启能量方程，勾选"能量方程"复选框即可激活能量方程，内热源项等需要在材料物性和边界条件中进行相应设置。

5.2 有内热源的导热问题的数值模拟

下面通过分析一个简单的固壁有内热源的导热问题，结合详细的操作步骤，帮助读者理解 Fluent 数值模拟的基本流程。

扫码观看
配套视频

5.2 节配套视频

5.2.1 案例简介

图 5-2 所示一个核反应堆中燃料原件散热的简化图。该模型由三层平板组成，左右为铝板，厚度为 6 mm；中间为核燃料区，厚度为 14 mm；整体总高度为 100 mm。中间核燃料区为内热源，发热量为 1.5×10^7 W/m³；铝板两侧受到温度为 150℃的高压水冷却；外表面传热系数为 3500 W/（m²·K），上下两侧绝热。

图 5-2 案例模型

5.2.2 Fluent 中求解计算

1. 启动 Fluent-2D

在 Workbench 平台内启动 Fluent，进入如图 5-3 所示的启动界面。并行计算选择 6 核，其他选项保持默认设置，单击 Start 按钮进入 Fluent 主界面。

2. 读入并检查网格

（1）执行"文件"→"导入"→"网格"命令，在打开的 Select File 对话框中读入 wall.msh 文件，得到如图 5-4 所示的反馈信息。反馈信息显示共有 11457 个节点；zone 2 有 5600 个四边形网格；zone 3 和 zone 4 分别有 2800 个四边形网格。

图 5-3 Fluent 启动界面

（2）在功能区执行"域"→"网格"→"检查"命令，反馈信息如图 5-5 所示。查看最小体积或者最小面积是否为负数，出现负数说明网格有错误，需重新调整并划分网格。

```
控制台

Reading "E:\Work\Chapter06.2\wall.msh"...
Buffering for file scan...

    11457 nodes.
      200 mixed wall faces, zone  5.
      200 mixed wall faces, zone  6.
       56 mixed wall faces, zone  7.
       56 mixed wall faces, zone  8.
    22144 mixed interior faces, zone 10.
     5600 quadrilateral cells, zone  2.
     2800 quadrilateral cells, zone  3.
     2800 quadrilateral cells, zone  4.
```

图 5-4　控制台内反馈信息

```
Domain Extents:
  x-coordinate: min (m) = -1.400000e-02, max (m) = 1.400000e-02
  y-coordinate: min (m) = -5.000000e-02, max (m) = 5.000000e-02
Volume statistics:
  minimum volume (m3): 2.500000e-07
  maximum volume (m3): 2.500000e-07
    total volume (m3): 2.800000e-03
Face area statistics:
  minimum face area (m2): 5.000000e-04
  maximum face area (m2): 5.000000e-04
Checking mesh......................................
Done.
```

图 5-5　网格检查信息

3. 求解器参数设置

（1）单击工作界面左侧项目树中的"通用"选项，如图 5-6 所示，在打开的"通用"面板中设置求解器。

（2）面板中的"网格缩放"表示基本单位设置，保持默认单位 m 即可。"求解器"选项中的各个参数保持默认设置，如图 5-7 所示。

（3）在项目树中选择"设置"→"模型"选项，打开"模型"面板对求解模型进行设置。双击"模型"列表中的 Energy-Off 选项，如图 5-8 所示，打开"能量"对话框。

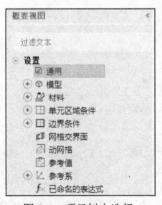

图 5-6　项目树中选择

图 5-7　求解器参数设置

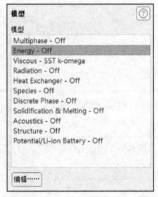

图 5-8　选择"Energy-Off"

（4）在打开的对话框中勾选能量方程复选框，如图 5-9 所示，单击 OK 按钮，启动能量方程。

（5）双击"模型"列表中的 Viscous-SST k-omega 选项，打开"粘性模型"对话框，选择"层流"选项，如图 5-10 所示，单击 OK 按钮保存设置。

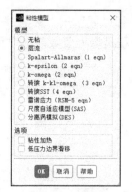

图 5-9 "能量"对话框   图 5-10 "粘性模型"对话框

提示： 因为本示例只涉及传热问题，所以其他湍流模型等选项无须设置。

4. 定义材料物性

（1）在项目树中选择"设置"→"材料"选项，在打开的"材料"面板中对所需材料进行设置，如图 5-11 所示。

（2）双击"材料"列表中的 Solid 选项，打开"创建/编辑材料"设置对话框，如图 5-12 所示。

图 5-11 材料选择面板   图 5-12 设置铝材料物性参数

说明： Fluent 中的默认物性材料为铝，因此无须重新设置，本例只需设置铀材料物性即可。

（3）在"名称"文本框中输入 u，"化学式"设置为空，将"密度"设置为 19070，将"Cp（比热）"设置为 116，将"热导率"设置为 27.4，如图 5-13 所示。

（4）单击"更改/创建"按钮，打开如图 5-14 所示的 Question 对话框[1]，在对话框中单击 No 按钮，保留铝的材料属性。

---

[1] 注：由于当前 ANSYS 软件汉化不彻底，部分界面仍为英文界面。

图 5-13　设置铀材料物性参数

图 5-14　"警示"对话框

> **注意：** 这里一定要单击 No 按钮，否则只会保留铀材料的物性参数，而铝材料的物性参数将被删除。

5. 设置区域条件

（1）在项目树中选择"设置"→"单元区域条件"选项，在打开的"单元区域条件"面板中对区域条件进行设置，如图 5-15 所示。

（2）双击"区域"列表中的 zoneleft 选项，打开左侧区域"固体"设置对话框，在"材料名称"下拉列表中选择 aluminum，如图 5-16 所示，单击"应用"按钮，完成 zoneleft 区域的设置。

（3）重复上述操作，将 zoneright 的区域材料设置为 aluminum。

图 5-15　选择区域

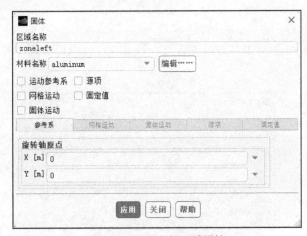

图 5-16　设置左侧区域属性

（4）双击"区域"列表中的 zonemiddle 选项，打开中间区域"固体"设置对话框，在"材料名称"下拉列表中选择 u，同时勾选"源项"复选框。然后选择下面的"源项"选项卡，如图 5-17 所示。

（5）单击"能量"文本框后面的"编辑"按钮，打开如图 5-18 所示的"能量源项"设置对话框。

图 5-17 设置中间区域属性　　　　图 5-18 "能量源项"对话框

（6）在对话框中设置"能量源项数量"为 1，此时对话框如图 5-19 所示，在右侧的下拉列表中选择 constant，在左侧的文本框中输入源项数值为 1.5e+7，单击 OK 按钮，完成源项的设置。

（7）单击中间区域条件设置对话框中的"应用"按钮，完成中间区域的设置。

6. 设置边界条件

（1）在项目树中选择"设置"→"边界条件"选项，在打开的边界条件面板中对边界条件进行设置，如图 5-20 所示。

（2）双击"区域"列表中的 wallleft 选项，打开左边界条件设置对话框。

图 5-19 设置能量源项　　　　图 5-20 选择左边界

（3）在"壁面"对话框中单击"热量"选项卡，选择"传热相关边界条件"选项下的"对流"单选按钮，将"传热系数"设置为 3500，将"来流温度"设置为 423，如图 5-21 所示。单击"应用"按钮，完成左边界条件的设置。

（4）在边界条件面板中双击"区域"列表中的 wallright 选项，重复上述操作，完成右边界条件的设置。

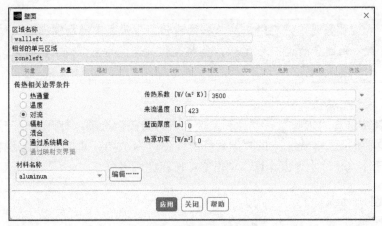

图 5-21 左边界条件设置

提示： 本示例中上下边界默认为绝热边界，无须设置。

7. 求解控制参数

提示： 求解控制参数主要是对连续方程、动力方程、能量方程的具体求解方式，以及节点的离散方法进行设置。

（1）在项目树中选择"求解"→"方法"选项，在打开的"求解方法"面板中对求解控制参数进行设置。

（2）面板中的各个选项采用默认值设置，如图 5-22 所示。

8. 设置求解松弛因子

（1）选择项目树"求解"→"控制"选项，在打开的"解决方案控制"面板中对要求解的松弛因子进行设置。

（2）面板中相应的亚松弛因子保持默认设置，如图 5-23 所示。

图 5-22 设置求解方法

图 5-23 设置亚松弛因子

> **提示：** 本例较为简单，无须修改亚松弛因子，对于复杂的物理问题，松弛因子是需要修改的。亚松弛因子的大小为 0～1，值越大收敛速度越快，但不易收敛；值越小收敛速度越慢，但较易收敛。

9. 设置收敛临界值

在项目树中选择"求解"→"计算监控"→"残差"选项，打开"残差监控器"对话框，如图 5-24 所示。将 energy 的"绝对标准"修改为 1e-08，即在设定的迭代次数内，只有当残差小于 1e-08 时才终止计算，单击 OK 按钮完成设置。

图 5-24   修改迭代残差

10. 设置流场初始化

> **提示：** 在开始迭代计算之前，用户必须为 Fluent 程序提供一个初始值，即将前面设定的边界条件的数值加载给 Fluent。

（1）在项目树中选择"求解"→"初始化"选项，打开"解决方案初始化"面板进行初始化设置。

（2）在"初始化方法"下拉列表中选择"标准初始化"选项，在"计算参考位置"下拉列表中选择 all-zones，其他选项保持默认设置，单击"初始化"按钮完成初始化，如图 5-25 所示。

11. 迭代计算

（1）完成所有设置后，开始迭代计算。在项目树中选择"求解"→"运行计算"选项，打开"运行计算"面板。

（2）将"迭代次数"设置为 1000，单击"开始计算"按钮进行迭代计算，如图 5-26 所示。

（3）单击"开始计算"按钮后，打开残差监视窗口（见图 5-27）。

图 5-25 流场初始化设定

图 5-26 迭代计算设定

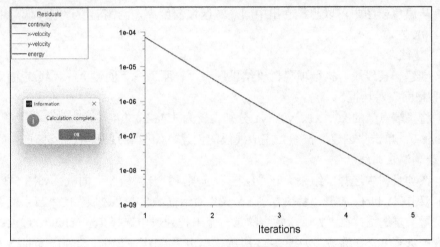

图 5-27 残差迭代收敛曲线

（4）由图 5-27 可以看出，只有一条能量残差曲线，而且收敛速度非常快。

（5）保存数据文件。

执行"文件"→"导出"→Case&Data 命令，输入 wall 后，单击 OK 按钮，将计算结果保存到 wall.dat 文件中。

5.2.3 计算结果后处理

1. 温度云图绘制

图 5-28 绘图选择面板

（1）在项目树中选择"结果"→"图形"选项，打开"图形和动画"面板，如图 5-28 所示。

（2）双击"图形"列表中的 Contours 选项，打开"云图"对话框，如图 5-29 所示。

（3）勾选"选项"中的"填充"复选框，在"着色变量"的第一个下拉列表中选择 Temperature 选项，单击"保存/显示"

按钮，显示计算区域的温度场，如图 5-30 所示。

图 5-29 "云图"对话框

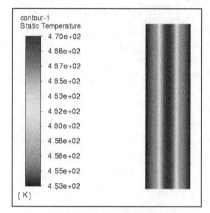

图 5-30 温度场云图

（4）从温度云图中可以明显看出中间热源区域温度高，两侧温度逐渐降低，中间最高温度为 470K 左右。

2．创建线段

（1）创建一条线段。执行项目树"结果"→"表面"→"创建"→"线/耙面"命令，打开"线/耙面"对话框。

（2）将"端点"的 x0、x1、y0、y1 分别设置为-1.4e-2、1.4e-2、0、0，将"新面名称"修改为 line-0，单击"创建"按钮，完成线段的创建，如图 5-31 所示。

3．绘制温度曲线

（1）在项目树中选择"结果"→"绘图"选项，打开"绘图"面板，如图 5-32 所示。

（2）双击 XY Plot，打开"解决方案 XY 图"对话框。选中"选项"的"节点值"和"在 X 轴的位置"复选框；在"Y 轴函数"的第一个下拉列表中选择 Temperature 选项；在"表面"列表中选择 line-0 选项，如图 5-33 所示，单击"绘图"按钮，绘制温度曲线。

图 5-31 创建线段

图 5-32 绘制曲线选择面板

（3）绘制的温度曲线如图 5-34 所示，温度曲线呈现中间高两侧低且对称的形状。在两侧的铝板区域，由于没有内热源，温度曲线呈线性特征，而中间的内热源区域温度曲线呈二次曲线特征。

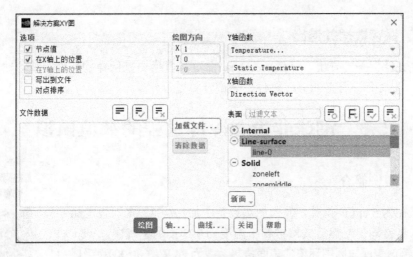

图 5-33　设置绘制曲线

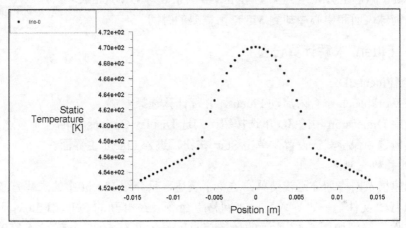

图 5-34　温度曲线

4. 保存数据

（1）勾选"选项"的"写出到文件"复选框，如图 5-35 所示，单击"写出"按钮，将数据文件保存到相应的文件内。

（2）通过记事本打开温度数据文件，如图 5-36 所示，最高温度值为 470.044K，其横坐标为 $-2.1684\mathrm{e}{-}19$，默认的纵坐标为 0。

图 5-35　设置温度数据保存选项

图 5-36　点的坐标与温度值

5.2.4　保存数据并退出

执行"文件"→"导出"→Case&Data 命令，替换原来保存的文件。执行"文件"→"关闭 Fluent"命令，退出 Fluent 软件，全部计算过程结束。

5.3　钢球非稳态冷却过程的数值模拟

5.3.1　案例简介

扫码观看
配套视频

5.3 节配套视频

一个直径为 5 cm 的钢球，放入加热设备中加热至 723 K，假设此时整个钢球温度均匀，然后突然被置于温度为 303 K 的空气中。

已知：钢球表面与周围环境的表面传热系数为 24 W/（m^2·K）；钢球的比热容为 480 J/(kg·K)，密度为 7753 kg/m^3，导热系数为 33 W/(m·K)。

求解：钢球表面和中心冷却到 573 K 所需要的时间。

5.3.2　Fluent 求解计算设置

1. 启动 Fluent-3D

（1）在 Workbench 平台内启动 Fluent，并行计算选择 6 核。

（2）选中 Dimension 中的 3D 单选按钮，勾选 Display Options 下的 3 个复选框。

（3）其他选项保持默认设置，单击 Start 按钮，进入 Fluent 主界面。

2. 读入并检查网格

本例的建模及网格划分比较简单，这里不赘述，只介绍 Fluent 中的求解方法。

（1）执行"文件"→"导入"→"网格"命令，在打开的 Select File 对话框中读入 wall.msh 文件，得到如图 5-37 所示的反馈信息，显示共有 5032 个节点及 35968 个四面体网格单元。

（2）在功能区执行"域"→"网格"→"检查"命令，反馈信息如图 5-38 所示。查看最小体积或者最小面积是否为负数，出现负数说明网格有错误，需重新调整并划分网格。

```
控制台
Reading "E:\Work\Chapter06.3\Sphere.msh"...
Buffering for file scan...

   5032 nodes, binary.
   2027 nodes, binary.
   4050 triangular wall faces, zone  1, binary.
  69911 triangular interior faces, zone  2, binary.
  35968 tetrahedral cells, zone  3, binary.
```

图 5-37　控制台内反馈信息

```
控制台
Domain Extents:
   x-coordinate: min (m) = -2.499807e-02, max (m) = 2.498956e-02
   y-coordinate: min (m) = -2.497555e-02, max (m) = 2.499634e-02
   z-coordinate: min (m) = -2.499774e-02, max (m) = 2.499909e-02
Volume statistics:
   minimum volume (m3): 2.507712e-10
   maximum volume (m3): 1.363457e-08
   total volume (m3): 6.525825e-05
Face area statistics:
   minimum face area (m2): 6.210339e-07
   maximum face area (m2): 1.171879e-05
Checking mesh....................................
Done.
```

图 5-38　网格检查信息

3. 求解器参数设置

（1）单击工作界面左侧项目树中的"通用"选项，如图 5-39 所示，在出现的"通用"面板中设置求解器。

（2）面板中的"网格缩放"表示基本单位设置，保持默认单位 m 即可。选择"求解器"→"时间"→"瞬态"选项，其他各个参数保持默认设置，如图 5-40 所示。

（3）在项目树中选择"设置"→"模型"选项，打开"模型"面板对求解模型进行设置。如图 5-41 所示，双击"模型"列表中的 Energy-Off 选项，打开"能量"对话框。

图 5-39　项目树中选择　　　　图 5-40　求解器参数设置　　　　图 5-41　选择"Energy-Off"

（4）在打开的"能量"对话框中勾选能量方程复选框，如图 5-42 所示，单击 OK 按钮，启动能量方程。

（5）双击"模型"列表中的 Viscous-SST k-omega 选项，打开"粘性模型"对话框，选择"层流"选项，如图 5-43 所示，单击 OK 按钮保存设置。

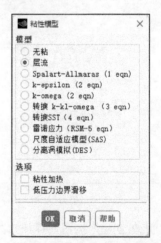

图 5-42　"能量"对话框　　　　图 5-43　"粘性模型"对话框

提示：因为本算例只涉及传热问题，所以无须选择湍流模型等其他参数。

4. 定义材料物性

（1）在项目树中选择"设置"→"材料"选项，在打开的"材料"面板中对所需材料进行设置，如图 5-44 所示。

（2）双击"材料"列表中的 Solid 选项，打开"创建/编辑材料"设置对话框，如图 5-45 所示。

图 5-44 材料选择面板

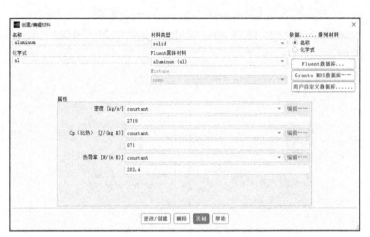

图 5-45 设置铝材料物性参数

（3）将"名称"设置为 steel，"化学式"设置为空，"密度"设置为 7753，"Cp（比热）"设置为 480，"热导率"设置为 33，如图 5-46 所示。

图 5-46 设置钢球材料物性参数

（4）单击"更改/创建"按钮，打开如图 5-47 所示的 Question 对话框，在对话框中单击 YES 按钮，直接覆盖铝的材料属性。

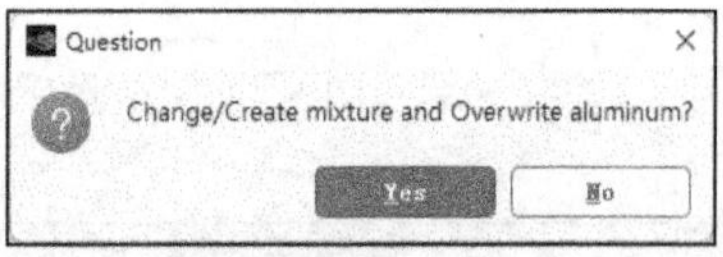

5. 设置区域条件

（1）在项目树中选择"设置"→"单元区域条件"

图 5-47 "警示"对话框

选项，在打开的"单元区域条件"面板中对区域条件进行设置，如图 5-48 所示。

（2）在"区域"列表中选择 Fluid 选项，在"类型"下拉列表中选择 solid 选项，打开如图 5-49 所示的"固体"对话框，单击"应用"按钮。

图 5-48　区域选择

图 5-49　"固体"对话框

6. 设置边界条件

（1）在项目树中选择"设置"→"边界条件"选项，在打开的边界条件面板中对边界条件进行设置，如图 5-50 所示。

（2）双击"区域"列表中的 wall-fluid 选项，打开"壁面"边界条件设置对话框。

（3）在"壁面"对话框中单击"热量"选项卡，选择"传热相关边界条件"下的"对流"单选按钮，将"传热系数"设置为 24，将"来流温度"设置为 303，如图 5-51 所示。单击"应用"按钮，完成边界条件的设置。

图 5-50　"边界条件"对话框

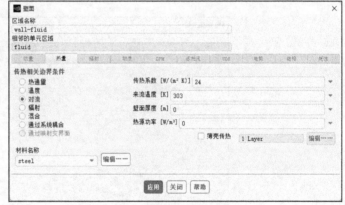

图 5-51　设置 wall 边界条件

5.3.3　求解计算

1. 求解控制参数

（1）选择项目树"求解"→"方法"选项，在打开的"求解方法"面板中对求解控制参数进行设置。

（2）面板中的各个选项采用默认值设置，如图 5-52 所示。

2. 设置求解松弛因子

（1）在项目树中选择"求解"→"控制"选项，在弹出的"解决方案控制"面板中对求解松弛因子进行设置。

（2）面板中相应的亚松弛因子保持默认设置，如图 5-53 所示。

图 5-52 设置求解方法

图 5-53 设置亚松弛因子

3. 设置收敛临界值

在项目树中选择"求解"→"计算监控"→"残差"选项，打开"残差监控器"对话框，如图 5-54 所示。将 energy 的"绝对标准"修改为 1e-09，即在设定的迭代次数内，只有当残差小于 1e-09 时才终止计算，单击 OK 按钮完成设置。

图 5-54 修改迭代残差

4. 流场初始化设置

（1）在项目树中选择"求解"→"初始化"选项，打开"解决方案初始化"面板进行初始化设置。

（2）在"初始化方法"下拉列表中选择"标准初始化"选项，在"计算参考位置"下拉列表中选择 all-zones，其他选项保持默认设置，单击"初始化"按钮完成初始化，如图 5-55 所示。

（3）设定钢球的初始温度。单击"解决方案初始化"面板中的"局部初始化"按钮，打开"局部初始化"对话框，在"待修补区域"下拉列表中选择 Fluid 选项，在 Variable 下拉列表中选择 Temperature 选项，将"值"设置为 723，单击"局部初始化"按钮完成设置，如图 5-56 所示。

图 5-55 流场初始化设定

图 5-56 局部初始化设定

5. 创建点和面

（1）在球心创建一个点，用于监视球心温度变化。执行"结果"→"表面"→"创建"→"点"命令，打开"点表面"对话框。将"坐标"的 X，Y，Z 值都修改为 0，将"名称"设置为 point-0，单击"创建"按钮完成创建，如图 5-57 所示。

（2）创建一个圆截面，监视温度变化。执行"结果"→"表面"→"创建"→"等值面"命令，打开"等值面"对话框。在"常数表面"选项的第一个下拉列表中选择 Mesh，在第二个下拉列表中选择 Z-Coordinate，将"等值"设置为 0，将"新面名称"设置为 z-0，单击"创建"按钮，圆截面创建完成，如图 5-58 所示。

图 5-57 "点表面"对话框

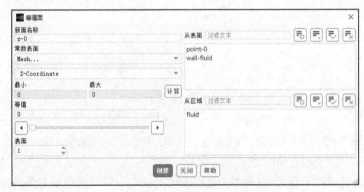

图 5-58 "等值面"对话框

6. 创建圆心点和外表面温度监视曲线

（1）在项目树中使用鼠标右键单击"求解"→"报告定义"选项，在打开的界面中单击选择"创建"→"表面报告"→"面积加权平均"选项，如图 5-59 所示，打开"表面报告定义"设置对话框，将"名称"设置为 zhongxin，在"场变量"选项中选择 Temperature 及 Static Temperature，在"创建"选项中选择"报告文件"及"报告图"，将"表面"设置为 point-0，如图 5-60 所示，单击 OK 按钮保存设置。

图 5-59 报告文件设置   图 5-60 圆心点温度监视曲线设置

（2）参照步骤（1）设置 Z-1 平面的变量监测，将"名称"设置为 wai，在"场变量"选项中选择 Temperature 及 Static Temperature，在"创建"选项中选择"报告文件"及"报告图"，在"表面"选项中选择 wall-fluid，如图 5-61 所示，单击 OK 按钮保存设置。

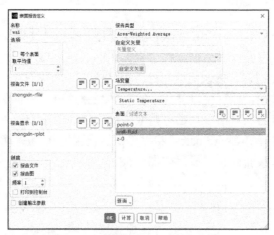

图 5-61 外表面温度监视曲线设置

7. 创建圆截面温度动态监视窗口

（1）单击"功能区"→"求解"→"活动"→"创建"→"解决方案动画"选项，如图 5-62 所示，打开"动画定义"设置对话框，如图 5-63 所示，将"记录间隔"设置为 10，代表每隔 10 个时间迭代步保存一次图片，在"存储类型"处选择 In Memory，在"新对象"处选择"云图"，打开"云图"设置对话框，在"着色变量"选项中选择 Temperature 及 Static Temperature，在"表面"选项中选择 z-1，如图 5-64 所示，单击"保存/显示"按钮，则显示云图如图 5-65 所示。

图 5-62 创建解决方案动画设置说明

图 5-63 "动画定义"设置对话框（1）

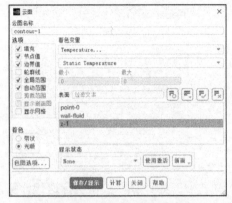

图 5-64 "云图"设置对话框

（2）在"动画定义"设置对话框的"动画对象"选项中选择 contour-1，并在"动画视图"处进行调整，单击 OK 按钮完成动画创建，如图 5-66 所示。

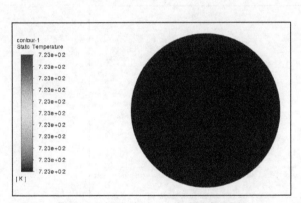

图 5-65 初始时刻 z-1 截面温度云图

图 5-66 "动画定义"设置对话框（2）

8. 迭代计算

（1）执行"文件"→"导出"→Case&Data 命令，输入 globe 后，单击 OK 按钮，将计算结果保存到 wall.dat 文件中。

（2）在项目树中选择"求解"→"计算设置"→"计算设置"选项，打开"自动保存"面板。将"保存数据文件间隔"设置为 100，代表每计算 100 个时间步保存一次计算数据，如图 5-67 所示，读者也可以根据需求进行设置。

（3）在项目树中选择"求解"→"运行计算"选项，打开"运行计算"面板。设置"时间步数"为 1200，"时间步长"为 0.5，则总计算时间为 600s，如图 5-68 所示，为了提高计算精度，可以将"时间步长"设置为 0.01，此时"时间步数"则需要设置为 60000。

图 5-67　保存数据设置　　　　　　　　　图 5-68　迭代设置对话框

（4）单击"开始计算"按钮进行迭代计算，迭代计算过程中，需要随时查看各个监视窗口。用户可以根据需求设置"时间步长"的数值，从而改变计算速度，快速完成计算。

5.3.4　计算结果后处理及分析

（1）单击"开始计算"按钮后，迭代计算开始，分别弹出 4 个窗口，分别为残差监视窗口，如图 5-69 所示；圆截面温度场监视窗口，如图 5-70 所示；中心点温度曲线监视窗口，如图 5-71 所示；外表面温度曲线监视窗口，如图 5-72 所示。

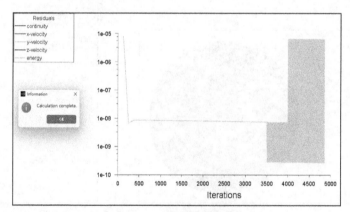

图 5-69　残差监视窗口

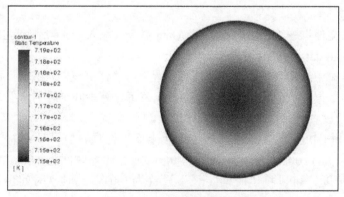

图 5-70　温度场监视窗口

（2）由图 5-71 可以发现，冷却过程进行到 18 s 时，外壁冷却到 715 K，而中心温度仍达到 719 K，中心与外壁存在 4 K 的温差。

（3）比较图 5-71 和图 5-72 可以发现，钢球冷却开始时，温度下降很快，随着冷却时间的变长，温度下降变得缓慢。

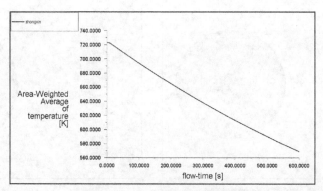

图 5-71 中心点温度曲线监视窗口

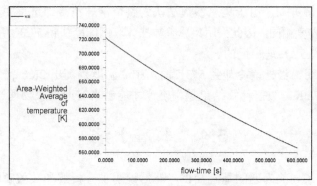

图 5-72 外表面温度曲线监视窗口

（4）使用记事本分别打开保存的外壁温度和中心点温度数据，如图 5-73 和图 5-74 所示。

（5）观察图 5-73 和图 5-74 可以发现，外壁冷却到 573 K（300℃）所需的时间为 567.5 s，这与采用集总参数法所计算的冷却时间 570 s 是相近的，而中心点冷却到 573 K 所需的时间为 579s，两者相差 11.5 s。

图 5-73 外壁温度数据

图 5-74 中心点温度数据

（6）图 5-75 和图 5-76 所示分别为 $t=570$ s 和 $t=581$ s 时刻的温度场，由这两个图可以看出，在 570s 时，外壁冷却到了 573 K，而中心温度为 575 K；在 581 s 时刻，中心温度冷却到 573 K，而外壁温度为 571 K。两个时刻中心与外壁温差为 2 K。

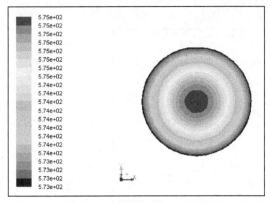
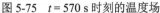
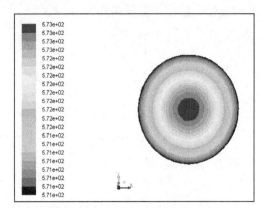

图 5-75　$t=570$ s 时刻的温度场　　　　　　　图 5-76　$t=581$ s 时刻的温度场

（7）由上述分析可知，由于集总参数法认为整个钢球在冷却过程中处于同一温度，即外表面温度和中心温度相同，因此采用集总参数法计算钢球冷却到 573K 所需时间（570 s）与数值计算结果（567.5 s）是相近的。

但数值计算表明，当外壁冷却到 573K 时，中心温度仍高出 2K，需继续冷却 11.5s 后，中心温度才降至 573 K。数值计算结果越精确，才能越真实地反映物理过程的实际情况。

5.4　本章小结

本章首先介绍了导热问题的基础知识，然后说明了分析解和数值解的不同，以及数值解法的必要性，接着讲解了 3 类基本的边界条件，最后给出两个导热问题的算例，并对求解过程的设置以及结果后处理分析进行了详细说明。通过本章的学习，读者可以掌握导热问题的建模、求解设置，以及结果后处理等相关知识。

第 6 章 流体流动与传热数值模拟

本章主要介绍使用 Fluent 软件模拟流体流动的现象，以及流动加传热，即对流传热过程的计算。包括二维和三维模型的建立，网格划分和边界条件的设定，利用 Fluent 软件对两个流体流动问题和一个对流耦合换热问题进行数值模拟分析。通过充分学习本章内容，读者可对 Fluent 软件中流体流动现象和流耦合传热的求解有更加深入的认识和理解，为求解实际问题打下坚实的基础。

学习目标：
- 掌握流体流动和传热数值求解的基本过程；
- 通过实例掌握流动和传热数值求解的方法；
- 掌握流动和传热问题边界条件的设置方法；
- 掌握流动和传热问题计算结果的后处理及分析方法。

6.1 流体流动与传热概述

流动有两种状态：层流和湍流。当流体处于层流状态时，流体的质点间没有相互掺混；当流体处于湍流状态时，流层间的流体质点相互掺混。层流现象较为简单，流体流速较低及管道较细时，多表现为层流。

湍流会使得流体介质之间相互交换动力、能量和物质，并且变化是小尺度、高频率的，因此在实际工程计算中，直接模拟湍流对计算机性能的要求非常高，大多数情况下不能直接模拟。

实际上，瞬时控制方程可能在时间上、空间上是均匀的，或者可以人为地改变尺度，修正后的方程会耗费较少的计算时间。但是修正后的方程会引入其他变量，需要用已知变量来确定。计算湍流时，Fluent 采用一些湍流模型，常用的有 Spalart-Allmaras 模型、标准 k-ε 模型、RNG k-ε 模型、标准 k-ω 模型等。

1. Spalart-Allmaras 模型

在湍流模型中利用 Boussinesq 逼近，中心问题是如何计算漩涡粘度。该模型由 Spalart 和 Allmaras 提出，用来解决因湍流动粘滞率而修改的数量方程。

Spalart-Allmaras 模型的变量中 $\tilde{v}$ 是湍流动粘滞率，模型方程如式 6-1 所示。

$$\frac{\partial}{\partial t}(\rho\tilde{v}) + \frac{\partial}{\partial x_i}(\rho\tilde{v}u_i) = G_v + \frac{1}{\sigma_{\tilde{v}}}\left\{\frac{\partial}{\partial x_j}\left[(\mu+\rho\tilde{v})\frac{\partial\tilde{v}}{\partial x_j}\right] + C_{b2}\rho\left(\frac{\partial\tilde{v}}{\partial x_j}\right)^2\right\} - Y_v + S_{\tilde{v}} \tag{6-1}$$

其中，G_v 是湍流粘度生成的，Y_v 是被湍流粘度消去的，发生在近壁区域，$S_{\tilde{v}}$ 是用户定义的。

> **注意：** 湍流动能在 Spalart-Allmaras 中没有被计算，因为估计雷诺应力时没有考虑其影响。

2. 标准 k-ε 模型

标准 k-ε 模型是一个半经验公式，主要是基于湍流动能和扩散率。k 方程是一个精确方程，ε 方程是一个由经验公式导出的方程。

k-ε 模型假定流场完全是湍流，分子之间的粘性可以忽略。标准 k-ε 模型只对完全是湍流的流场有效，方程如式 6-2 和式 6-3 所示。

$$\frac{\partial}{\partial t}(\rho k) + \frac{\partial}{\partial x_i}(\rho k u_i) = \frac{\partial}{\partial x_j}\left[\left(\mu + \frac{\mu_t}{\sigma_k}\right)\frac{\partial k}{\partial x_j}\right] + G_k - Y_k + S_k \tag{6-2}$$

$$\frac{\partial}{\partial t}(\rho \varepsilon) + \frac{\partial}{\partial x_i}(\rho \varepsilon u_i) = \frac{\partial}{\partial x_j}\left[\left(\mu + \frac{\mu_t}{\sigma_\varepsilon}\right)\frac{\partial \varepsilon}{\partial x_j}\right] + c_{\varepsilon 1}\frac{\varepsilon}{k}(G_k + c_{\varepsilon 3}G_b) - c_{\varepsilon 2}\rho\frac{\varepsilon^2}{k} + S_\varepsilon \tag{6-3}$$

式中，G_k 表示由于层流速度梯度产生的湍流动能，G_b 是由于浮力产生的湍流动能，Y_k 是由于在可压缩湍流中过渡的扩散产生的波动，$c_{\varepsilon 1}$、$c_{\varepsilon 2}$、$c_{\varepsilon 3}$ 是常量，σ_k 和 σ_ε 是 k 方程和 ε 方程的湍流 Prandtl 数，S_k 和 S_ε 是用户定义的。

3. RNG k-ε 模型

RNG k-ε 模型是从暂态 N-S 方程中推导出来的，使用了一种叫作"renormalization group"的数学方法。具体方程如式 6-4 和式 6-5 所示。

$$\frac{\partial}{\partial t}(\rho k) + \frac{\partial}{\partial x_i}(\rho k u_i) = \frac{\partial}{\partial x_j}\left(\alpha_k \mu_{\text{eff}}\frac{\partial k}{\partial x_j}\right) + G_k + G_b - \rho\varepsilon - Y_M + S_k \tag{6-4}$$

$$\frac{\partial}{\partial t}(\rho \varepsilon) + \frac{\partial}{\partial x_i}(\rho \varepsilon u_i) = \frac{\partial}{\partial x_j}\left(\alpha_\varepsilon \mu_{\text{eff}}\frac{\partial \varepsilon}{\partial x_j}\right) + c_{\varepsilon 1}\frac{\varepsilon}{k}(G_k + c_{\varepsilon 3}G_b) - c_{\varepsilon 2}\rho\frac{\varepsilon^2}{k} - R_\varepsilon + S_\varepsilon \tag{6-5}$$

在上式中，G_k 是由于层流速度梯度产生的湍流动能，G_b 是由于浮力产生的湍流动能，Y_M 是由于在可压缩湍流中过渡的扩散产生的波动，$c_{\varepsilon 1}$、$c_{\varepsilon 2}$、$c_{\varepsilon 3}$ 是常量，α_k 和 α_ε 是 k 方程和 ε 方程的湍流 Prandtl 数，S_k 和 S_ε 是用户定义的，R_ε 是对湍流耗散率的修正项。

4. 标准 k-ω 模型

标准 k-ω 模型是一种经验模型，基于湍流能量方程和扩散速率方程，如式 6-6 和式 6-7 所示。

$$\frac{\partial}{\partial t}(\rho k) + \frac{\partial}{\partial x_i}(\rho k u_i) = \frac{\partial}{\partial x_j}\left(\Gamma_k \frac{\partial k}{\partial x_j}\right) + G_k - Y_k + S_k \tag{6-6}$$

$$\frac{\partial}{\partial t}(\rho \omega) + \frac{\partial}{\partial x_i}(\rho \omega u_i) = \frac{\partial}{\partial x_j}\left(\Gamma_\omega \frac{\partial \omega}{\partial x_j}\right) + G_\omega - Y_\omega + S_\omega \tag{6-7}$$

式中，G_k 是由于层流速度梯度产生的湍流动能，G_ω 是由于 ω 方程产生的湍流功能，Γ_k 和 Γ_ω 表明了 k 和 ω 的扩散率，Y_k 和 Y_ω 是由于扩散产生的湍流，S_k 和 S_ω 是用户定义的。

图 6-1 "粘性模型"对话框

前面介绍了单纯的流动过程，然而在实际生产中，伴随流动过程的还有传热过程，即对流耦合换热，因此在计算对流耦合换热问题时，还要计算流体温度场，在 Fluent 软件中要开启能量方程。通常先对流场进行计算，流场计算收敛之后，再加载能量方程，对传热过程进行计算。

一般来说，实际问题复杂多变，任何一个湍流模型不可能适合所有的实际问题，因此在对实际问题进行数值求解时，首先要进行简化分析，如流体是否可压、比热容和导热系数是否为常数，以及计算精度要求、计算机能力和计算时间的限制。

选择项目树"设置"→"模型"→"粘性"选项，打开"粘性模型"对话框，如图 6-1 所示。

根据所要模拟的实际问题，选择相应的湍流模型，如 1 eqn、2 eqn 等，其他选项可以根据实际情况做出相应的选择。

6.2　引射器内流场数值模拟

扫码观看
配套视频

6.2 节配套视频

6.2.1　案例简介

锅炉自吸式取样器是一种不需要动力，自动取灰的装置，其关键部分为一个拉法尔喷管引射器，如图 6-2 所示。

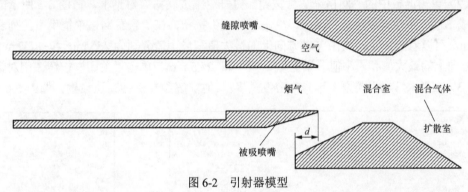

图 6-2　引射器模型

被吸喷嘴连接到锅炉尾部烟道，尾部烟道内是负压，外界常压空气便从缝隙流入混合室，在混合室内空气与锅炉烟气混合，然后进入扩散室。在扩散室中，压力经过速度转换一直升高到终压，最终混合气体进入旋风分离器，分离出锅炉烟灰。

本算例忽略了烟气中烟灰对流场的影响，只进行流场的数值模拟。

6.2.2　Fluent 求解计算设置

1. 启动 Fluent-2D

（1）在 Workbench 平台内启动 Fluent，进入启动界面。

（2）选中 Dimension 中的 2D 单选按钮，取消勾选 Display Options 下的 3 个复选框，并

行计算选择6核。

（3）其他选项保持默认设置，单击 Start 按钮进入 Fluent 主界面。

2. 读入并检查网格

（1）执行"文件"→"导入"→"网格"命令，在打开的 Select File 对话框中读入 ejector.msh 文件。

（2）在功能区执行"域"→"网格"→"信息"→"尺寸"命令，得到如图 6-3 所示的模型网格信息，共有 18292 个节点、35981 个网格面和 17690 个网格单元。

（3）在功能区执行"域"→"网格"→"检查"命令，反馈信息如图 6-4 所示，可以看到计算域二维坐标的上下限，检查最小体积和最小面积是否为负数。

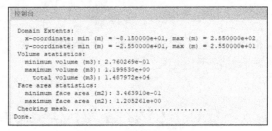

图 6-3　网格信息　　　　　　　　　　　图 6-4　网格检查信息

3. 设置求解器参数

（1）单击工作界面左侧项目树中的"通用"选项，在打开的"通用"面板中设置求解器参数。

（2）单击面板中的"网格缩放"按钮，打开"缩放网格"对话框。在图 6-5 所示的"网格生成单位"下拉列表中选择 mm，单击"比例"按钮，在"查看网格单位"下拉列表中选择 mm，可以看到计算区域在 X 轴方向上的最大值和最小值分别为 255 mm 和−81.5 mm，在 Y 轴方向上的最大值和最小值分别为 25.5 mm 和−25.5 mm，单击"关闭"按钮关闭对话框。

（3）在"求解器"类型下选择"密度基"，其他求解参数保持默认设置，如图 6-6 所示。

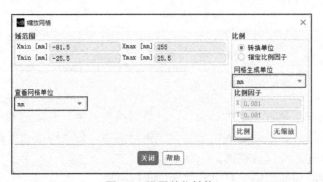

图 6-5　设置单位转换　　　　　　　　　图 6-6　设置求解参数

（4）在项目树中选择"设置"→"模型"选项，打开"模型"面板对求解模型进行设置。

（5）双击"模型"列表中的 Viscous-SST k-omega 选项，如图 6-7 所示，打开"粘性模型"对话框，在"模型"列表中选中 Spalart-Allmaras（1 eqn）单选按钮，如图 6-8 所示，单击 OK 按钮完成设置。

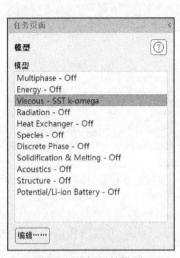

图 6-7　选择计算模型

图 6-8　选择"粘性模型"中的湍流模型

4. 定义材料物性

（1）在项目树中选择"设置"→"材料"选项，在打开的"材料"面板中对所需材料进行设置，如图 6-9 所示。

（2）双击"材料"列表中的 Fluid 选项，打开"创建/编辑材料"设置对话框，如图 6-10 所示。在"密度"右侧的下拉列表中选择 ideal-gas 选项，其他选项保持默认设置。

（3）单击"更改/创建"按钮，出现一条警示信息：Enabling energy equation as required by material density method，表示能量方程自动开启。

图 6-9　材料选择面板

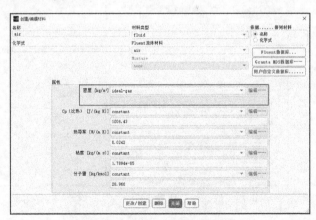

图 6-10　设置空气材料物性参数

5. 设置区域条件

（1）在项目树中选择"设置"→"单元区域条件"选项，在弹出的"单元区域条件"面板中对区域条件进行设置，如图 6-11 所示。

（2）在"区域"列表中选择 Fluid 选项，单击"编辑"按钮，打开如图 6-12 所示的"流体"对话框，保持默认设置，单击"应用"按钮完成设置。

图 6-11 区域选择

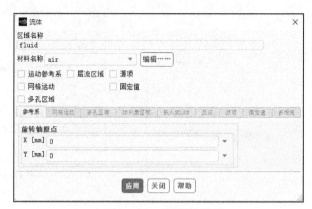

图 6-12 区域属性设置

6. 设置边界条件

（1）在项目树中选择"设置"→"边界条件"选项，在打开的边界条件面板中对边界条件进行设置。

（2）双击"区域"列表中的 inair 选项，如图 6-13 所示，打开"压力进口"对话框，对空气进口边界条件进行设置。在对话框中单击"动量"选项卡，"总压（表压）"及"超音速/初始化表压"均设置为 101325，在"湍流"下拉列表中选择 Intensity and Hydraulic Diameter 选项，将"湍流强度（%）"设置为 3，将"水力直径（mm）"设置为 9，如图 6-14 所示，单击"应用"按钮，完成空气进口边界条件的设置。

图 6-13 选择进口边界

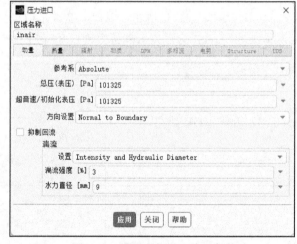

图 6-14 设置空气进口边界条件

（3）重复上述操作，对烟气进口边界（ingas）进行设置。在对话框中单击"动量"选项卡，"总压（表压）"及"超音速/初始化表压"均设置为 99825，在"湍流"下拉列表中选择 Intensity and Hydraulic Diameter 选项，将"湍流强度（%）"设置为 3，将"水力直径（mm）"设置为 20，单击"应用"按钮完成设置。

（4）重复上述操作，对混合出口边界（out）进行设置。在对话框中单击"动量"选项卡，"总压（表压）"及"超音速/初始化表压"均设置为 99825，在"湍流"下拉列表中选择

Intensity and Hydraulic Diameter 选项，将"湍流强度（%）"
设置为 3，将"水力直径（mm）"设置为 51，单击"应用"
按钮完成设置。

7. 设置操作压力

在功能区执行"物理模型"→"求解器"→"工作条
件"命令，打开"工作条件"对话框，将"工作压力"设
置为 0，表示基准压力为 0Pa，压力按照绝对压强计算，
如图 6-15 所示。

图 6-15 设置操作压力

6.2.3 求解计算

1. 求解控制参数

（1）在项目树中选择"求解"→"方法"选项，在打开的"求解方法"面板中对求解
控制参数进行设置。

（2）面板中的各个选项采用默认值，如图 6-16 所示。

2. 设置求解松弛因子

（1）在项目树中选择"求解"→"控制"选项，在打开的"解决方案控制"面板中对
求解松弛因子进行设置。

（2）面板中相应的松弛因子保持默认设置，如图 6-17 所示。

图 6-16 设置求解方法

图 6-17 设置松弛因子

3. 设置收敛临界值

在项目树中选择"求解"→"计算监控"→"残差"选项，打开"残差监控器"对话
框，如图 6-18 所示。保持默认设置，单击 OK 按钮完成设置。

4．设置流场初始化

（1）在项目树中选择"求解"→"初始化"选项，打开"解决方案初始化"面板进行初始化设置。

（2）在"初始化方法"下拉列表中选择"标准初始化"选项，在"计算参考位置"下拉列表中选择 inair，其他选项保持默认设置，单击"初始化"按钮完成初始化，如图 6-19 所示。

5．出口质量流量监视曲线

在项目树中使用鼠标右键单击"求解"→"报告定义"选项，在打开的界面中单击选择"创建"→"表面报告"→"质量流率"选项，打开"表面报告定义"设置对话框，将"名称"设置为 chukou，在"场变量"选项中选择 Mass Flow Rate，在"创建"选项中选择"报告文件"及"报告图"，在"表面"选项中选择 out，如图 6-20 所示，单击 OK 按钮保存设置。

6．迭代计算

（1）执行"文件"→"导出"→Case 命令，输入 ejector 后，单击 OK 按钮，保存设置文件。

（2）在项目树中选择"求解"→"运行计算"选项，打开"运行计算"面板。

（3）设置"迭代次数"为 5000，如图 6-21 所示。

（4）单击"开始计算"按钮进行迭代计算。

图 6-18　修改迭代残差

图 6-19　设定流场初始化

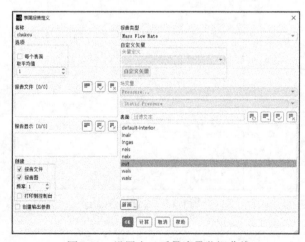

图 6-20　设置出口质量流量监视曲线

图 6-21　迭代设置对话框

6.2.4 计算结果后处理及分析

1. 残差与出口质量流量曲线

（1）单击"开始计算"按钮，开始迭代计算，弹出两个窗口：残差监视窗口和出口质量流量监视窗口，如图 6-22 和图 6-23 所示。

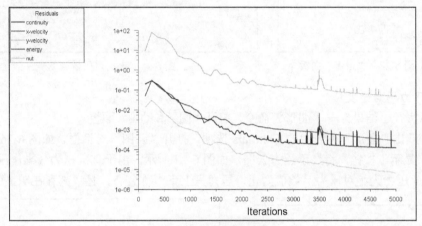

图 6-22 残差监视窗口

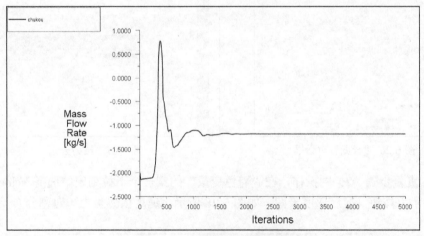

图 6-23 出口质量流量监视窗口

（2）计算达到 5000 步时，结束计算，但此时残差未实现收敛，如追求高精度可以继续计算。

2. 质量流量报告

（1）执行"结果"→"报告"命令，打开"报告"面板，如图 6-24 所示。

（2）在"报告"面板中双击 Fluxes 选项，打开"通量报告"对话框。在"边界"列表中选中所有选项，单击"计算"按钮，显示进出口质量流量结果，如图 6-25 所示。

（3）由质量流量结果可以发现，空气进口和烟气进口质量流量之和与混合出口质量流量不完全相等，这是由于计算误差的存在，但误差很小，可以看作计算收敛，计算结果可信。

图 6-24 "报告"面板

图 6-25 进出口质量流量

3. 压力场与速度场

（1）执行"结果"→"图形"命令，打开"图形和动画"面板。

（2）双击"图形"列表中的 Contours 选项，打开"云图"对话框，如图 6-26 所示。单击"保存/显示"按钮，将显示压力云图，如图 6-27 所示。由于基准压力（操作压力）设置为 0，因此压力为绝对压力，数值为正，压力呈上下对称分布，且喉部存在明显的负压区。

图 6-26 "云图"对话框

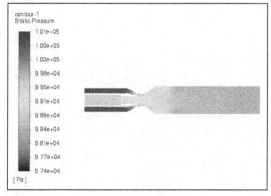

图 6-27 压力云图

（3）重复步骤（2）的操作，在"着色变量"的第一个下拉列表中选择 Velocity，单击"保存/显示"按钮，显示速度云图，如图 6-28 所示，速度依然呈上下对称分布，且喉部速度最大。

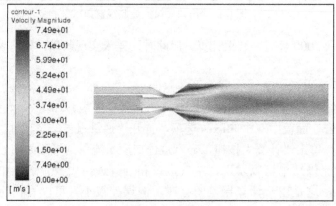

图 6-28 速度云图

6.3 地埋管流固耦合换热的数值模拟

6.3.1 案例简介

与传统空调相比，地源热泵有明显的优势，其环境效益和节能效果显著，且应用范围广、维护费用低。使用地源热泵的关键是把土壤（岩石）等作为热源（冷源），相对于空气热源（冷源），土壤（岩石）源温度更加稳定，传热效果更好。

图 6-29 是单根地埋管的一个简化示意图，管直径为 30 mm，孔井直径为 80 mm，管深为 80000 mm，孔井间隔为 4000 mm，因此在孔井周围取一个直径为 4000 mm 的圆柱区域，模拟其温度场，判断两个孔井之间是否存在热干扰。

6.3.2 Fluent 求解计算设置

1. 启动 Fluent-3D

（1）在 Workbench 平台内启动 Fluent，进入启动界面。

（2）选中 Dimension 中的 3D 单选按钮，并勾选 Display Options 下的 Double Precision 复选框，取消勾选 Display Options 下的 3 个复选框，并行计算选择 6 核。

（3）其他选项保持默认设置，单击 Start 按钮进入 Fluent 主界面。

图 6-29 地埋管模型

2. 读入并检查网格

（1）执行"文件"→"导入"→"网格"命令，在打开的 Select File 对话框中读入 buried-pipe.msh 文件。

（2）在功能区执行"域"→"网格"→"信息"→"尺寸"命令，得到如图 6-30 所示的模型网格信息，共有 339182 个节点、975912 个网格面和 318336 个网格单元。

（3）在功能区执行"域"→"网格"→"检查"命令，反馈信息如图 6-31 所示，其中包括计算域三维坐标的上下限，检查最小体积和最小面积是否为负数。

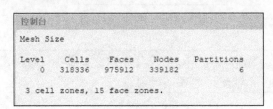

图 6-30 网格信息

图 6-31 网格检查信息

3. 设置求解器参数

（1）单击工作界面左侧项目树中的"通用"选项，在打开的"通用"面板中设置求解器参数。

（2）单击面板中的"网格缩放"按钮，打开"缩放网格"对话框。在"网格生成单位"下拉列表中选择 mm，单击"比例"按钮，在"查看网格单位"下拉列表中选择 mm，如图 6-32 所示，单击"关闭"按钮关闭对话框。

（3）其他求解参数保持默认设置，如图 6-33 所示。

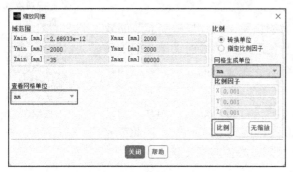

图 6-32　设置单位转换

图 6-33　设置求解参数

（4）在项目树中选择"设置"→"模型"选项，打开"模型"面板对求解模型进行设置。

（5）双击"模型"列表中的 Viscous-SST k-omega 选项，如图 6-34 所示，打开"粘性模型"对话框，在"模型"列表中选择 k-epsilon（2 eqn）选项，在 k-epsilon Model 中选中 RNG 单选按钮，其他选项保持默认设置，如图 6-35 所示，单击 OK 按钮完成设置。

图 6-34　选择计算模型

图 6-35　"粘性模型"对话框

> **注意：** 由于本案例较复杂，需要先进行流场的计算，流场计算收敛之后再进行温度场的计算，因此首先只对湍流模型进行设置，能量方程暂不开启。

4. 定义材料物性

（1）在项目树中选择"设置"→"材料"选项，在打开的"材料"面板中对所需材料进行设置，如图 6-36 所示。

（2）双击"材料"列表中的 Fluid 选项，打开"创建/编辑材料"设置对话框，如图 6-37 所示。

图 6-36　材料选择面板

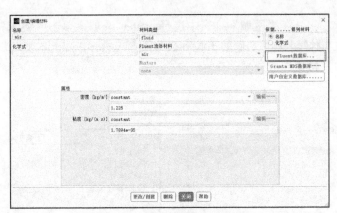

图 6-37　"创建/编辑材料"对话框

（3）单击"Fluent 数据库"按钮，打开"Fluent 数据库材料"对话框，在"Fluent 流体材料"列表中选择 water-liquid（h2o<1>）选项，单击"复制"按钮，如图 6-38 所示，单击"关闭"按钮关闭窗口。

（4）双击"材料"列表中的 Solid 选项，打开"创建/编辑材料"设置对话框。将"名称"设置为 rock，"化学式"设置为空，将"密度"设置为 2500，如图 6-39 所示，单击"更改/创建"按钮，弹出警示对话框，单击 NO 按钮即可。

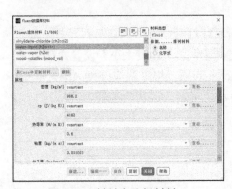

图 6-38　材料库选择材料

图 6-39　设置 rock 材料物性

（5）重复上述操作，在"名称"文本框中输入 concrete，"化学式"设置为空，将"密度"设置为 1900，单击"更改/创建"按钮，弹出警示对话框，单击 NO 按钮即可。单击"关闭"按钮，完成材料物性设置。

5. 设置区域条件

（1）在项目树中选择"设置"→"单元区域条件"选项，在打开的"单元区域条件"面板中对区域条件进行设置，如图 6-40 所示。

（2）在"区域"列表中选择 sn 选项，单击"编辑"按钮，打开如图 6-41 所示的"固体"对话框，在"材料名称"右侧的下拉列表中选择 concrete 选项，其他选项保持默认设置，单击"应用"按钮完成设置。

（3）在"区域"列表中选择 fsy 选项，单击"编辑"按钮，打开"固体"对话框，在"材料名称"右侧的下拉列表中选择 rock 选项，其他选项保持默认设置，单击"应用"按钮完成设置。

（4）在"区域"列表中选择 water 选项，单击"编辑"按钮，打开"流体"对话框，在"材料名称"右侧的下拉列表中选择 water-liquid 选项，其他选项保持默认设置，单击"应用"按钮完成设置。

图 6-40 选择区域

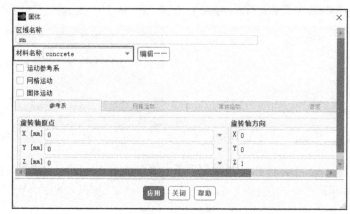

图 6-41 设置区域属性

6. 设置边界条件

（1）选择项目树"设置"→"边界条件"选项，在打开的边界条件面板中对边界条件进行设置。

（2）双击"区域"列表中的 in 选项，如图 6-42 所示，打开"速度入口"对话框，对速度入口边界条件进行设置。在对话框中单击"动量"选项卡，将"速度大小"设置为 0.6，在"湍流"下拉列表中选择 Intensity and Hydraulic Diameter 选项，将"湍流强度（%）"设置为 5，将"水力直径（mm）"设置为 30，如图 6-43 所示，单击"应用"按钮，完成进口边界条件的设置。

图 6-42 选择进口边界

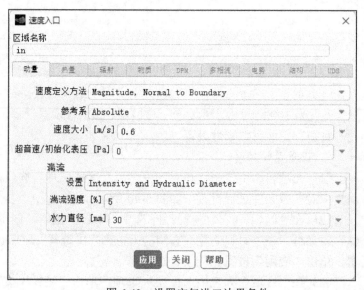

图 6-43 设置空气进口边界条件

（3）出口边界条件采用默认值设置。

6.3.3 流场求解计算

1. 求解控制参数

（1）在项目树中选择"求解"→"方法"选项，在弹出的"求解方法"面板中对求解控制参数进行设置。

（2）面板中的各个选项采用默认值，如图 6-44 所示。

2. 设置求解松弛因子

（1）在项目树中选择"求解"→"控制"选项，在打开的"解决方案控制"面板中对求解松弛因子进行设置。

（2）面板中相应的松弛因子保持默认设置，如图 6-45 所示。

图 6-44 设置求解方法

图 6-45 设置松弛因子

3. 设置收敛临界值

在项目树中选择"求解"→"计算监控"→"残差"选项，打开"残差监控器"对话框，如图 6-46 所示。保持默认设置，单击 OK 按钮完成设置。

4. 设置流场初始化

（1）选择项目树"求解"→"初始化"选项，打开"解决方案初始化"面板进行初始化设置。

（2）在"初始化方法"下拉列表中选择"标准初始化"选项，在"计算参考位置"下拉列表中选择 all-zones，其他选项保持默认设置，单击"初始化"按钮完成初始化，如图 6-47 所示。

图 6-46 修改迭代残差

5．迭代计算

（1）在项目树中选择"求解"→"运行计算"选项，打开"运行计算"面板。

（2）设置"迭代次数"为200，如图6-48所示。

（3）单击"开始计算"按钮进行迭代计算。

图6-47　设定流场初始化

图6-48　迭代设置对话框

（4）迭代残差收敛之后，再对温度场进行设置。

6.3.4　温度场求解计算设置

1．开启能量方程

（1）在项目树中选择"设置"→"模型"选项，打开"模型"面板对求解模型进行设置。双击"模型"列表中的Energy-Off选项，打开"能量"对话框。

（2）在打开的对话框中勾选"能量方程"复选框，如图6-49所示，单击OK按钮，启动能量方程。

图6-49　启动能量方程

2．设置材料物性

（1）在项目树中选择"设置"→"材料"选项，在打开的"材料"面板中对所需材料进行设置。双击"材料"列表中的water-liquid选项，打开"创建/编辑材料"设置对话框，如图6-50所示，可以发现水的物性中已增加了与传热有关的项。

（2）双击"材料"列表中的rock选项，打开"创建/编辑材料"设置对话框，将"Cp（比热）"设置为906，"导热率"设置为3.283，如图6-51所示，单击"更改/创建"按钮完成设置。

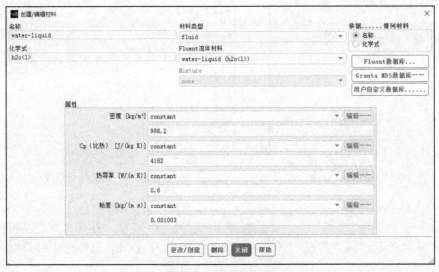

图 6-50 水的物性参数

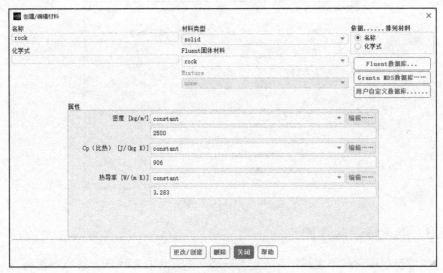

图 6-51 rock 的物性参数

（3）双击"材料"列表中的 concrete 选项，打开"创建/编辑材料"设置对话框，将"Cp（比热）"设置为 1880，"导热率"设置为 2.5，单击"更改/创建"按钮完成设置。

3. 设置边界条件

（1）在项目树中选择"设置"→"边界条件"选项，在打开的边界条件面板中对边界条件进行设置。

（2）双击"区域"列表中的 in 选项，打开"速度入口"对话框，对速度入口边界条件进行设置。在对话框中单击"热量"选项卡，将"温度"设置为 293，如图 6-52 所示，单击"应用"按钮，完成进口边界条件的设置。

（3）双击"区域"列表中的 wai 选项，打开"壁面"对话框，选择"热量"选项卡，选中"传热相关边界条件"下的"温度"选项，将"温度"设置为 283，如图 6-53 所示，单击"应用"按钮完成设置。

图 6-52 设置进口温度 图 6-53 设置外壁温度

4. 设置收敛临界值

在项目树中选择"求解"→"计算监控"→"残差"选项,打开"残差监控器"对话框,如图 6-54 所示。将"方程"下的 energy 残差设置为 1e-12,其他选项保持默认设置,单击 OK 按钮完成设置。

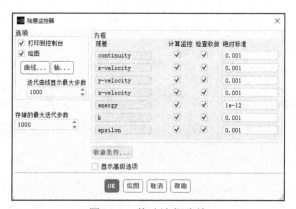

图 6-54 修改迭代残差

6.3.5 温度场求解计算

再次在项目树中选择"求解"→"运行计算"选项,打开"运行计算"面板。单击"开始计算"按钮进行迭代计算,最终的残差曲线如图 6-55 所示。

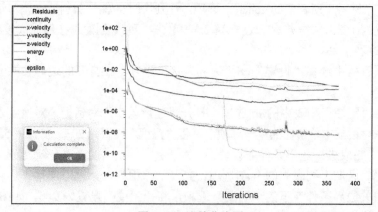

图 6-55 残差曲线图

6.3.6 计算结果后处理及分析

1. 进出口质量流量报告

（1）执行"结果"→"报告"命令，打开"报告"面板，如图6-56所示。

（2）在"报告"面板中双击Fluxes选项，打开"通量报告"对话框。在"边界"列表中选择in和out选项，单击"计算"按钮，显示进出口质量流量结果，如图6-57所示。

（3）由质量流量结果可以看出，进出口质量流量相差很小，可以看作计算收敛，计算结果可信。

图6-56 报告面板

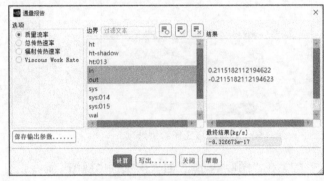

图6-57 进出口质量流量

2. 地埋管散热量

在"通量报告"对话框的"选项"下选择"总传热速率"，在"边界"列表中选择ht和wai选项，如图6-58所示。流固耦合壁面（ht面）的散热量与最外边界（wai面）的散热量相差很小，可以认为能量守恒，计算结果可信。由于本案例只是对二分之一的地埋管进行计算，因此总散热量为计算值的二倍，为3176 W。

3. 地埋管出口水温

执行"结果"→"表面积分"命令，打开"表面积分"面板，如图6-59所示。在"报告类型"下拉列表中选择Area-Weighted Average选项，在"场变量"下拉列表中选择Temperature选项，在"表面"列表中选择out选项，单击"计算"按钮，计算得到出口平均温度为291.2 K，则进出口温差为1.8 K。

图6-58 地埋管散热量计算

图6-59 出口温度计算

4. 截面温度场

（1）执行"结果"→"图形"命令，打开"图形和动画"面板。

（2）双击"图形"列表中的 Contours 选项，打开"云图"对话框，在"着色变量"的第一个下拉列表中选择 Temperature 选项，在"表面"下拉框内选择除 default 选项之外的所有选项，如图 6-60 所示。单击"保存/显示"按钮，显示温度云图，只显示二分之一的温度场，如图 6-61 所示。

图 6-60　设置温度云图绘制选项

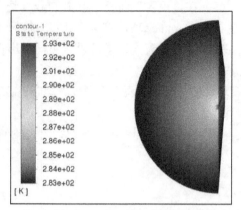

图 6-61　半区域温度云图

（3）在"图形和动画"面板内执行"视图"命令，打开"视图"对话框，选择"镜像平面"列表中的所有选项，如图 6-62 所示，单击"应用"按钮，显示完整的温度场云图，如图 6-63 所示。

（4）由完整的温度场云图可以看出，温度由区域中心的地埋管向边界处呈现逐渐降低的趋势，且边界处（距地埋管 2 m 处）的温度并没有显著增加，可见孔井间距为 4 m 是可行的。

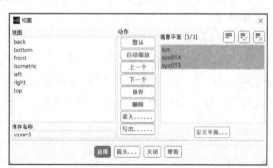

图 6-62　设置温度全图显示

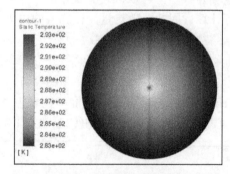

图 6-63　全区域温度云图

6.4　圆柱绕流流场的数值模拟

6.4.1　案例简介

粘性流体绕流圆柱时，其流场的特性随 Re 发生变化，当 Re 为 10 左右时，流体在圆柱表面的后驻点附近脱落，形成对称的反向漩涡。随着 Re 的进一步增大，分离点前移，漩涡也会相应地增大。当

扫码观看
配套视频

6.4 节配套视频

Re 大约为 46 时，脱体漩涡不再对称，而是以周期性的交替方式离开圆柱表面，在尾部形成著名的卡门涡街。涡街使其表面周期性变化的阻力和升力增加，从而导致物体振荡，产生噪声。

图 6-64 为圆柱绕流的计算区域的几何尺寸，计算区域长 1 m，宽 0.2806 m，圆柱直径为 0.05 m，入口水流速度为 0.01 m/s。

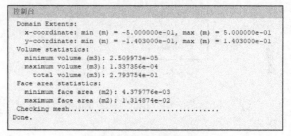

图 6-64　绕流模型

6.4.2　Fluent 求解计算设置

1. *启动* Fluent-2D

（1）在 Workbench 平台内启动 Fluent，进入启动界面。

（2）选中 Dimension 中的 2D 单选按钮，勾选 Double Precision 复选框，取消勾选 Display Options 下的 3 个复选框，并行计算选择 6 核。

（3）其他选项保持默认设置，单击 Start 按钮进入 Fluent 主界面。

2. *读入并检查网格*

（1）执行“文件”→“导入”→“网格”命令，在打开的 Select File 对话框中读入 streaming.msh 文件。

（2）在功能区执行“域”→“网格”→“信息”→“尺寸”命令，得到如图 6-65 所示的模型网格信息，共有 4535 个节点、8902 个网格面和 4367 个网格单元。

（3）在功能区执行“域”→“网格”→“检查”命令，反馈信息如图 6-66 所示。观察计算域二维坐标的上下限，检查最小体积和最小面积是否为负数。

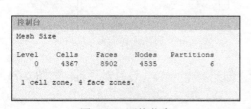

```
控制台
Mesh Size

Level     Cells     Faces     Nodes    Partitions
    0      4367      8902      4535             6

 1 cell zone, 4 face zones.
```

图 6-65　网格信息

```
控制台
 Domain Extents:
   x-coordinate: min (m) = -5.000000e-01, max (m) = 5.000000e-01
   y-coordinate: min (m) = -1.403000e-01, max (m) = 1.403000e-01
 Volume statistics:
   minimum volume (m3): 2.509973e-05
   maximum volume (m3): 1.337356e-04
     total volume (m3): 2.793754e-01
 Face area statistics:
   minimum face area (m2): 4.379776e-03
   maximum face area (m2): 1.314874e-02
 Checking mesh.................................
Done.
```

图 6-66　网格检查信息

3. *设置求解器参数*

（1）单击工作界面左侧项目树中的“通用”选项，在打开的“通用”面板中设置求解器参数。

（2）在“求解器”类型中选择“压力基”，其他求解参数保持默认设置，如图 6-67 所示。

（3）在项目树中选择“设置”→“模型”选项，打开“模型”面板对求解模型进行设置。

（4）双击“模型”列表中的 Viscous-SST k-omega 选项，如图 6-68 所示，打开“粘性模型”对话框，在“模型”列表中选中“层流”单选按钮，如图 6-69 所示，单击 OK 按钮完成设置。

4. 定义材料物性

（1）在项目树中选择"设置"→"材料"选项，在打开的"材料"面板中对所需材料进行设置，如图6-70所示。

图6-67 设置求解参数

图6-68 选择计算模型

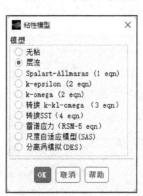

图6-69 选择层流模型

图6-70 材料选择面板

（2）双击"材料"列表中的Fluid选项，打开"创建/编辑材料"设置对话框，如图6-71所示。

图6-71 材料物性参数设置对话框

（3）单击"Fluent 数据库"按钮，打开"Fluent 数据库材料"对话框，在"Fluent 流体材料"列表中选择 water-liquid（h2o<1>）选项，单击"复制"按钮，如图 6-72 所示，单击"关闭"按钮关闭窗口。

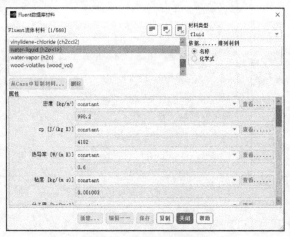

图 6-72　材料库选择材料

5. 设置区域条件

（1）在项目树中选择"设置"→"单元区域条件"选项，在打开的"单元区域条件"面板中对区域条件进行设置，如图 6-73 所示。

（2）在"区域"列表中选择 fluid 选项，单击"编辑"按钮，打开"流体"对话框，在"材料名称"右侧的下拉列表中选择 water-liquid 选项，其他参数保持默认设置，如图 6-74 所示，单击"应用"按钮完成设置。

图 6-73　选择区域

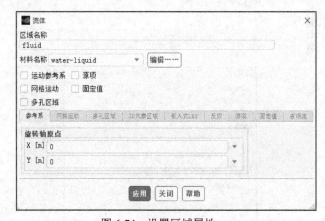

图 6-74　设置区域属性

6. 设置边界条件

（1）在项目树中选择"设置"→"边界条件"选项，在打开的边界条件面板中对边界条件进行设置。

（2）双击"区域"列表中的 velocity_inlet.1 选项，如图 6-75 所示，打开"速度入口"对话框，对速度入口边界条件进行设置。在对话框中单击"动量"选项卡，将"速度大小"设置为 0.01，如图 6-76 所示，单击"应用"按钮，完成进口边界条件的设置。

（3）这里无须设置出口边界条件，采用默认值即可。

图 6-75 选择进口边界

图 6-76 设置进口边界条件

6.4.3 求解计算

1. 求解控制参数

（1）在项目树中选择"求解"→"方法"选项，在打开的"求解方法"面板中对求解控制参数进行设置。

（2）在"方案"下拉列表中选择 SIMPLEC 选项，"压力"设置为 Second Order，"动量"设置为 Second Order Upwind，如图 6-77 所示。

2. 设置求解松弛因子

（1）在项目树中选择"求解"→"控制"选项，在打开的"解决方案控制"面板中对求解松弛因子进行设置。

（2）面板中相应的亚松弛因子都设置为 0.1，如图 6-78 所示。

图 6-77 设置求解方法

图 6-78 设置亚松弛因子

3. 设置收敛临界值

在项目树中选择"求解"→"计算监控"→"残差"选项，打开"残差监控器"对话框，如图 6-79 所示。保持默认设置，单击 OK 按钮完成设置。

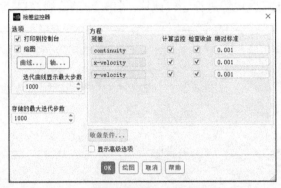

图 6-79 修改迭代残差

4. 设置流场初始化

（1）在项目树中选择"求解"→"初始化"选项，打开"解决方案初始化"面板进行初始化设置。

（2）在"初始化方法"下拉列表中选择"标准初始化"选项，在"计算参考位置"下拉列表中选择 all-zones，其他选项保持默认设置，单击"初始化"按钮完成初始化，如图 6-80 所示。

5. 迭代计算

（1）在项目树中选择"求解"→"运行计算"选项，打开"运行计算"面板。

（2）将"迭代次数"设置为 5000，如图 6-81 所示。

（3）单击"开始计算"按钮进行迭代计算。

图 6-80 设定流场初始化

图 6-81 迭代设置对话框

6.4.4 计算结果后处理及分析

1. 残差曲线

（1）单击"开始计算"按钮进行迭代计算，打开残差监视窗口，如图 6-82 所示。

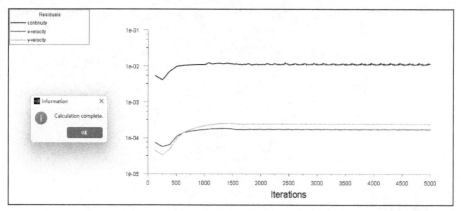

图 6-82 残差监视窗口

（2）当迭代步数到达 5000 步时，计算结束。

2. 质量流量报告

（1）执行"结果"→"报告"命令，打开"报告"面板，如图 6-83 所示。

（2）在打开的面板中双击 Fluxes 选项，打开"通量报告"对话框。在"边界"列表中选中除 wall 之外的其他选项，单击"计算"按钮，显示进出口质量流量结果，如图 6-84 所示。

（3）由质量流量结果可以发现，进出口质量流量相等，质量流量是守恒的。

图 6-83 报告面板

图 6-84 进出口质量流量

3. 压力场和速度场

（1）执行"结果"→"图形"命令，打开"图形和动画"面板。

（2）双击"图形"列表中的 Contours 选项，打开"云图"对话框，在"着色变量"的第一个下拉列表中选择 Pressure，如图 6-85 所示。单击"保存/显示"按钮，显示压力云图，如图 6-86 所示。

图 6-85 设置压力云图

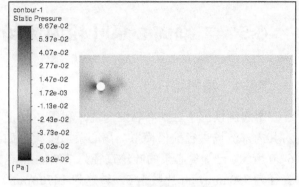

图 6-86 压力分布云图

（3）重复步骤（2）的操作，在"着色变量"的第一个下拉列表中选择 velocity，单击"保存/显示"按钮，显示速度云图，如图 6-87 所示。由速度云图可以发现，水流经过圆柱之后，开始发生脱离，形成了非对称的绕流漩涡对，即卡门涡街。

（4）双击"图形和动画"面板中的 Vectors 选项，打开"矢量"对话框，将"类型"设置为 arrow，将"比例"设置为 2，如图 6-88 所示。单击"保存/显示"按钮，打开速度矢量云图窗口，如图 6-89 所示。

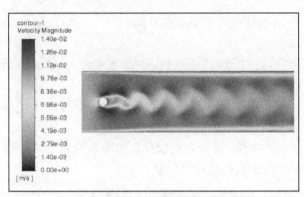

图 6-87 速度云图

图 6-88 速度矢量对话框

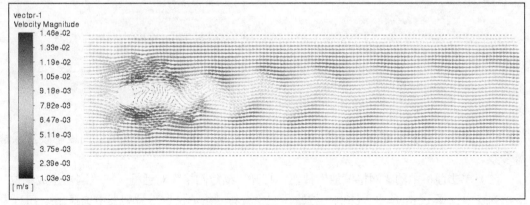

图 6-89 速度矢量云图

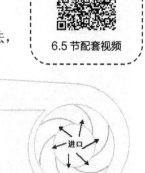

6.5 二维离心泵叶轮内流场数值模拟

6.5.1 案例简介

本案例以一个二维离心泵为例，利用 Fluent 转动参考系方法，对其内部流场进行数值模拟。离心泵二维模型如图 6-90 所示。已知离心泵的叶轮直径为 700 mm，轮毂直径为 350 mm，叶片数为 6，转速为 1470r/min。

6.5.2 Fluent 求解计算设置

1. 启动 Fluent-2D

（1）在 Workbench 平台内启动 Fluent，进入启动界面。

（2）选中 Dimension 中的 2D 单选按钮，勾选 Double Precision 复选框，取消勾选 Display Options 下的 3 个复选框，并行计算选择 6 核。

图 6-90 离心泵二维模型

（3）其他选项保持默认设置，单击 Start 按钮进入 Fluent 主界面。

2. 读入并检查网格

（1）执行"文件"→"导入"→"网格"命令，在打开的 Select File 对话框中读入 volute.msh 文件。

（2）在功能区执行"域"→"网格"→"信息"→"尺寸"命令，得到如图 6-91 所示的模型网格信息。

（3）在功能区执行"域"→"网格"→"检查"命令，反馈信息如图 6-92 所示。观察计算域二维坐标的上下限，检查最小体积和最小面积是否为负数。

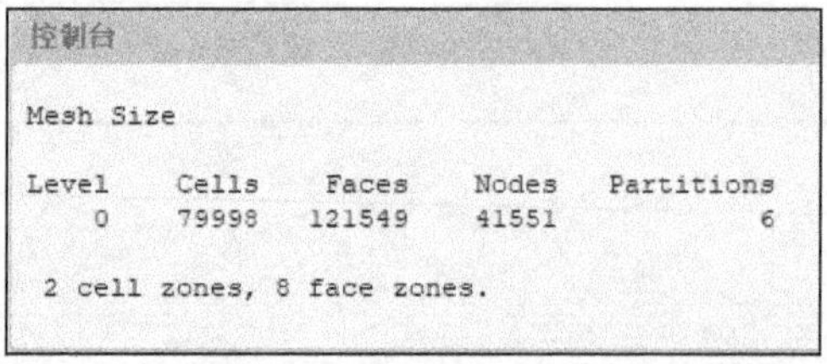

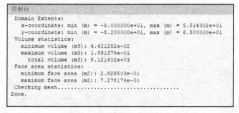

图 6-91 网格信息

图 6-92 网格检查信息

3. 设置求解器参数

（1）单击工作界面左侧项目树中的"通用"选项，在打开的"通用"面板中设置求解器参数。

（2）单击面板中的"网格缩放"按钮，打开"缩放网格"对话框。在"网格生成单位"下拉列表中选择 cm，单击"比例"按钮，在"查看网格单位"下拉列表中选择 m，可以发现计算区域在 X 轴方向上的最小值和最大值分别为–0.9 m 和 0.5514302 m，在 Y 轴方向上的最小值和最大值分别为–0.52 m 和 0.65 m，如图 6-93 所示，单击"关闭"按钮关闭对话框。

（3）在"通用"面板中勾选"重力"复选框，定义 Y 方向的重力加速度为-9.81m/s^2，其他求解参数保持默认设置，如图 6-94 所示。

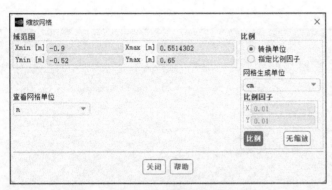

图 6-93　设置单位转换

图 6-94　设置求解参数

（4）在"通用"面板中单击"设置单位"按钮，打开"设置单位"对话框，在"数量"列表中选择 angular-velocity 选项，在"单位"列表中选择 rev/min 选项，如图 6-95 所示。

（5）在项目树中选择"设置"→"模型"选项，打开"模型"面板对求解模型进行设置。

（6）双击"模型"列表中的 Viscous-SST k-omega 选项，如图 6-96 所示，打开"粘性模型"对话框，在"模型"列表中选中 k-epsilon（2 eqn）选项，其他选项保持默认设置，如图 6-97 所示，单击 OK 按钮完成设置。

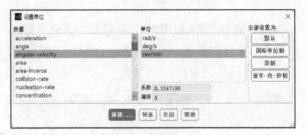

图 6-95　设置单位

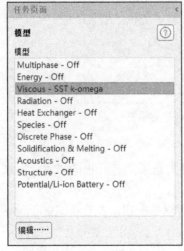

图 6-96　选择计算模型

图 6-97　选择湍流模型

4. 定义材料物性

（1）在项目树中选择"设置"→"材料"选项，在打开的"材料"面板中对所需材料进行设置，如图 6-98 所示。

（2）双击"材料"列表中的 Fluid 选项，打开"创建/编辑材料"对话框，如图 6-99 所示。

图 6-98　"材料"面板

图 6-99　"创建/编辑材料"对话框

（3）单击"Fluent 数据库"按钮，打开"Fluent 数据库材料"对话框，在"Fluent 流体材料"列表中选择 water-liquid（h2o<1>）选项，单击"复制"按钮，如图 6-100 所示，单击"关闭"按钮关闭窗口。

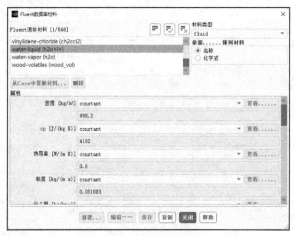

图 6-100　"Fluen 数据库材料"对话框

5. 设置区域条件

（1）在项目树中选择"设置"→"单元区域条件"选项，打开出的"单元区域条件"面板中对区域条件进行设置，如图 6-101 所示。

（2）在"区域"列表中选择 nei_1 选项，单击"编辑"按钮，打开"流体"对话框，在"材料名称"右侧的下拉列表中选择 water-liquid 选项，勾选"运动参考系"复选框，将"速度"设置为-1470，其他选项保持默认设置，如图 6-102 所示，单击"应用"按钮完成设置。

图 6-101　选择区域

图 6-102　设置区域属性

（3）重复上述操作，对 wai_l 区域进行设置，在"材料名称"下拉列表中选择 water-liquid 选项，其他选项保持默认设置。

6. 设置边界条件

（1）在项目树中选择"设置"→"边界条件"选项，在打开的边界条件面板中对边界条件进行设置。

（2）双击"区域"列表中的 in 选项，如图 6-103 所示，打开"压力进口"对话框，对压力进口边界条件进行设置。在对话框中单击"动量"选项卡，"总压（表压）"及"超音速/初始化表压"均设置为 0，在"湍流"下拉列表中选择 K and Epsilon 选项，如图 6-104 所示，单击"应用"按钮，完成进口边界条件的设置。

图 6-103　选择进口边界

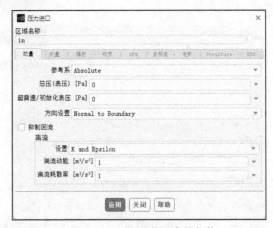

图 6-104　设置进口边界条件

（3）重复以上步骤，将边界 out 设置为 Pressure Out 边界，将湍流定义方式更改为 K and Epsilon，其他选项保持默认设置。

（4）将边界 nei 和边界 wai 的边界类型设置为 Interface。

7. 设置滑移耦合面

（1）在项目树中选择"设置"→"网格交界面"选项，打开"网格交界面"面板。

（2）在"边界区域"下同时选中 nei 和 wai 选项，单击"创建"按钮，如图 6-105 所示，创建完成后如图 6-106 所示，单击"关闭"按钮关闭对话框。

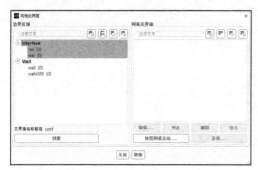

图 6-105　设置滑移面（前）

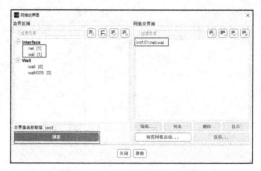

图 6-106　设置滑移面（后）

6.5.3　求解计算

1. 求解控制参数

（1）在项目树中选择"求解"→"方法"选项，在打开的"求解方法"面板中对求解控制参数进行设置。

（2）在"方案"下拉列表中选择 SIMPLEC 选项，将"压力"设置为 Second Order，"动量"设置为 Second Order Upwind，如图 6-107 所示。

2. 设置求解松弛因子

（1）在项目树中选择"求解"→"控制"选项，在打开的"解决方案控制"面板中对求解松弛因子进行设置。

（2）除"密度"和"体积力"选项保持默认外，其他亚松弛因子设置为 0.1，如图 6-108 所示。

图 6-107　设置求解方法

图 6-108　设置亚松弛因子

3. 设置收敛临界值

在项目树中选择"求解"→"计算监控"→"残差"选项，打开"残差监控器"对话框，如图 6-109 所示。保持默认设置，单击 OK 按钮完成设置。

4. 设置流场初始化

（1）在项目树中选择"求解"→"初始化"选项，打开"解决方案初始化"面板进行初始化设置。

（2）在"初始化方法"下拉列表中选择"标准初始化"选项，在"计算参考位

图 6-109 修改迭代残差

置"下拉列表中选择 all-zones，在"参考系"选项中选择"绝对"单选项，其他选项保持默认设置，单击"初始化"按钮完成初始化，如图 6-110 所示。

5. 迭代计算

（1）在项目树中选择"求解"→"运行计算"选项，打开"运行计算"面板。

（2）设置"迭代次数"为 5000，如图 6-111 所示。

（3）单击"开始计算"按钮进行迭代计算。

图 6-110 设定流场初始化

图 6-111 "运行计算"面板

6.5.4 计算结果后处理及分析

1. 残差曲线

（1）单击"开始计算"按钮后，开始迭代计算，打开残差监视窗口，如图 6-112 所示。

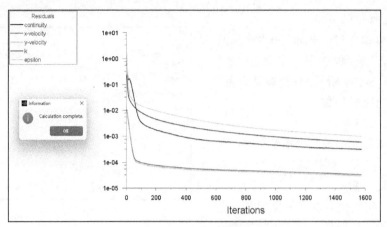

图 6-112 残差监视窗口

（2）计算约 1575 步之后，达到收敛最低限，结果收敛。

2. 质量流量报告

（1）执行"结果"→"报告"命令，打开"报告"面板，如图 6-113 所示。

（2）在打开的面板中双击 Fluxes 选项，打开"通量报告"对话框。在"边界"列表中选中 in 和 nei 选项，单击"计算"按钮，显示进出口质量流量结果，如图 6-114 所示。

（3）由质量流量结果可看出，进出口质量流量误差很小，质量流量是守恒的。

图 6-113 "报告"面板

图 6-114 "通量报告"对话框

3. 压力场和速度场

（1）执行"结果"→"图形"命令，打开"图形和动画"面板。

（2）双击"图形"列表中的 Contours 选项，打开"云图"对话框，在"着色变量"的第一个下拉列表中选择 Pressure，如图 6-115 所示。单击"保存/显示"按钮，显示压力云图，如图 6-116 所示。

（3）重复步骤（2）的操作，在"着色变量"的第一个下拉列表中选择 velocity，单击"保存/

图 6-115 设置压力云图

显示"按钮,显示速度云图,如图 6-117 所示。

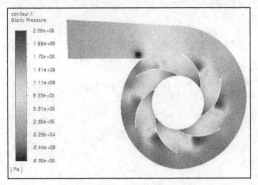
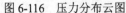

图 6-116 压力分布云图

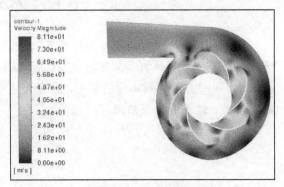

图 6-117 速度云图

(4)双击"图形和动画"面板中的 Vectors 选项,打开"矢量"对话框,将"类型"设置为 arrow,"比例"设置为 1,如图 6-118 所示。单击"保存/显示"按钮,显示速度矢量图,调整图的大小,显示局部的速度矢量。图 6-119 所示为叶片区域速度矢量云图,图 6-120 所示为出口区域速度矢量云图。

图 6-118 "矢量"对话框

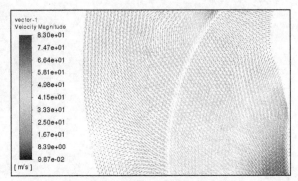

图 6-119 叶片区域速度矢量云图

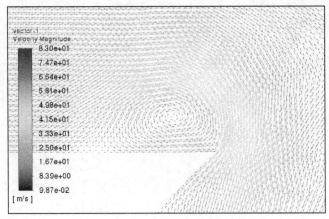

图 6-120 出口区域速度矢量云图

6.6 本章小结

本章主要介绍流体流动与传热的基础知识，包括层流和湍流、强制对流耦合传热，并通过 5 个实例对流体流动与传热过程进行详细的分析，使读者对此类问题的数值求解有更深的认识和理解。通过本章的学习，读者可以掌握流体流动与传热问题的建模、求解设置，以及结果后处理等相关知识。

第 7 章　自然对流与辐射换热数值模拟

不依靠外界动力推动，由流体自身温度场的不均匀性引起的流动称为自然对流。物体通过电磁波来传递能量的方式称为辐射。本章通过 3 个算例对自然对流过程以及辐射换热过程进行求解，并对结果进行分析说明，通过本章的学习，读者能够对自然对流换热和辐射换热过程有更新的认识与理解。

学习目标：

- 掌握自然对流和辐射换热数值模拟的基本过程；
- 通过实例掌握自然对流和辐射换热数值模拟的方法；
- 掌握设置自然对流和辐射换热问题边界条件的方法；
- 掌握自然对流和辐射换热问题计算结果的后处理及分析方法。

7.1　自然对流与辐射换热概述

自然对流不依靠外界动力，它是由流体自身温度场的不均匀引起密度差，在重力的作用下形成的一种自发的流动。例如，电子元件散热、冰箱排热管散热、房间中的暖气片散热及冷库中冷却管吸热等，都是自然对流换热的实例。

不均匀温度场造成不均匀密度场所产生的浮升力是运动的动力，一般情况下，不均匀温度场仅发生在靠近换热壁面的薄层，即边界层之内。自然对流边界层有其特点，即其速度分布具有两头小中间大的形式，在贴壁处，由于粘性作用速度为 0；在薄层外缘，因为已经没有温压，所以速度亦为 0；在薄层的中间，速度有一个峰值。自然对流亦有层流和湍流之分。

自然界中各个物体都不停地向空间发出热辐射，同时又不断地吸收其他物体发出的热辐射。辐射与吸收过程的综合结果造成了以辐射方式进行的物体间的热量传递——辐射换热。当热辐射投射到物体表面时，会发生吸收、反射和穿透现象。吸收率为 1 的物体叫作黑体；反射率为 1 的物体叫作镜体；穿透率为 1 的物体叫作透明体。

气体中的三原子气体、多原子气体以及不对称的双原子气体具有较大的辐射本领，气体辐射不同于固体和液体辐射，它具有两个突出的特点：一是气体辐射对波长有选择性；二是气体的辐射和吸收是在整个容积中进行的。

Fluent 软件包含 5 种辐射模型，分别是离散换热辐射模型（DTRM）、P-1 辐射模型、Rosseland 辐射模型、离散坐标（DO）辐射模型和表面辐射模型（S2S）。

1. DTRM 模型

DTRM 模型的优点包括：它是一个比较简单的模型，可以通过增加射线数量来提高计算精度，同时可以用于任何光学厚度。

DTRM 模型的局限性包括：该模型假设所有表面都是漫射表面，即所有入射的辐射射线没有固定的反射角，而是均匀地反射到各个方向；计算中没有考虑辐射的散射效应；计算中假定辐射是灰体辐射；如果采用大量射线进行计算，会给 CPU 增加很大的负担；DTRM 模型不能用于动网格或存在拼接网格界面的情况，也不能用于并行计算。

2. P-1 模型

P-1 模型的辐射换热方程是一个计算量相对较小的扩散方程，同时模型中包含了散射效应。在燃烧等光学厚度很大的计算问题中，P-1 模型的计算效果都比较好。P-1 模型还可以在采用曲线坐标系的情况下计算复杂几何形状的问题。

P-1 模型的局限性有：假设所有表面都是漫射表面，即所有入射的辐射射线没有固定的反射角，而是均匀地反射到各个方向；P-1 模型计算中采用灰体假设；如果光学厚度比较小，则计算精度会受到几何形状复杂程度的影响；在计算局部热源/热汇问题时，P-1 模型计算的辐射射流通常容易出现偏高的现象。

3. Rosseland 模型

Rosseland 模型的优点是无须像 P-1 模型那样计算额外的输运方程，因此计算速度更快，需要的内存更少。Rosseland 模型的缺点是仅限用于光学厚度大于 3 的问题，同时计算中只能采用压力基本求解器进行计算。

4. 离散坐标（DO）模型

离散坐标（DO）模型是使用范围最大的模型，它可以计算所有光学厚度的辐射问题，并且计算范围涵盖了从表面辐射、半透明介质辐射到燃烧问题中出现的参与性介质辐射在内的各种辐射问题。离散坐标（DO）模型采用灰带模型进行计算，因此既可以计算灰体辐射，也可以计算非灰体辐射。

5. 表面到表面（S2S）模型

表面到表面（S2S）辐射模型适用于计算在没有参与性介质的封闭空间内的辐射换热，如飞船散热系统、太阳能集热器、辐射式加热器和汽车机箱内的冷却过程等。与 DTRM 和 DO 模型相比，虽然视角因子的计算需要占用较多的 CPU 时间，但表面到表面（S2S）模型在每个迭代步中的计算速度都很快。

表面到表面（S2S）模型的局限性如下。

- S2S 模型假定所有表面都是漫射表面。
- S2S 模型采用灰体辐射模型进行计算。
- 内存等系统资源的要求随着辐射表面的增加而激增，计算中可以将辐射表面组成集群的方式来减少内存资源的占用。
- S2S 模型不能用于解决有参与性辐射介质的问题。
- S2S 模型不能用于带周期性边界条件或对称边界条件的计算，也不能用于二维轴对称问题的计算。

- S2S 模型不能用于多重封闭区域的辐射计算。
- S2S 模型只能用于单一封闭几何形状的计算。
- S2S 模型也不适用于拼接网格界面、悬挂节点存在的情况和网格的自适应计算。

选择项目树"设置"→"模型"→"辐射"选项，打开"辐射模型"对话框，如图 7-1 所示。根据实际情况选择相应的辐射模型。选择某种辐射模型后，对话框会扩展以包含该模型相应的设置参数。

注意：辐射模型只能使用分离式求解器。

图 7-1 "辐射模型"对话框

7.2 相连方腔内自然对流换热的数值模拟

7.2.1 案例简介

本案例主要进行双方腔内自然对流的数值模拟。如图 7-2 所示，一个长 2 mm，宽 1 mm 的长方形方腔，在正中间被隔板隔开，形成两个正方形的方腔。两个方腔的上下壁面都为绝热面，左侧 left 壁面恒温为 360K，右侧 right 壁面恒温为 350K，左侧壁面以自然对流和导热方式通过中间壁面把热量传给右侧壁面。

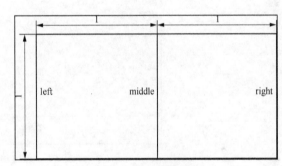

图 7-2 双方腔模型

通过模拟，可以得到两个方腔内的温度场、速度场以及换热量等结果。

7.2.2 Fluent 求解计算设置

扫码观看
配套视频

7.2 节配套视频

1. 启动 Fluent-2D

（1）在 Workbench 平台内启动 Fluent，进入启动界面。

（2）选中 Dimension 中的 2D 单选按钮，取消勾选 Display Options 下的 3 个复选框，并行计算选择 6 核。

（3）其他选项保持默认设置即可，单击 Start 按钮进入 Fluent 主界面。

2. 读入并检查网格

（1）执行"文件"→"导入"→"网格"命令，在打开的 Select File 对话框中读入 convection.msh 文件。

（2）在功能区执行"域"→"网格"→"信息"→"尺寸"命令，得到如图 7-3 所示的模型网格信息。

（3）在功能区执行"域"→"网格"→"检查"命令，反馈信息如图 7-4 所示。可以看到计算域二维坐标的上下限，检查最小体积和最小面积是否为负数。

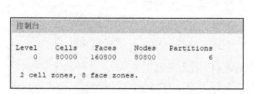

图 7-3　网格信息　　　　　　　　　　　　　图 7-4　网格检查信息

3. 设置求解器参数

（1）单击工作界面左侧项目树中的"通用"选项，在打开的"通用"面板中设置求解器参数。

（2）单击面板中的"网格缩放"按钮，打开"缩放网格"对话框。在"网格生成单位"下拉列表中选择 mm，单击"比例"按钮，在"查看网格单位"下拉列表中选择 mm，如图 7-5 所示，单击"关闭"按钮关闭对话框。

图 7-5　设置单位转换

（3）在"通用"面板中勾选"重力"复选框，定义 Y 方向的重力加速度为 $-9.81\mathrm{m/s^2}$，其他求解参数保持默认设置，如图 7-6 所示。

（4）在项目树中选择"设置"→"模型"选项，打开"模型"面板对求解模型进行设置。双击"模型"列表中的 Energy-Off 选项，如图 7-7 所示，打开"能量"对话框。

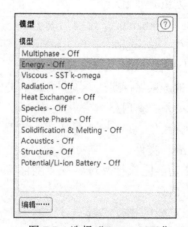

图 7-6　设置求解参数　　　　　　　　　　图 7-7　选择"Energy-Off"

（5）在打开的对话框中勾选"能量方程"复选框，如图 7-8
所示，单击 OK 按钮，启动能量方程。

（6）双击"模型"列表中的 Viscous-SST k-omega 选项，打
开"粘性模型"对话框，选择"层流"选项，如图 7-9 所示，
单击 OK 按钮保存设置。

图 7-8　"能量"对话框

4. 定义材料物性

（1）在项目树中选择"设置"→"材料"选项，在打开的
"材料"面板中对所需材料进行设置，如图 7-10 所示。

（2）双击"材料"列表中的 Fluid 选项，打开"创建/编辑
材料"设置对话框，如图 7-11 所示。在"密度"右侧下拉列
表中选择 incompressible-ideal-gas 选项，其他选项保持默认设
置，单击"更改/创建"按钮，保存对空气物性参数的更改，单
击"关闭"按钮关闭对话框。

5. 设置区域条件

（1）在项目树中选择"设置"→"单元区域条件"选项，
在打开的"单元区域条件"面板中对区域条件进行设置，如
图 7-12 所示。

图 7-9　粘性模型对话框

（2）在"区域"列表中选择 zone_left 选项，单击"编辑"按
钮，打开如图 7-13 所示的"流体"对话框，保持默认参数设置，单击"应用"按钮完成设置。

图 7-10　"材料"面板

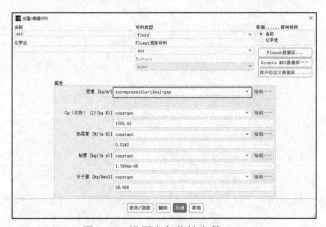

图 7-11　设置空气物性参数

（3）重复上述操作，完成对 zone_right 区域的设置。

6. 设置边界条件

（1）在项目树中选择"设置"→"边界条件"选项，在打开的边界条件面板中对边界
条件进行设置。

（2）双击"区域"列表中的 left 选项，如图 7-14 所示，打开"壁面"对话框，对"壁
面"边界条件进行设置。在对话框中单击"热量"选项卡，在"传热相关边界条件"选项中
选择"温度"，并将"温度"设置为 360，如图 7-15 所示，单击"应用"按钮，完成左壁面
边界条件的设置。

图 7-12 区域选择

图 7-13 区域属性设置

图 7-14 选择进口边界

图 7-15 设置左壁面边界条件

（3）重复上述操作，对右壁面边界条件进行设置。在"传热相关边界条件"选项中选择"温度"，并将"温度"设置为350，单击"应用"按钮，完成左壁面边界条件的设置。

7. 设置操作密度

在功能区执行"物理模型"→"求解器"→"工作条件"命令，打开"工作条件"对话框，在"可变密度参数"选项中勾选"指定的操作密度"复选框，并将"工作密度"设置为1.225，如图7-16所示，单击 OK 按钮保存退出。

7.2.3 求解计算

1. 求解控制参数

（1）在项目树中选择"求解"→"方法"选项，在打开的"求解方法"面板中对求解控制参数进行设置。

图 7-16 设置操作密度

（2）在"方案"下拉列表中选择 SIMPLE 选项，将"压力"设置为 Second Order，"动量"设置为 Second Order Upwind，如图 7-17 所示。

2. 设置求解松弛因子

（1）在项目树中选择"求解"→"控制"选项，在打开的"解决方案控制"面板中对求解松弛因子进行设置。

（2）面板中相应的亚松弛因子保持默认设置，如图 7-18 所示。

图 7-17　设置求解方法

图 7-18　设置亚松弛因子

3. 设置收敛临界值

在项目树中选择"求解"→"计算监控"→"残差"选项，打开"残差监控器"对话框，如图 7-19 所示。将 energy 残差修改为 1e-07，其他参数修改为 0.0001，单击 OK 按钮完成设置。

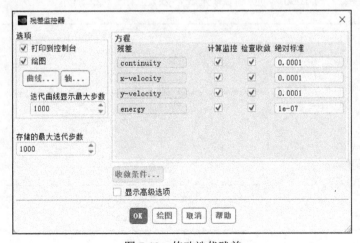

图 7-19　修改迭代残差

4. 设置流场初始化

（1）在项目树中选择"求解"→"初始化"选项，打开"解决方案初始化"面板进行初始化设置。

（2）在"初始化方法"下拉列表中选择"标准初始化"选项，在"计算参考位置"下拉列表中选择 all-zones，其他选项保持默认设置，单击"初始化"按钮完成初始化，如图 7-20 所示。

5. 迭代计算

（1）在项目树中选择"求解"→"运行计算"选项，打开"运行计算"面板。

（2）将"迭代次数"设置为 1000，如图 7-21 所示。

（3）单击"开始计算"按钮进行迭代计算。

图 7-20　设定流场初始化

图 7-21　迭代设置对话框

（4）迭代步数达到 1000 步时，计算完成，残差如图 7-22 所示。

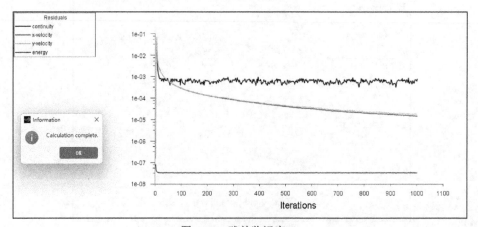

图 7-22　残差监视窗口

7.2.4 计算结果后处理及分析

1. 压力场

（1）执行"结果"→"图形"命令，打开"图形和动画"面板。

（2）双击"图形"列表中的 Contours 选项，打开"云图"对话框，在"着色变量"的第一个下拉列表中选择 Pressure，如图 7-23 所示。单击"保存/显示"按钮，显示压力云图，如图 7-24 所示。

（3）由压力云图可以看出，左右两方腔的压力场均呈上高下低的状态，且从上至下压力呈分层的均匀分布。由于左侧方腔空气温度高于右侧方腔，所以左侧方腔压力大于右侧方腔压力。

图 7-23　设置压力云图

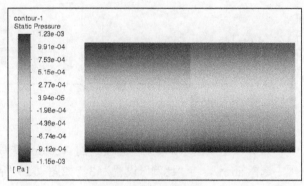

图 7-24　压力分布云图

2. 温度场

（1）双击"图形"列表中的 Contours 选项，打开"云图"对话框，在"着色变量"的第一个下拉列表中选择 Temperature，如图 7-25 所示。单击"保存/显示"按钮，显示温度云图，如图 7-26 所示。

（2）由温度云图可以看出，左右两个壁面的贴近壁面的区域，等温线与壁面近似平行，随着与壁面距离的增加，等温线逐渐变为弧形，到达中间隔板处，温度趋于一致。

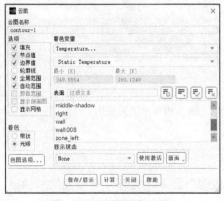

图 7-25　设置温度云图

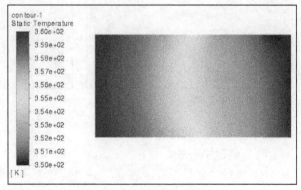

图 7-26　温度分布云图

3. 速度场

（1）双击"图形"列表中的 Contours 选项，打开"云图"对话框，在"着色变量"的第一个下拉列表中选择 Velocity，如图 7-27 所示。单击"保存/显示"按钮，显示速度云图，如图 7-28 所示。

（2）由速度云图可以看出，左右两个区域的速度场呈近似对称的结构，且两个方腔的中心区域速度最低，近似为 0，右侧方腔的最高速度要大于左侧方腔。

图 7-27 设置速度云图

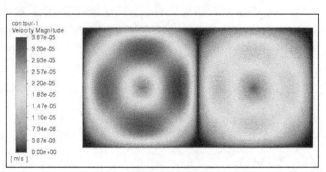

图 7-28 速度分布云图

4. 速度矢量

（1）双击"图形和动画"面板中的 Vectors 选项，打开"矢量"对话框，在"类型"选项中选择 arrow，将"比例"设置为 3，如图 7-29 所示。单击"保存/显示"按钮，显示速度矢量图，如图 7-30 所示。

（2）由速度矢量图可以看出，左右两个方腔内空气均呈顺时针旋转流动，形成了两个漩涡，漩涡也呈近似对称的结构。

图 7-29 "矢量"对话框

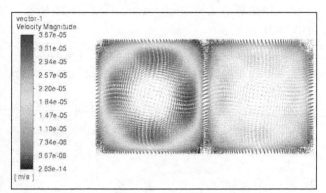

图 7-30 速度矢量图

5. 中心线上的计算结果

（1）创建中心线。

① 执行"结果"→"表面"→"创建"→"等值面"命令，打开"等值面"对话框。

② 在"常数表面"的第一个下拉列表中选择 Mesh 选项，在第二个下拉列表中选择 Y-Coordinate 选项，保持"等值"的默认值 0，在"新面名称"文本框中输入 y-coordinate-0，

如图 7-31 所示，单击"创建"按钮，创建中心线。

（2）绘制中心线上的温度曲线和密度曲线。

① 在项目树中选择"结果"→"绘图"选项，打开"绘图"面板，如图 7-32 所示。

② 双击 XY Plot，打开"解决方案 XY 图"对话框。勾选"选项"下的"节点值"和"在 X 轴的位置"复选框；在"Y 轴函数"选项的第一个下拉列表中选择 Temperature 选项；在"表面"列表中选择 y-coordinate-0 选项，如图 7-33 所示，单击"绘图"按钮，绘制温度曲线，温度曲线如图 7-34 所示。

图 7-31 创建线段

图 7-32 绘制曲线选择面板

图 7-33 设置温度曲线

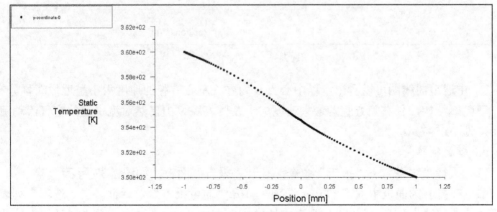

图 7-34 温度曲线图

③ 重复上述操作，在"Y 轴函数"的第一个下拉列表中选择"密度"选项，单击"绘图"按钮，绘制中心线上的密度曲线图，如图 7-35 所示。

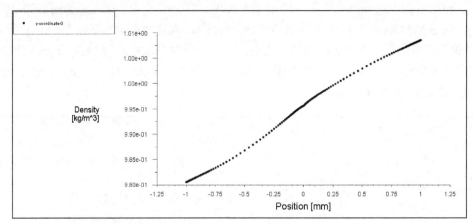

图 7-35　密度曲线图

④ 由温度曲线和密度曲线可看出，两条曲线的趋势正好相反，温度高的区域密度小，温度低的区域密度大。

（3）绘制中心线上的速度曲线。

① 重复上述操作，在"Y 轴函数"的第一个下拉列表中选择"密度"选项，单击"绘图"按钮，绘制速度曲线图，如图 7-36 所示。

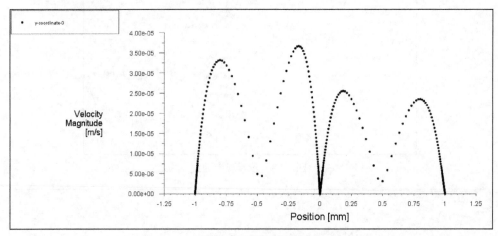

图 7-36　速度曲线图

② 由速度曲线图可以看出，以中心点 0 为界，左右方腔的速度大小呈近似对称分布，均为双驼峰结构，且右侧方腔的最大速度大于左侧方腔。由自然对流引起的空气流动流速很小，为 10^{-5} 数量级。

6. 壁面换热量结果

（1）执行"结果"→"报告"命令，打开"报告"面板，如图 7-37 所示。

（2）在打开的面板中双击 Fluxes 选项，打开"通量报告"对话框。在"选项"列表中选择"总传热速率"，在"边界"列表中选中 left 和 right 两个选项，单击"计算"按钮，显示边界传递热量结果，如图 7-38 所示。

图 7-37　"报告"面板　　　　图 7-38　"通量报告"对话框

（3）由图 7-38 可知，左壁面散失的热量和右壁面获得的热量分别为 0.068W 和 0.047W，由于计算误差的存在，左右壁面得失热量相差 0.02 W，可见误差较小，结果可信。

7.3　烟道内烟气对流辐射换热的数值模拟

7.3.1　案例简介

本案例中的烟道内有高温烟气流过，烟道由钢管焊接而成，水从钢管内流过，用于对高温烟气进行冷却，且可以回收烟气的余热，送入余热锅炉进行发电。

圆柱形烟道直径为 1940 mm，总长度为 19778.8 mm，烟道模型如图 7-39 所示。

扫码观看
配套视频

7.3 节配套视频

7.3.2　Fluent 求解计算设置

1. 启动 Fluent-3D

（1）在 Workbench 平台内启动 Fluent，进入启动界面。

（2）选中 Dimension 中的 3D 单选按钮，取消勾选 Display Options 的 3 个复选框，单核计算。

图 7-39　烟道模型

（3）其他选项保持默认设置，单击 Start 按钮进入 Fluent 主界面。

2. 读入并检查网格

（1）执行"文件"→"导入"→"网格"命令，在打开的 Select File 对话框中读入 radiation.msh 网格文件。

（2）在功能区执行"域"→"网格"→"信息"→"尺寸"命令，得到如图 7-40 所示的模型网格信息：共有 161196 个节点、467387 个网格面和 153225 个网格单元。

（3）在功能区执行"域"→"网格"→"检查"命令，反馈信息如图 7-41 所示。可以看到计算域三维坐标的上下限，检查最小体积和最小面积是否为负数。

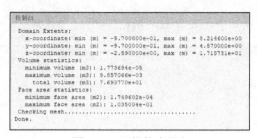

图 7-40　网格信息　　　　　　　　　图 7-41　网格检查信息

3. 设置求解器参数

（1）单击工作界面左侧项目树中的"通用"选项，在打开的"通用"面板中设置求解器参数。

（2）单击面板中的"网格缩放"按钮，打开"缩放网格"对话框。保持默认设置，如图 7-42 所示，单击"关闭"按钮关闭对话框。

（3）在"通用"面板中保持默认设置，如图 7-43 所示。

图 7-42　设置转换单位

图 7-43　设置求解参数

（4）在项目树中选择"设置"→"模型"选项，打开"模型"面板对求解模型进行设置。双击"模型"列表中的 Energy-Off 选项，如图 7-44 所示，打开"能量"对话框。

（5）在打开的对话框中勾选"能量方程"复选框，如图 7-45 所示，单击 OK 按钮，启动能量方程。

（6）双击"模型"列表中的 Viscous-SST k-omega 选项，打开"粘性模型"对话框。在"模型"列表中选择 k-epsilon（2 eqn）选项，在 k-epsilon Model 中选中"RNG"单选按钮，在"RNG 选项"下全选，在"壁面函数"下选中"增强壁面函数（EWF）"单选按钮，在"增强壁面函数（EWF）"下勾选"压力梯度效应"及"热效应"复选框，在"选项"列表中勾选"粘性加热"

图 7-44　选择能量方程

图 7-45　"能量"对话框

复选框，其他选项保持默认设置，如图 7-46 所示，单击 OK 按钮完成设置。

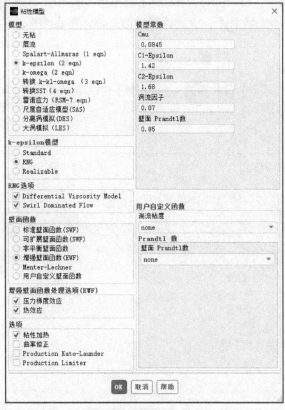

图 7-46　选择湍流模型

（7）双击"模型"列表中的 Radiation-Off 选项，打开"辐射模型"对话框。选中"模型"列表中的 Discrete Transfer（DTRM）单选按钮，如图 7-47 所示，单击 OK 按钮，打开"DTRM 射线"对话框。

图 7-47　选择辐射模型

（8）"DTRM 射线"对话框用于对射线信息进行设置，设置"体网格数/体积集群"为 3，"面网格数量/表面集群"为 3，如图 7-48 所示。单击 OK 按钮，弹出警示窗口，如图 7-49 所示，提示用户材料属性已改变，请确认属性的数值，单击 OK 按钮。

图 7-48　设置射线信息

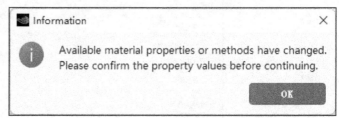

图 7-49　警示窗口

（9）程序开始计算射线信息，计算完成后，程序面板显示结果，如图 7-50 所示。

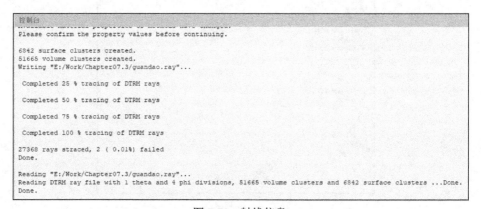

图 7-50　射线信息

4．定义材料物性

（1）选择项目树"设置"→"材料"选项，在打开的"材料"面板中对所需材料进行设置，如图 7-51 所示。

（2）双击"材料"列表中的 Fluid 选项，打开"创建/编辑材料"设置对话框，如图 7-52 所示。

图 7-51　材料选择面板

图 7-52　设置空气物性参数

（3）在"密度"右侧的下拉列表中选择 piecewise-polynomial 选项，将自动弹出"分段式多项式离散分布"对话框，将 Ranges 设置为 2，即由两段函数表示密度和温度的关系。第一段函数的温度范围为 273～900K，如图 7-53 所示。第二段函数的温度范围为 900～2500 K，如图 7-54 所示。

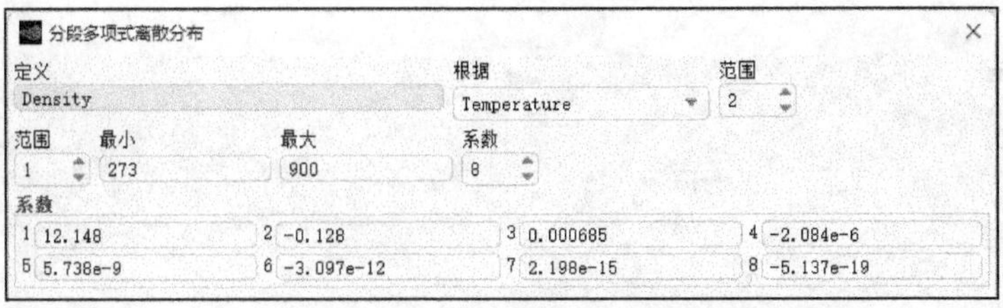

图 7-53 设置密度与温度函数关系（1）

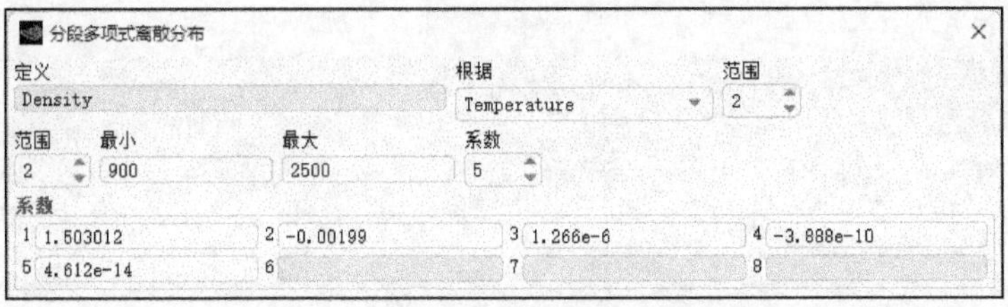

图 7-54 设置密度与温度函数关系（2）

（4）返回材料物性参数设置对话框，在"Cp 比热容"右侧的下拉列表中选择 piecewise-polynomial 选项，将自动弹出"分段式多项式离散分布"对话框，将"范围"参数设置为 1，温度范围设置为 273～2500K，如图 7-55 所示。

（5）返回材料物性参数设置对话框，在"热导率"右侧的下拉列表中选择 piecewise-polynomial 选项，将打开"分段式多项式离散分布"对话框，将"范围"参数设置为 1，温度范围设置为 273～2500K，如图 7-56 所示。

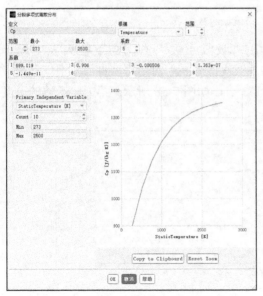

图 7-55 设置比热容与温度函数关系

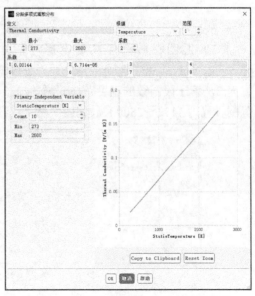

图 7-56 设置导热系数与温度的函数关系

（6）返回材料物性参数设置对话框，在"粘度"右侧的下拉列表中选择 piecewise-polynomial 选项，将打开"分段式多项式离散分布"对话框，将"范围"参数设置为 1，温度范围设置为 273～2500 K，如图 7-57 所示。

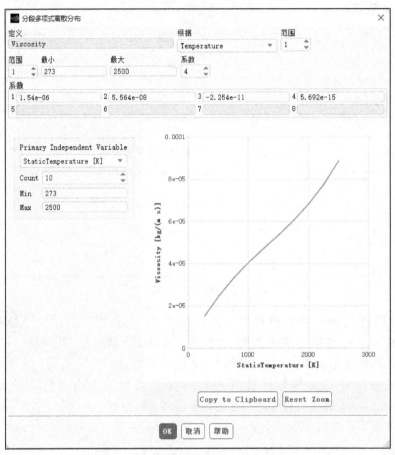

图 7-57　设置粘度与温度的函数关系

（7）返回材料物性参数设置对话框，在"吸收系数"右侧的下拉列表中选择 piecewise-polynomial 选项，将打开"分段式多项式离散分布"对话框，将"范围"参数设置为 2，第一段函数的温度范围设置为 273～1173 K，如图 7-58 所示。第二段函数的温度范围设置为 1173～2500 K，如图 7-59 所示。

图 7-58　吸收系数与温度的函数关系（1）

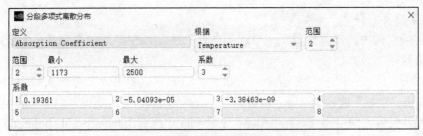

图 7-59 吸收系数与温度的函数关系（2）

（8）返回材料物性参数设置对话框，将"名称"文本框中的名称修改为 smoke，如图 7-60 所示，单击"更改/创建"按钮，完成烟气物性参数的设置。

图 7-60 设置烟气物性参数

5. 设置区域条件

（1）在项目树中选择"设置"→"单元区域条件"选项，在打开的"单元区域条件"面板中对区域条件进行设置，如图 7-61 所示。

（2）在"区域"列表中选择 fluid 选项，单击"编辑"按钮，将打开如图 7-62 所示的"流体"对话框，保持默认参数设置，单击"应用"按钮完成设置。

图 7-61 区域选择

图 7-62 区域属性设置

6. 设置边界条件

（1）在项目树中选择"设置"→"边界条件"选项，在打开的边界条件面板中对边界条件进行设置。

（2）双击"区域"列表中的 in 选项，如图 7-63 所示，打开"质量流入口"对话框。在对话框中单击"动量"选项卡，将"质量流率"设置为 10.79，将流速方向定义的坐标系设置为柱坐标系，矢量方向沿轴向。在"湍流"下拉列表中选择 Intensity and Hydraulic Diameter 选项，将"湍流强度（%）"设置为 10，将"水力直径（m）"设置为 1.94，如图 7-64 所示。单击"热量"选项卡，设置"总温度（K）"为 1873，如图 7-65 所示。单击"应用"按钮，完成进口边界条件的设置。

图 7-63　选择进口边界

图 7-64　设置进口边界条件（1）

图 7-65　设置进口边界条件（2）

（3）在边界条件面板中双击 out 选项，打开"压力出口"对话框，单击"热量"选项卡，将"回流总温（K）"设置为 1073，单击"应用"按钮完成设置。

（4）在边界条件面板中双击 wall 选项，打开"壁面"对话框，单击"热量"选项卡，在"传热相关边界条件"列表中选中"混合"单选按钮，设置"传热系数（W/m²·K）"为 70，"来流温度（K）"为 420，"外部辐射系数"为 0.82，"外部辐射温度（K）"为 470，"壁面厚度（m）"为 0.007，如图 7-66 所示，单击"辐射"选项卡，将"内部发射率"设置为 0.8，单击"应用"按钮完成设置。

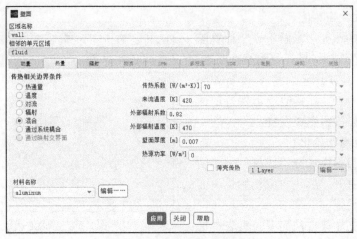

图 7-66 设置壁面边界条件

7.3.3 求解计算

1. 求解控制参数

（1）在项目树中选择"求解"→"方法"选项，在打开的"求解方法"面板中对求解控制参数进行设置。

（2）在"方案"下拉列表中选择 SIMPLE 选项，其他各个选项设置如图 7-67 所示。

2. 设置求解松弛因子

（1）在项目树中选择"求解"→"控制"选项，在打开的"解决方案控制"面板中对求解松弛因子进行设置。

（2）面板中相应的亚松弛因子保持默认设置，如图 7-68 所示。

图 7-67 设置求解方法

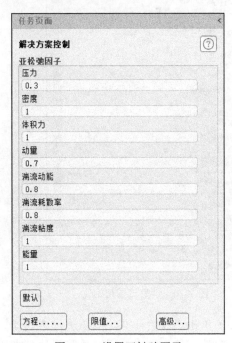

图 7-68 设置亚松弛因子

3. 设置收敛临界值

在项目树中选择"求解"→"计算监控"→"残差"选项，打开"残差监控器"对话框，如图 7-69 所示。将 k 和 epsilon 残差设置为 0.00001，其他选项保持默认设置，单击 OK 按钮完成设置。

4. 设置流场初始化

（1）在项目树中选择"求解"→"初始化"选项，打开"解决方案初始化"面板进行初始化设置。

图 7-69 修改迭代残差

（2）在"初始化方法"下拉列表中选择"标准初始化"选项，在"计算参考位置"下拉列表中选择 all-zones，其他选项保持默认设置，单击"初始化"按钮完成初始化，如图 7-70 所示。

5. 计算流场迭代

（1）在项目树中选择"求解"→"运行计算"选项，打开"运行计算"面板。

（2）将"迭代次数"设置为 1000，如图 7-71 所示。

图 7-70 设定流场初始化

图 7-71 迭代设置对话框

（3）单击"开始计算"按钮进行迭代计算。

（4）迭代约 276 步之后，计算收敛，收敛残差曲线如图 7-72 所示。

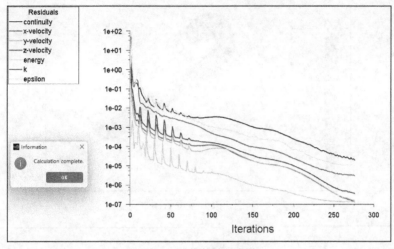

图 7-72 收敛残差曲线

7.3.4 计算结果后处理及分析

1. 压力场

（1）执行"结果"→"图形"命令，打开"图形和动画"面板。

（2）双击"图形"列表中的 Contours 选项，打开"云图"对话框，在"着色变量"的第一个下拉列表中选择 Pressure，在"表面"列表中选择 in、out 和 wall 三个选项，如图 7-73 所示。单击"保存/显示"按钮，显示压力云图，如图 7-74 所示。

图 7-73 设置压力云图

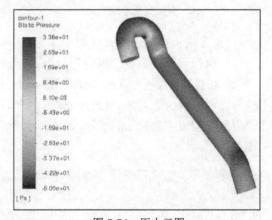

图 7-74 压力云图

2. 温度场

在"着色变量"的第一个下拉列表中选择 Temperature，单击"保存/显示"按钮，显示温度云图，如图 7-75 所示。

3. 速度矢量

双击"图形和动画"面板中的 Vectors 选项，打开"矢量"对话框，在"类型"下拉列表中选择 arrow，将"比例"设置为 1，如图 7-76 所示。单击"保存/显示"按钮，显示速度矢量图，如图 7-77 所示。

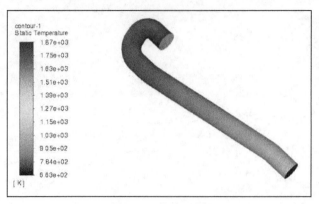

图 7-75 温度云图

图 7-76 速度矢量绘制对话框

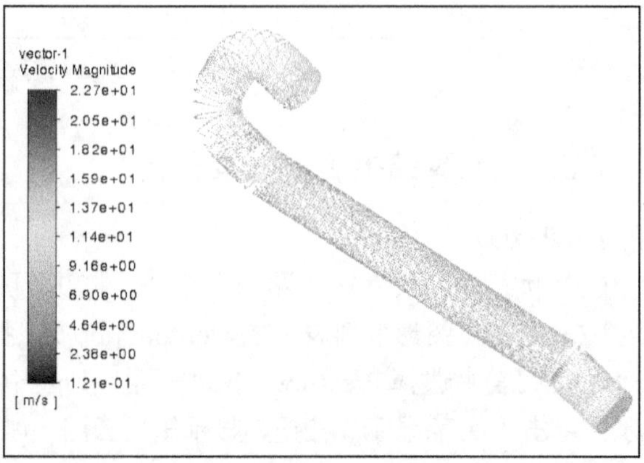

图 7-77 速度矢量图

4. 设置进出口流速与出口烟气温度

（1）执行"结果"→"报告"命令，打开"报告"面板，如图 7-78 所示。

（2）在打开的面板中双击 Surface Integrals 选项，打开"表面积分"面板。在"报告类型"下拉列表中选择 Area-Weighted Average 选项，在"场变量"下拉列表中选择 Velocity 选项，在"表面"列表中选择 in 选项，单击"计算"按钮，计算得到进口平均流速为 15.9m/s，如图 7-79 所示。

图 7-78 报告面板

图 7-79 计算进口流速

（3）在"表面积分"对话框的"表面"列表中选择 out 选项，在"场变量"下拉列表中选择 Velocity 选项，单击"计算"按钮，得到出口平均流速为 10.54m/s，如图 7-80 所示。

（4）在"表面积分"对话框的"表面"列表中选择 out 选项，在"场变量"下拉列表中选择 Temperature 选项，单击"计算"按钮，得到出口平均温度为 1207.7K，如图 7-81 所示。

图 7-80 计算出口流速

图 7-81 计算出口温度

7.4 室内通风问题的计算实例

7.4.1 案例简介

本实例主要研究英国菲尔德 Fluent 欧洲办事处接待区的通风问题，给出了使用太阳加载模型对建筑物室内通风问题求解的指导和建议。开始求解问题时忽略了辐射的影响，然后将辐射模型应用于计算，来研究内部表面之间的辐射换热影响。接待区的前墙从底层到一层的天花板高度几乎完全是玻璃幕墙，如图 7-82 所示，在第二层地板的楼梯平台之上的屋顶也是玻璃幕墙区域。

本实例考虑的是夏季正常天气下典型的辐射负荷量。相邻的房间和办公室安装有空调，保持在大约 20℃ 的恒定温度，因此热量将从内墙传递到这些房间，还有一些热量传递到地板上。因为地板是混凝土构造，假定具有很大的热质量和固定的温度。外部条件是 25℃ 的舒适正常的温度条件。对于建筑物外部，使用了 $4W/(m^2 \cdot K)$ 的外部传热系数来考虑对流传热。在接待员的桌子后面有空调冷却单元。

通过本实例的演示过程，读者将学习到以下知识。

● 通风问题的求解方法和设置过程。

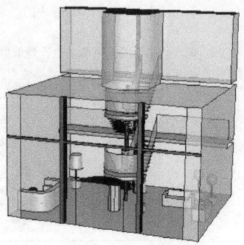

图 7-82 接待区示意图

- 太阳加载模型的设置和求解过程。
- 辐射模型的设置过程。
- 通风问题的数据处理和显示方法。

7.4.2 Fluent 求解计算设置

1. 启动 Fluent-3D

（1）在 Workbench 平台内启动 Fluent，进入启动界面。

（2）选中 Dimension 中的 3D 单选按钮，取消勾选 Display Options 下的 3 个复选框，单核计算。

（3）其他选项保持默认设置即可，单击 Start 按钮进入 Fluent 主界面。

2. 读入并检查网格

（1）执行"文件"→"导入"→"网格"命令，在打开的 Select File 对话框中读入 fel_atrium.msh 网格文件。

（2）在功能区执行"域"→"网格"→"信息"→"尺寸"命令，得到如图 7-83 所示的模型网格信息。

（3）在功能区执行"域"→"网格"→"检查"命令，反馈信息如图 7-84 所示。观察计算域三维坐标的上下限，检查最小体积和最小面积是否为负数。

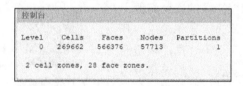

图 7-83 网格信息

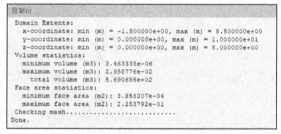

图 7-84 网格检查信息

3. 设置求解器参数

（1）单击工作界面左侧项目树中的"通用"选项，在打开的"通用"面板中设置求解器参数。

（2）在"通用"面板中单击"设置单位"按钮，打开"设置单位"对话框，在"数量"列表中选择 temperature 选项，在"单位"列表中选择 C 选项，如图 7-85 所示。

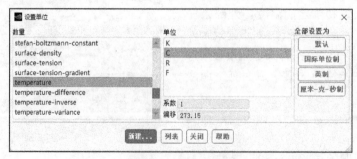

图 7-85 设置单位

（3）在"通用"面板中勾选"重力"复选框，定义 Y 方向的重力加速度为-9.81m/s^2，其他求解参数保持默认设置，如图 7-86 所示。考虑重力加速度是因为流动的部分主要受自然对流驱动。

（4）单击"通用"面板中的"显示网格"按钮，显示的几何模型如图 7-87 所示，模型遵循了标识网格的命名习惯，所有的墙面使用前缀 w，所有的速度入口使用前缀 v。

图 7-86　设置求解参数

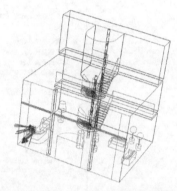

图 7-87　Fluent 中几何模型示意图

（5）在项目树中选择"设置"→"模型"选项，打开"模型"面板对求解模型进行设置。双击"模型"列表中的 Energy-Off 选项，如图 7-88 所示，打开"能量"对话框。

（6）在弹出的对话框中勾选"能量方程"复选框，如图 7-89 所示，单击 OK 按钮，启动能量方程。

（7）双击"模型"列表中的 Viscous-SST k-omega 选项，打开"粘性模型"对话框。在"模型"列表中选择 k-epsilon（2 eqn）选项，在"k-epsilon 模型"选项中选中 RNG 单选按钮，在"壁面函数"列表中选中"标准壁面函数（SWF）"单选按钮，其他选项保持默认设置，如图 7-90 所示，单击 OK 按钮完成设置。

（8）双击"模型"列表中的 Radiation-Off 选项，打开"辐射模型"对话框。在"太阳辐射载荷"列表中选中"太阳光线跟踪"选项，"太阳方向矢量"选项保持选择"使用太阳能计算器的方向计算"单选框，"光谱分数"保持默认设置为 0.5，采用 0.5的值将长波（IR）和短波（V）辐射各分为 50%，如图 7-91 所示。

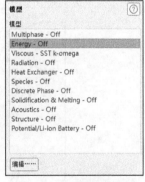

图 7-88　选择能量方程

图 7-89　"能量"对话框

图 7-90 选择湍流模型

图 7-91 选择辐射模型

（9）单击"太阳辐射计算器"按钮，打开"太阳辐射计算器"对话框，"全局位置"选项可以设置经度、纬度及时区，"日期与时间"选项可以设置时间，默认值为夏季中午条件。"阳光因子"的默认值为 1，假定是无云天气，如图 7-92 所示。单击"应用"按钮保存设置，单击"关闭"按钮退出"太阳辐射计算器"对话框。Fluent 控制台将会显示信息，表示将使用漫射和直射部分来计算太阳载荷。

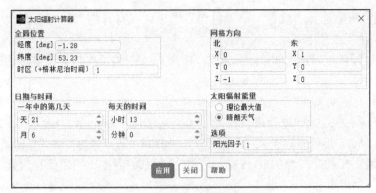

图 7-92　太阳辐射计算器对话框

（10）此外，可以通过 TUI 来修改其他可用的模型参数。

①保留 ground-reflectivity 的默认值。

```
/define/models/radiation/solar-parameters> ground-reflectivity
Ground Reflectivity [0.2]
```

当对漫射辐射设置太阳计算器选项后，地面的反射将被添加至背景漫射辐射中。地面反射辐射的量取决于其反射率，可以通过该参数进行设置。默认值 0.2 是合理的。

②将 scattering fraction 减小到 0.75。

```
/define/models/radiation/solar-parameters> scattering-fraction
Scattering Fraction [0.75] 1
```

太阳射线跟踪模型只提供了其所到达的第一个不透明表面上的方向载荷，没有进行进一步的射线跟踪来考虑由于反射和发射造成的再次辐射。模型没有舍弃辐射反射的部分，而是在所有的参与性表面之间进行分配。

散射分数，即其所分配的反射部分的数量，默认值设置为 1。这表示所有反射的辐射都在计算域内进行分配。如果建筑物有很大的玻璃幕墙表面区域，反射将有很大一部分会通过外部的玻璃窗损失掉。这种情况下，要相应减小散射分数。

③激活到相邻流体单元中的能量源项。

```
/define/models/radiation/solar-parameters> sol-adjacent-fluidcells
Apply Solar Load on  adjacent Fluid Cells? [no] yes
```

太阳载荷模型对受到太阳载荷的每个面都计算能量源项。默认情况下，如果使用了二维导热计算，该能量将作为到达相邻壳层导热单元的源项。否则，其将被加入到相邻的固体单元中。

如果相邻的单元既不是导热单元也不是固体单元，其将作为相邻流体单元的热源项。然而，如果网格过于粗糙，不能够准确地分辨出壁面传热（在建筑物研究的情况下经常遇到），则更倾向于将其直接加入流体单元中。这将有助于降低不自然的高壁面温度的可能性，并仍然能够得到传入房屋的能量。

4. 定义材料物性

该步骤将修改空气的流体特性和钢的固体特性，还需要创建新的物质（玻璃和普通的建筑物隔热材料）。

（1）在项目树中选择"设置"→"材料"选项，在打开的"材料"面板中对所需材料进行设置，如图 7-93 所示。

（2）双击"材料"列表中的 Fluid 选项，打开"创建/编辑材料"设置对话框，如图 7-94 所示，在"密度"下拉列表中选择 boussinesq，并输入 1.18，密度值为 $1.18kg/m^3$（25℃和 1atm 对应的空气密度）。对于包含自然对流的问题，这样设置更稳定，对于相对较小的温度变化同样有效。总之，如果温度范围超过了绝对温度（单位 K）的 10%～20%，则应当考虑使用其他方法。将"热膨胀系数"设置为 0.00335（假定理想气体关系式是绝对温度的倒数，对于温度为 25℃的空气为 0.00335 K^{-1}），单击"更改/创建"按钮保存设置。

图 7-93 材料选择面板

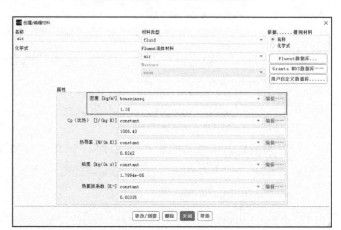

图 7-94 设置空气物性参数

（3）单击"Fluent 数据库"按钮，打开"Fluent 数据库材料"对话框，在"材料类型"下拉列表中选择 solid，在"Fluent 固体材料"列表中选择 steel 选项，单击"复制"按钮，如图 7-95 所示，单击"关闭"按钮关闭窗口。

图 7-95 从材料库中选择钢材料

（4）双击"材料"列表中的 steel 选项，打开"创建/编辑材料"对话框，将"名称"设置为 glass，"化学式"设置为空，"密度"设置为 2200，"Cp 比热"设置为 830，"导热率"设置为 1.15，如图 7-96 所示，单击"更改/创建"按钮，将弹出警示对话框，单击 NO 按钮完成材料创建。

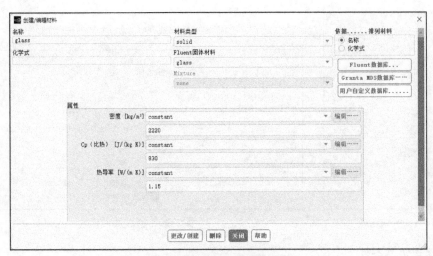

图 7-96　glass 材料属性设置

（5）双击"材料"列表中的 steel 选项，打开"创建/编辑材料"对话框，将"名称"设置为 building-insulation，"化学式"设置为空，"密度"设置为 10，在"Cp 比热"设置为 830，"导热率"设置为 0.1，如图 7-97 所示，单击"更改/创建"按钮，弹出警示对话框，单击 NO 按钮完成材料创建。

图 7-97　building-insulation 材料属性设置

5. 设置区域条件

默认设置下，太阳射线跟踪技术中使用的所有的内部和外部平面都是不透明的。在该模型中，所有的壁面都参与太阳射线跟踪过程。

（1）在项目树中选择"设置"→"单元区域条件"选项，在打开的"单元区域条件"面板中对区域条件进行设置，如图 7-98 所示。

（2）在"区域"列表中选择 solid-steel-frame 选项，单击"编辑"按钮，打开如图 7-99 所示的"固体"对话框，其他参数保持默认设置，单击"应用"按钮完成设置。

图 7-98 区域选择

图 7-99 区域属性设置

6. 设置边界条件

（1）在项目树中选择"设置"→"边界条件"选项，在打开的边界条件面板中对边界条件进行设置，如图 7-100 所示。

（2）设置 w_floor 的边界条件。

① 在 Zone 列表中选择 w_floor，单击"编辑"按钮，打开"壁面"对话框。

② 单击"热量"选项卡，在"传热相关边界条件"列表中选中"温度"单选按钮。

③ 单击"辐射"选项卡，在"吸收率"组合框中将"直接可见"设置为 0.81，将"直接 IR"设置为 0.92。

设置后的"壁面"对话框如图 7-101 所示，单击"应用"按钮保存设置，单击"关闭"按钮退出对话框。

（3）为外部玻璃幕墙壁面（w_south-glass）设置边界条件。

① 依照上述步骤，打开 Wall 边界 w_south-glass 的编辑对话框，单击"热量"选项卡，在"传热相关边界条件"列表中选择"混合"单选按钮，将热条件设置为"混合"来考虑外部的对流传热和玻璃窗单元的外部辐射损失。

② 将"传热系数"设置为 4，将"来流温度"设置为 22，将"外部辐射系数"设置为 0.49，将"外部辐射温度"设置为−273。

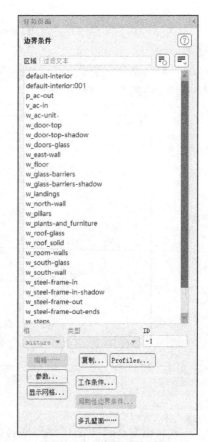

图 7-100 边界条件面板

图 7-101　w_floor 边界条件设置

③ 从"材料名称"下拉列表中选择 glass 选项，并将"壁面厚度"设置为 0.01。这是双重玻璃幕墙壁面，并应当考虑两个面板之间的气体空隙的物质特性。但在第一种情况下用户应该忽略这种情况。

④ 单击"辐射"选项卡，在"边界类型"下拉列表中选择 semi-transparent 选项。

● 在"吸收率"组合框中，将"直接可见""直接 IR"和"扩散半球状的"设置为 0.49。

● 在"透射率"组合框中，将"直接可见"和"直接 IR"设置为 0.3，将"扩散半球状的"设置为 0.32。

设置后的对话框如图 7-102 所示，单击"应用"按钮，关闭"壁面"对话框。

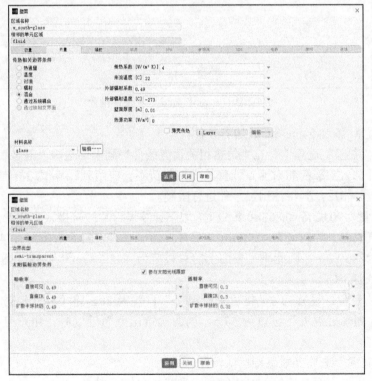

图 7-102　w_south-glass 边界条件设置

（4）使用相同的参数设置 w_doors-glass 和 w_roof-glass 的边界条件。

（5）设置 w_roof_solid 的边界条件。

屋顶是不透明的外部表面，接受来自外部的太阳载荷。当其隔热性良好时，假定有很少热量能够穿过屋顶，可以使用默认的零热流条件。

① 打开 Wall 边界 w_roof_solid 的编辑对话框，保留"热量"选项卡中的默认设置。

② 单击"辐射"选项卡。

● 在"边界类型"下拉列表中选择 opaque 选项，并勾选"参与太阳光线跟踪"复选框。

● 在"吸收率"组合框中，将"直接可见"设置为 0.26，将"直接 IR"设置为 0.9。

设置后的对话框如图 7-103 所示，单击"应用"按钮，然后关闭"壁面"对话框。

图 7-103　w_roof_solid 边界条件设置

（6）设置 w_steel-frame-out 的边界条件。

① 单击"热量"选项卡，在"传热相关边界条件"列表中选中"混合"单选按钮。用户需要考虑外部太阳载荷和对流。计算的太阳载荷不会应用到计算域边界上的任何不透明的外部表面上。相反，其将使用热条件进行限制。

当方向向量为（0.0275，0.867，0.496）时，太阳计算器计算的直接太阳载荷为 859.1W/m²。直接向南垂直表面上的载荷为 425W/m²，另外，漫射垂直表面的载荷为 134.5W/m²，地面反射的辐射为 86W/m²，因此垂直表面上的总载荷为 645.5W/m²。这等于等价的辐射温度 326.65K 或者 53.5℃。

将"传热系数"设置为 4，将"来流温度"设置为 25，将"外部辐射系数"设置为 0.91，将"外部辐射温度"设置为 53.5。当明确给出壁面厚度时，用户可以忽略物质名称和壁厚。

② 在"辐射"选项卡中保持默认设置。

该壁面边界将不面对任何入射辐射，因为其与空气不相邻。

设置后的对话框如图 7-104 所示，单击"应用"按钮，关闭"壁面"对话框。

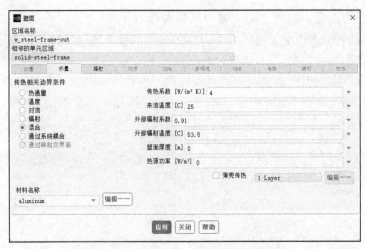

图 7-104 w_steel-frame-out 边界条件设置

（7）设置 w_steel-frame-in 的边界条件。

① 保留"热量"选项卡中的默认设置。

② 单击"辐射"选项卡。

分别设置深灰光滑材料的每个辐射特性的值。

● 在"边界类型"下拉列表中选择 opaque 选项，并勾选"参与太阳光线跟踪"复选框。

● 在"吸收率"组合框中，将"直接可见"设置为 0.78，将"直接 IR"设置为 0.91。

设置后的对话框如图 7-105 所示，单击"应用"按钮，关闭"壁面"对话框。

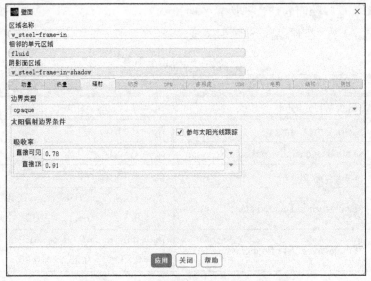

图 7-105 w_steel-frame-in 边界条件设置

（8）设置 w_north-wall 的边界条件。

① 单击"热量"选项卡，在"传热相关边界条件"列表中选中"对流"单选按钮。将"传热系数"设置为 4，"来流温度"设置为 20，在"材料名称"下拉列表中选择

building-insulation 选项，并将"壁面厚度"设置为 0.1。

② 单击"辐射"选项卡。对附表中提到的壁面，每个辐射特性的值都进行设置。

● 在"边界类型"下拉列表中选择 opaque 选项，并勾选"参与太阳光线跟踪"复选框。

● 在"吸收率"组合框中，将"直接可见"设置为 0.26，将"直接 IR"设置为 0.9。

设置后的对话框如图 7-106 所示，单击"应用"按钮，然后关闭"壁面"对话框。

图 7-106　w_north-wall 边界条件设置

（9）使用相同的方法设置其他内部壁面的边界条件，分别为 w_east-wall、w_west-wall、w_room-walls 和 w_pillars。

（10）设置其他壁面的边界条件。

其他壁面包括 w_ac-unit、w_door-top、w_door-top-shadow、w_glass-barriers、w_glass-barriers-shadow、w_landings、w_plants-and_furniture、w_south-wall、w_steel-frame-in-shadow、w_steel-frame-out-ends、w_steps 和 w_steps-shadow。

① 保留所有这些壁面的默认热边界条件。

② 根据表 7-1 提供的值来设置辐射特性。

表 7-1　壁面参数表

Surface	Material	Radiant Properties
Walls	Matt White Paint	$\alpha_V = 0.26, \alpha_{IR} = 0.9$
Flooring	Dark Grey Carpet	$\alpha_V = 0.81, \alpha_{IR} = 0.92$
Furnishings	Various, generally mid coloured matt	$\alpha_V = 0.75, \alpha_{IR} = 0.9$
Steel Frame	Dark gray gloss	$\alpha_V = 0.78, \alpha_{IR} = 0.91$
External Glass	Double glazed coated glass	$\alpha_V = 0.49, \alpha_{IR} = 0.49, \alpha_D = 0.49$ $\tau_V = 0.3, \tau_{IR} = 0.3, \tau_D = 0.32$
Internal Glass	Single layer clear float glass	$\alpha_V = 0.09, \alpha_{IR} = 0.09, \alpha_D = 0.1$ $\tau_V = 0.83, \tau_{IR} = 0.83, \tau_D = 0.75$

边界 w_ac-unit 和 w_plants-and_furniture 使用 Furnishings 辐射特性。边界 w_door-top、w_door-top-shadow 和 w_south-wall 使用 Walls 辐射特性。边界 w_glass-barriers 使用 Internal Glass 辐射特性。边界 w_landings、w_steps 和 w_steps-shadow 使用 Flooring 辐射特性。保留其余表面的默认辐射特性。

（11）设置空调设备的边界条件。

空调设备需要设置两个边界：入口 v_ac_in 和出口 p_ac_out。

① 打开 v_ac_in 边界的编辑对话框。

② 在"速度定义方法"下拉列表中选择 Magnitude and Direction 选项。将"速度大小"设置为 10。

③ 在"流方向的 X 分量""流动方向的 Y 分量"和"流方向的 Z 分量"分别设置为 0.1、1 和 0。

④ 在"湍流"组合框中的"设置"下拉列表中选择 Intensity and Length Scale 选项。

⑤ 将"湍流强度(%)"设置为 10，将"湍流长度尺寸(m)"设置为 0.02。

⑥ 单击"热量"选项卡，将"温度"设置为 15。

设置后的对话框如图 7-107 所示，单击"应用"按钮，然后关闭对话框。出口 p_ac_out 可以设置为"压力出口"类型的边界条件，参数保持默认设置。

图 7-107　v_ac_in 边界条件设置

7.4.3　求解计算

1. 求解控制参数

（1）在项目树中选择"求解"→"方法"选项，在打开的"求解方法"面板中对求解控制参数进行设置。

（2）在"方案"下拉列表中选择 SIMPLE 选项，在"压力"列表中选择 Body Force Weighted，自然对流问题本质上是不稳定的，建议使用一阶迎风离散格式进行求解，其他各个选项采用值如图 7-108 所示。

2. 设置求解松弛因子

（1）在项目树中选择"求解"→"控制"选项，在打开的"解决方案控制"面板中对求解松弛因子进行设置。

（2）对面板中的亚松弛因子进行设置，将"压力"设置为 0.3，将"动量"设置为 0.2，"能量"设置为 0.9，如图 7-109 所示。用户可以使用初始默认的亚松弛因子求解该问题。输入的值能够保证在问题适当稳定时提供最佳的收敛速率。如果需要使用较大的亚松弛因子，建议"动量"设置为 0.3~0.5，"能量"设置为 0.8~0.9。

图 7-108　设置求解方法

图 7-109　设置亚松弛因子

3. 设置收敛临界值

由于高瞬态性，在本例中可能难以获得好的收敛结果，通过监控一些有用的表面来观察解的推进过程很有用。例如，用户可以监控通过玻璃的传热。

在项目树中使用鼠标右键单击"求解"→"报告定义"选项，在打开的界面中选择"创建"→"表面报告"→"质量流率"选项，将打开"表面报告定义"对话框，将"名称"设置为 monitor-1，将"场变量"设置为 Wall Fluxes，在"创建"列表中选择"报告文件"及"报告图"，在"表面"列表中设置为 w_south-glass，如图 7-110 所示，单击 OK 按钮保存退出。

图 7-110　定义表面监控器

4．设置流场初始化

（1）在项目树中选择"求解"→"初始化"选项，打开"解决方案初始化"面板进行初始化设置。

（2）在"初始化方法"下拉列表中选择"标准初始化"选项，在"计算参考位置"下拉列表中选择 all-zones，将"温度"设置为 22，将其他参数设置为 0，单击"初始化"按钮完成初始化，如图 7-111 所示。初始化过程将会占用稍长的时间，因为太阳加载模型要计算应用的所有表面上的热载荷。

5．计算流场迭代

（1）开始第一次求解。在"运行计算"面板中设置"迭代步数"为 1000，单击"开始计算"按钮开始进行求解，如图 7-112 所示。

图 7-111　解决方案初始化

图 7-112　运行计算

（2）迭代完成后，保存工程和数据文件（fel_atrium-1.cas.h5 及 fel_atrium-1.dat.h5）。

（3）加入辐射计算模型。

激活辐射模型来包括内部表面之间的辐射热交换。在检查初始结果后可以发现二楼有更高的温度。

① 激活 P1 或 S2S 辐射模型。

两个模型运行的速度相当，但是 S2S 模型将使用几小时来计算角系数。S2S 模型得到的结果更精确。

双击"模型"面板中的 Radiation-Off 选项，打开"辐射模型"对话框，在"模型"列表中选择"表面到表面（S2S）"模型，将"迭代参数"选项中的"能量方程迭代次数/辐射迭代"的值设置为 5，如图 7-113 所示。

单击"角系数与群组"选项中的"设置"按钮，在打开的对话框中将"网格面数量/流动边界区域表面集群"设置为 10，如图 7-114 所示。单击"应用于所有壁面"按钮关闭对话框。

在"辐射模型"对话框中单击"计算/写出/读取"按钮来计算角系数。

 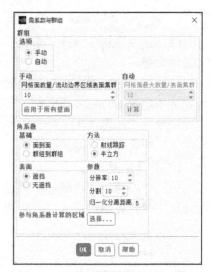

图 7-113 "辐射模型"对话框   图 7-114 "角系数与群组"对话框

② 在边界条件面板中,为所有的"壁面边界"设置与"直接 IR (α_{IR})"相等的"内部发射率"。

③ 第二次求解,迭代 1000 步。在"运行计算"面板中设置迭代步数为 1000,单击"开始计算"按钮开始进行求解。

④ 保存工程和数据文件(fel_atrium-p1.cas.h5 及 fel_atrium-p1.dat.h5)。

7.4.4 计算结果后处理及分析

1. 在位置 *X*=3.5 和 *Y*=1 处创建等值面

(1)在项目树中选择"结果"→"表面"→"创建"→"等值面"选项命令,打开"等值面"对话框。在"常数表面"选项的第一个下拉列表中选择 Mesh,在第二个下拉列表中选择 X-Coordinate,将"等值"设置为 3.5,将"新面名称"设置为 x=3.5,单击"创建"按钮,如图 7-115 所示。

图 7-115 "等值面"对话框

(2)以同样方法创建 *Y*=1 的等值面。

2. 显示 *Y*=1 位置的"温度"云图

（1）执行"结果"→"图形"命令，打开"图形和动画"面板。

（2）双击"图形"列表中的 Contours 选项，打开"云图"对话框，在"着色变量"的第一个下拉列表中选择 Temperature 和 Static Temperature，在"表面"列表中选择 *Y*=1 平面。

（3）单击"保存/显示"按钮，显示温度云图，如图 7-116 所示。

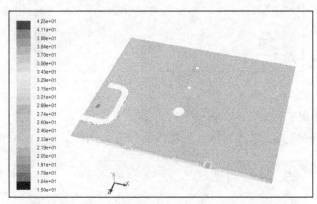

图 7-116　*Y*=1 位置平面内的温度分布云图

3. 显示 *X*=3.5 位置的"温度"云图

（1）执行"结果"→"图形"命令，打开"图形和动画"面板。

（2）双击"图形"列表中的 Contours 选项，打开"云图"对话框，在"着色变量"的第一个下拉列表中选择 Temperature 和 Static Temperature，在"表面"列表中选择 *X*=3.5 平面。

（3）单击"保存/显示"按钮，显示温度云图，如图 7-117 所示。

4. 显示南墙及玻璃上的太阳热流

（1）执行"结果"→"图形"命令，打开"图形和动画"面板。

（2）双击"图形"列表中的 Contours 选项，打开"云图"对话框，在"着色变量"的第一个下拉列表中选择 Wall Fluxes 和 Solar Heat Flux，在"表面"列表中选择 w_south-glass 及 w_south-wall 平面，如图 7-118 所示。

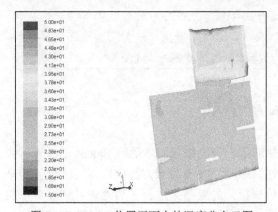

图 7-117　*X*=3.5 位置平面内的温度分布云图

图 7-118　"云图"对话框

（3）单击"保存/显示"按钮，显示南墙及玻璃上的太阳热流分布云图，如图 7-119 所示。

图 7-119 南墙及玻璃上的太阳热流分布云图

5. 显示分布云图

生成的南墙及玻璃上透过的太阳可见光热流分布云图，如图 7-120 所示。

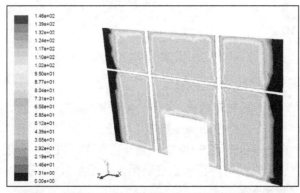

图 7-120 南墙及玻璃上透过的太阳可见光热流分布云图

> **注意：**对于所有的不透明物质，用户需要了解红外和可见光波段的吸收率，一般红外波段的吸收率较高。通过制造商或供应商可能难以得到可靠的输入数据，因此需要根据一些标准的传热学教科书的数据进行估计。
>
> 对于透明的材料，用户需要提供直接辐射红外和可见光部分的吸收率和透过率。用户不仅需要设置法向入射的参数，Fluent 会根据实际的入射角度进行调整；还需要提供总的漫射辐射吸收率和透过率（主要是红外波段），这是半球平均值。

7.5 本章小结

本章首先介绍了自然对流换热和辐射换热的基础理论知识，然后对 Fluent 中的辐射模型进行了详细的介绍，并说明了求解过程的注意事项，接着对双方腔内自然对流过程和高温烟气管道内的对流辐射换热过程进行了数值模拟，并对结果进行了后处理。通过本章的学习，读者能够掌握自然对流和辐射换热的建模、求解设置，以及结果后处理方法等相关知识。

第 8 章　凝固和熔化过程数值模拟

实际生活中经常会发生凝固和熔化现象，并且一些工程实践中也有大量与凝固和熔化相关的问题。本章利用 Fluent 中的凝固和熔化模型，对冰块的熔化过程进行数值模拟，通过这个模型的学习，读者能够掌握凝固和熔化模型的具体设置。

学习目标：

- 掌握凝固和熔化数值模拟的基本过程；
- 通过实例掌握凝固和熔化数值模拟的方法；
- 掌握设置凝固和熔化问题边界条件的方法；
- 掌握凝固和熔化问题计算结果的后处理方法，即分析方法。

8.1　凝固和熔化模型概述

Fluent 可用来求解包含"凝固和熔化"的流体流动问题，这种"凝固和熔化"现象不仅可以在特定的温度下发生，还可以在一个温度范围内发生。

液固模糊区域按多孔介质来处理，多孔部分等于液体所占份额，一个适当的动量"容器"被引入动量方程，以考虑由于固体材料引起的压降。在湍流方程中同样也引入了一个"容器"，以考虑在固体区域减少的多孔介质。

借助 Fluent 的"凝固和熔化"模型，可以计算纯金属及二元合金的液固凝结和熔化，模拟连续的铸造过程、因空气间隙导致的固化材料与壁面之间的热接触阻抗，以及带有"凝固和熔化"的组份传输等。

选择"设置"→"模型"→Solidification & Melting 选项，打开"凝固和熔化"对话框，如图 8-1 所示。

勾选"凝固/熔化"复选框，将"糊状区域参数"值设置 $10^4 \sim 10^7$ 中的一个数即可。激活该模型后，同时需要在材料特性及边界条件中做相应设置。

图 8-1　"凝固和熔化"对话框

8.2　冰熔化过程的数值模拟

8.2.1　案例简介

Fluent 中的"凝固和熔化"模型可以模拟"凝固和熔化"过程。

扫码观看
配套视频

8.2 节配套视频

本案例对一块冰的融化过程进行数值模拟。

图 8-2 为简化后的二维图，其为一个方形容器，冰块放置在中间，初始时刻冰块温度为 270.15 K，4 个壁面温度均为 323.15 K，用数值模拟计算出其完全熔化所需的时间。

图 8-2　冰熔化模型

8.2.2　Fluent 求解计算设置

1．启动 Fluent-2D

（1）在 Workbench 平台内启动 Fluent，进入启动界面。

（2）选中 Dimension 中的 2D 单选按钮，取消勾选 Display Options 中的 3 个复选框。

（3）其他选项保持默认设置，单击 Start 按钮进入 Fluent 主界面。

2．读入并检查网格

（1）执行"文件"→"导入"→"网格"命令，在打开的 Select File 对话框中读入 melt.msh 文件。

（2）在功能区执行"域"→"网格"→"信息"→"尺寸"命令，得到如图 8-3 所示的模型网格信息。

（3）在功能区执行"域"→"网格"→"检查"命令，反馈信息如图 8-4 所示。观察计算域二维坐标的上下限，检查最小体积和最小面积是否为负数。

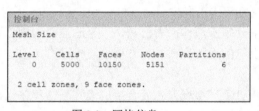

图 8-3　网格信息

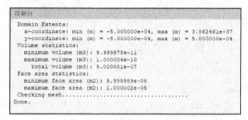

图 8-4　网格检查信息

3．求解器参数设置

（1）单击工作界面左侧项目树中的"通用"选项，在打开的"通用"面板中设置求解器参数。

（2）单击面板中的"网格缩放"按钮，打开"缩放网格"对话框。在"网格生成单位"下拉列表中选择 cm，单击"比例"按钮，在"查看网格单位"下拉列表中选择 mm，如图 8-5 所示，单击"关闭"按钮关闭对话框。

（3）在"通用"面板中勾选"重力"复选框，定义 Y 方向的重力加速度为–9.8m/s^2，在"时间"选项中选择"瞬态"，其他求解参数保持默认设置，如图 8-6 所示。

（4）在项目树中选择"设置"→"模型"选项，打开"模型"面板对求解模型进行设置。双击"模型"列表中的 Energy-Off 选项，如图 8-7 所示，打开"能量"对话框。

（5）在打开的对话框中勾选"能量方程"复选框，如图 8-8 所示，单击 OK 按钮，启动能量方程。

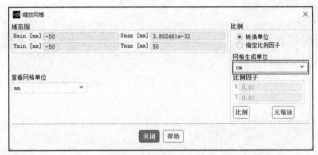

图 8-5 设置单位转换

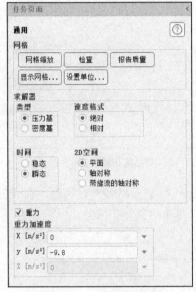

图 8-6 设置求解参数

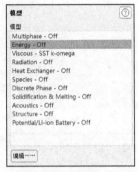

图 8-7 选择能量方程

图 8-8 "能量"对话框

（6）双击"模型"列表中的 Viscous-SST k-omega 选项，打开"粘性模型"对话框，选择"层流"选项，如图 8-9 所示，单击 OK 按钮保存设置并退出。

（7）双击"模型"列表中的 Solidification & Melting-Off 选项，打开"凝固和熔化"对话框，勾选"模型"列表中的"凝固/熔化"复选框，如图 8-10 所示，单击 OK 按钮完成设置。

图 8-9 "粘性模型"对话框

图 8-10 选择"凝固/熔化"模型

4. 定义材料物性

（1）在项目树中选择"设置"→"材料"选项，在打开的"材料"面板中对所需材料进行设置，如图 8-11 所示。

（2）双击"材料"列表中的 Fluid 选项，打开"创建/编辑材料"对话框，如图 8-12 所示。

图 8-11 材料选择面板

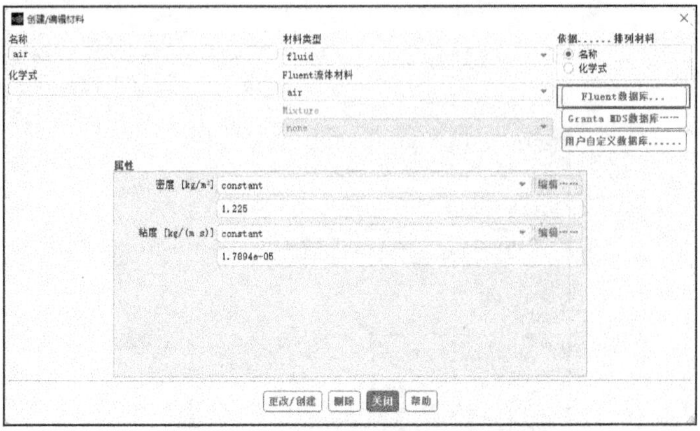

图 8-12 "创建/编辑材料"对话框

（3）单击"Fluent 数据库"按钮，打开"Fluent 数据库材料"对话框，在"Fluent 流体材料"列表中选择 water-liquid（h2o<1>）选项，单击"复制"按钮，如图 8-13 所示，单击"关闭"按钮关闭窗口。

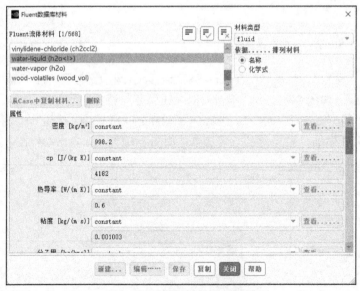

图 8-13 从材料库中选择材料

（4）双击"材料"列表中的 water-liquid 选项，打开"创建/编辑材料"对话框。将"纯熔化热（J/kg）"设置为 333146，"固相线温度"设置为 273.15K，如图 8-14 所示，单击"更改/创建"按钮，保存对水物性参数的更改，单击"关闭"按钮关闭对话框。

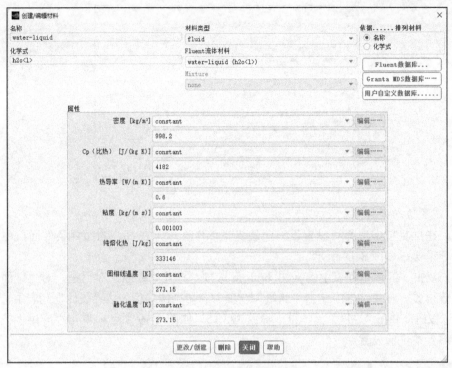

图 8-14 设置水的物性参数

5. 设置区域条件

（1）在项目树中选择"设置"→"单元区域条件"选项，在打开的"单元区域条件"面板中对区域条件进行设置，如图 8-15 所示。

（2）在"区域"列表中选择 air 选项，单击"编辑"按钮，将打开如图 8-16 所示的"流体"对话框，在"材料名称"下拉列表中选择 water-liquid，单击"应用"按钮完成设置。

图 8-15 区域选择

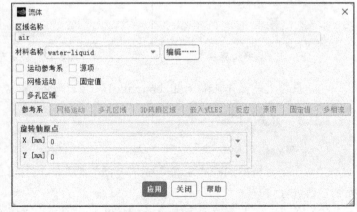

图 8-16 区域属性设置（1）

（3）重复上述操作，在"区域"列表中选择 ice 选项，单击"编辑"按钮，将打开如图 8-17 所示的"流体"对话框，在"材料名称"下拉列表中选择 water-liquid，单击"应用"按钮完成设置。

图 8-17　区域属性设置（2）

6. 设置边界条件

（1）在项目树中选择"设置"→"边界条件"选项，在打开的边界条件面板中对边界条件进行设置，如图 8-18 所示。

（2）双击"区域"列表中的 wall_bottom 选项，打开"壁面"对话框，对"壁面"边界条件进行设置。在对话框中单击"热量"选项卡，在"传热相关边界条件"列表中选中"温度"单选按钮，并在"温度"文本框中输入 323.15，如图 8-19 所示，单击"应用"按钮，完成壁面边界条件的设置。

图 8-18　选择边界

图 8-19　设置左壁面边界条件

（3）重复上述操作，对 wall_bottom:010、wall_side 和 wall_top 进行相同的设置。

8.2.3　求解计算

1. 求解控制参数

（1）在项目树中选择"求解"→"方法"选项，在打开的"求解方法"面板中对求解控制参数进行设置。

（2）在"方案"下拉列表中选择 SIMPLE 选项，将"压力"设置为 Second Order，"动量"设置为 Second Order Upwind，如图 8-20 所示。

2. 设置求解松弛因子

（1）在项目树中选择"求解"→"控制"选项，在打开的"解决方案控制"面板中对求解松弛因子进行设置。

（2）面板中的亚松弛因子保持默认设置，如图 8-21 所示。

图 8-20 设置求解方法　　　　　　　　　　图 8-21 设置亚松弛因子

3. 设置收敛临界值

在项目树中选择"求解"→"计算监控"→"残差"选项，打开"残差监控器"对话框，如图 8-22 所示。保持默认参数设置，单击 OK 按钮完成设置。

4. 设置流场初始化

（1）在项目树中选择"求解"→"初始化"选项，打开"解决方案初始化"面板进行初始化设置。

（2）在"初始化方法"列表中选择"标准初始化"选项，在"计算参考位置"下拉列表中选择 all-zones，其他参数保持默认设置，单击"初始化"按钮完成初始化，如图 8-23 所示。

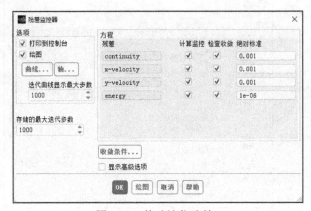 

图 8-22 修改迭代残差　　　　　　　　　　图 8-23 设定流场初始化

（3）单击"解决方案初始化"面板中的"局部初始化"按钮，打开"局部初始化"对话框，在"待修补区域"列表中选择 ice 选项，在 Variable 列表中选择 Temperature 选项，将"值"设置为 270.15，单击"局部初始化"按钮完成设置，如图 8-24 所示。

图 8-24　设置冰块初始温度

5. 动画设置

（1）单击"功能区"→"求解"→"活动"→"创建"→"解决方案动画"选项，如图 8-25 所示，将打开"动画定义"对话框，如图 8-26 所示，将"记录间隔"设置为 1，表示每隔 1 个时间迭代步保存一次图片，将"存储类型"设置为 In Memory，将"新对象"设置为"云图"，将打开"云图"对话框，将"着色变量"设置为 Solidification/Melting 及 Liquid Fraction，如图 8-27 所示，单击"保存/显示"按钮，则显示云图如图 8-28 所示，即初始时刻的固液相图。

图 8-25　创建解决方案动画设置说明

图 8-26　"动画定义"对话框

图 8-27　"云图"对话框

（2）在"动画定义"对话框中，将"动画对象"设置为 contour-1，并在"动画视图"处进行调整，单击 OK 按钮完成动画创建，如图 8-29 所示。

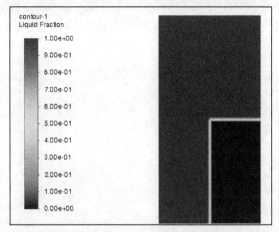

图 8-28 初始时刻截面体积分数云图

图 8-29 "动画定义"对话框

6. 迭代计算

（1）在项目树中选择"求解"→"计算设置"→"计算设置"选项，打开"自动保存"面板。将"保存数据文件间隔"设置为 100，代表每计算 100 个时间步保存一次计算数据，如图 8-30 所示，读者也可以根据需求进行调整修改。

（2）在项目树中选择"求解"→"运行计算"选项，打开"运行计算"面板。将"时间步数"设置为 600，将"时间步长"设置为 1e-5，则总计算时间为 6e-3s（6ms），如图 8-31所示，如果需要继续查看熔化过程，可以将"时间步数"设置为 10000。

图 8-30 保存数据设置

图 8-31 迭代设置对话框

（3）单击"开始计算"按钮进行迭代计算。

8.2.4 计算结果后处理及分析

（1）执行"文件"→"导入"→"数据"命令，读入保存的数据文件 melt-1-100.dat。

（2）执行"结果"→"图形"命令，打开"图形和动画"面板，如图 8-32 所示。双击"图形"列表中的 Contours 选项，打开"云图"对话框，在"着色变量"的第一个下拉列表中选择 Solidification/Melting 选项，如图 8-33 所示。单击"保存/显示"按钮，显示压力云图，如图 8-34 所示。此时，冰块刚刚开始熔化，由于冰块底部直接与高温壁面接触，因此底部最先开始熔化。

图 8-32　绘图和动画面板

图 8-33　绘图设置窗口

（3）再次读入保存的数据文件 melt-1-600.dat。重复上述操作，显示此时刻的固液相云图，如图 8-35 所示，此时冰块已熔化 50%左右。

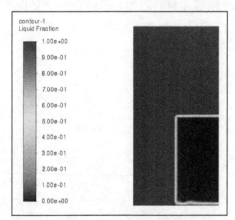

图 8-34　固液相云图（1）

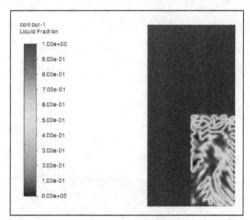

图 8-35　固液相云图（2）

8.3　本章小结

本章首先介绍了凝固和熔化模型的基础理论知识，然后对模拟设置过程中的注意事项进行了详细说明，最后通过一个实例对冰的熔化过程进行了数值模拟，并对结果进行了后处理和分析说明。通过本章的学习，读者可以熟练掌握和运用凝固和熔化模型，对结果进行后处理和分析，以及与实际情况进行对比分析。

第 9 章　多相流模型数值模拟

本章主要介绍 Fluent 中的多相流模型。首先介绍多相流的概念，然后通过对 4 个算例的详细讲解，帮助读者掌握利用 Fluent 求解简单的多相流问题的方法。

学习目标：

- 掌握 VOF 模型的应用方法；
- 掌握 Mixture 模型的应用方法；
- 掌握 Eulerian 模型的应用方法；
- 掌握计算模型后处理的 3 种方法和结果分析。

9.1　多相流概述

自然界和工程实践中会遇到大量的多相流动。物质一般具有气态、液态和固态三相，但是在多相流系统中，相的概念具有更为广泛的意义。在通常所指的多相流动中，相可以定义为具有相同类别的物质，该类物质在所处的流动中具有特定的惯性响应并与流场相互作用。

例如，如果相同材料的固体物质颗粒具有不同尺寸，则可以把它们看成不同的相，因为相同尺寸粒子的集合对流场有相似的动力学响应。下面介绍 Fluent 中的多相流模型。

Fluent 软件是多相流建模方面的领导者，其丰富的模拟能力可以帮助设计者洞察设备内那些难以探测的现象，如 Eulerian 多相流模型通过分别求解各相的流动方程来分析相互渗透的各种流体或各相流体。对于颗粒相流体，则采用特殊的物理模型进行模拟。许多情况下，占用资源较少的 Mixture 模型也用来模拟颗粒相与非颗粒相的混合。

Fluent 可用来模拟三相混合流（液、颗粒、气），如泥浆气泡柱和喷淋床，也可以用来模拟相间传热和相间传质的流动，使得对均相及非均相的模拟成为可能。

计算流体力学的发展为深入了解多相流动提供了基础。目前有两种处理多相流的数值计算方法：欧拉-拉格朗日方程和欧拉-欧拉方程。

Fluent 中的拉格朗日离散相模型遵循欧拉-拉格朗日方程。流体相被处理为连续相，直接求解时遵循均纳维-斯托克斯方程；而离散相是通过计算流场中大量的粒子、气泡或液滴的运动得到的。离散相与流体相之间可以有动量、质量和能量的交换。该模型的一个基本假设是，作为离散的第二相的体积比率很低，即使如此，较大的质量加载率仍能满足。

粒子或液滴运行轨迹的计算是独立的，它们被安排在流相计算的指定间隙完成。这种处理能较好地符合喷雾干燥、煤和液体燃料燃烧，以及一些粒子负载流动，但是不适用于流-流混合物、流化床和其他第二相体积率等不容忽略的情形。

Fluent 中的欧拉-欧拉多相流模型遵循欧拉-欧拉方程，不同的相被处理成互相贯穿的连续介质。由于一种相所占的体积无法再被其他相占有，因此引入相体积率（phasic volume fraction）的概念。体积率是时间和空间的连续函数，各相的体积率之和等于 1。

从各相的守恒方程可以推导出一组方程，这些方程对于所有的相都具有类似的形式。从实验得到的数据可以建立一些特定的关系，从而能使上述方程封闭。另外，对于小颗粒流，则可以通过应用分子运动论的理论使方程封闭。

在 Fluent 中，共有 3 种欧拉-欧拉多相流模型，分别为流体体积（VOF）模型、欧拉（Eulerian）模型以及混合物（Mixture）模型。

VOF 模型是一种在固定的欧拉网格下的表面跟踪方法。当需要得到一种或多种互不相融流体间的交界面时，可以采用这种模型。在 VOF 模型中，不同的流体组分共用一套动量方程，计算时在全流场的每个计算单元内记录下各流体组分所占有的体积率。

VOF 模型的应用示例包括分层流、自由面流动、灌注、晃动、液体中大气泡的流动、水坝决堤时的水流、对喷射衰竭（jet breakup）表面张力的预测，以及求得任意液-气分界面的稳态或瞬时分界面。

欧拉模型是 Fluent 中最复杂的多相流模型，它建立了一套包含 n 个动量方程和连续方程的方程组来求解每一相。压力项与各界面交换系数是耦合在一起的。耦合的方式则依赖于所含相的情况，颗粒流（流-固）的处理与非颗粒流（流-流）是不同的。

对于颗粒流，可应用分子运动理论来求得流动特性。不同相之间的动量交换也依赖于混合物的类别。通过 Fluent 用户自定义函数（user-defined functions），可以自定义动量交换的计算方式。欧拉模型的应用包括气泡柱、土浮、颗粒悬浮以及流化床。

混合物模型可用于两相流或多相流（流体或颗粒）。因为在欧拉模型中，各相被处理为互相贯通的连续体，混合物模型求解的是混合物的动量方程，并通过相对速度来描述离散相。混合物模型的应用包括低负载的粒子负载流、气泡流、沉降以及旋风分离器，也可用于没有离散相对速度的均匀多相流。

Fluent 标准模块中还包括许多其他的多相流模型，对于其他的一些多相流流动问题，如喷雾干燥器、煤粉高炉、液体燃料喷雾，可以使用离散相模型（DPM）。

解决多相流问题的第一步，就是从各种模型中挑选出最符合实际流动的模型。这里将根据不同模型的特点，给出挑选恰当模型的基本原则：对于体积率小于 10% 的气泡、液滴和粒子负载流动，采用离散相模型；对于离散相混合物或者单独的离散相体积率超出 10% 的气泡、液滴和粒子负载流动，采用混合物模型或者欧拉模型；对于活塞流和分层/自由面流动，采用 VOF 模型；对于气动输运，如果是均匀流动，则采用混合物模型，如果是粒子流，则采用欧拉模型；对于流化床，采用欧拉模型模拟粒子流；对于泥浆流和水力输运，采用混合物模型或欧拉模型；对于沉降，采用欧拉模型。

对于更加常见的，同时包含若干种多相流模式的情况，应根据最感兴趣的流动特征，选择合适的流动模型。此时由于模型只是对部分流动特征做了较好的模拟，其精度必然低于只包含单个模式的流动。

选择"设置"→"模型"→Multiphase-Off 选项，打开"多相流模型"对话框，从中选择不同的多相流模型，如图 9-1 所示。

图 9-1 "多相流模型"对话框

选择某种多相流模型之后，对话框会进一步展开，以包含相应模型的有关参数。

9.2 孔口自由出流的数值模拟

扫码观看
配套视频

9.2 节配套视频

9.2.1 案例简介

本案例主要是对孔口射流过程进行数值模拟。如图 9-2 所示，左右两侧是两个高 2 m，宽 1 m 的二维方腔，中间通过一根细管道相连。初始时刻，左侧方腔有深 1.5 m 的水，右侧方腔为空，水在自身重力下通过细管流入右侧方腔。

通过模拟，可以得到整个流动过程的速度场、压力场和气液相图。

9.2.2 Fluent 求解计算设置

1. 启动 Fluent-2D

（1）在 Workbench 平台内启动 Fluent，进入启动界面。

（2）选中 Dimension 中的 2D 单选按钮，取消勾选 Display Options 下的 3 个复选框。

图 9-2 孔口出流模型

（3）其他参数保持默认设置即可，单击 Start 按钮进入 Fluent 主界面。

2. 读入并检查网格

（1）执行"文件"→"导入"→"网格"命令，在打开的 Select File 对话框中读入 jet_flow.msh 文件。

（2）在功能区执行"域"→"网格"→"信息"→"尺寸"命令，显示如图 9-3 所示的模型网格信息。

（3）在功能区执行"域"→"网格"→"检查"命令，反馈信息如图 9-4 所示。观察计算域二维坐标的上下限，检查最小体积和最小面积是否为负数。

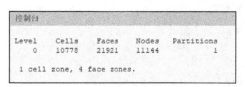

图 9-3 网格信息

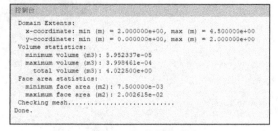

图 9-4 网格检查信息

3. 设置求解器参数

（1）单击工作界面左侧项目树中的"通用"选项，在打开的"通用"面板中设置求解器参数。

（2）在"通用"面板中勾选"重力"复选框，定义 Y 方向的重力加速度为−9.8m/s²，在"时间"列表中选择"瞬态"，其他求解参数保持默认设置，如图 9-5 所示。

（3）在项目树中选择"设置"→"模型"选项，打开"模型"面板对求解模型进行设置，如图 9-6 所示。

图 9-5 设置求解参数

图 9-6 选择计算模型

（4）双击"模型"列表中的 Viscous-SST k-omega 选项，打开"粘性模型"对话框，选择 k-epsilon（2 eqn）选项，其他参数保持默认设置，如图 9-7 所示，单击 OK 按钮保存设置。

（5）再次返回"模型"面板，双击 Multiphase-Off 选项，打开"多相流模型"对话框。

选中"模型"列表中的 VOF 单选按钮，勾选"体积分数参数"列表中的"显式"复选框，将"Eulerian 相数量"设置为 2，如图 9-8 所示，单击"应用"按钮完成设置。

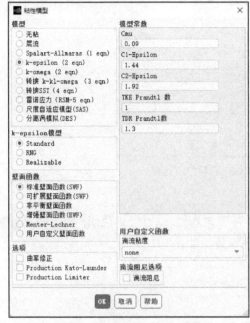

图 9-7　"粘性模型"对话框

图 9-8　选择多相流模型

4．定义材料物性

（1）在项目树中选择"设置"→"材料"选项，在打开的"材料"面板中对所需材料进行设置，如图 9-9 所示。

（2）双击"材料"列表中的 Fluid 选项，打开"创建/编辑材料"设置对话框，如图 9-10 所示。

图 9-9　材料选择面板

图 9-10　"创建/编辑材料"对话框

（3）单击"Fluent 数据库"按钮，打开"Fluent 数据库材料"对话框，在"Fluent 流体材料"列表中选择 water-liquid（h2o<1>）选项，单击"复制"按钮，如图 9-11 所示，单击"关闭"按钮关闭窗口。

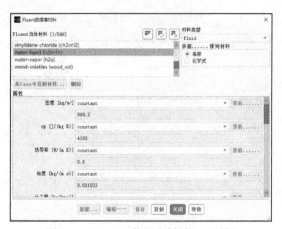

图 9-11 "Fluent 数据库材料"对话框

5. 设置两相属性

（1）在项目树中选择"设置"→"模型"→"多相流（VOF）"选项，打开"多相流模型"对话框，单击"相"选项卡，进行相材料设置，如图 9-12 所示。

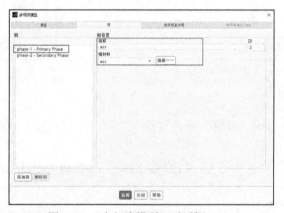

图 9-12 "多相流模型"对话框（1）

（2）单击"相"列表中的 phase-1-Primary Phase 选项，将"名称"设置为 air，在"相材料"的下拉列表中选择 air 选项，单击"应用"按钮保存设置。

（3）单击"相"列表中的 phase-2-Primary Phase 选项，将"名称"设置为 water，在"相材料"的下拉列表中选择 water-liquid 选项，单击"应用"按钮保存设置，如图 9-13 所示。

图 9-13 "多相流模型"对话框（2）

（4）在"多相流模型"对话框中单击"相间相互作用"选项卡，进行"表面张力系数"设置。"全局选项"勾选"表面张力模型"复选框，在"表面张力系数"下拉列表中选择constant，在文本框中输入 0.075，如图 9-14 所示，单击"应用"按钮完成设置。

图 9-14　设置气液表面张力

6. 设置边界条件

（1）在项目树中选择"设置"→"边界条件"选项，在打开的边界条件面板中对边界条件进行设置。

（2）双击"区域"列表中的 in 选项，如图 9-15 所示，打开"压力进口"对话框，在"动量"选项卡湍流选项的"设置"下拉列表中选择 K and Epsilon 选项，将"湍流动能"及"湍流耗散率"数值设置为 0.01，如图 9-16 所示，单击"应用"按钮完成设置。

图 9-15　选择进口边界

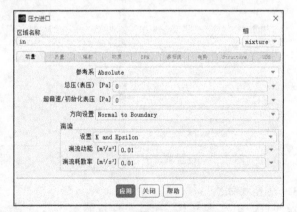

图 9-16　设置进口边界条件

（3）在"压力进口"边界条件面板中的"相"下拉列表中选择 water 选项，在打开的对话框中保持默认设置，表明进口处水体积分数为 0，只有空气，如图 9-17 所示。

（4）重复上述操作，完成出口边界条件的设置。

图 9-17　进口处水体积分数设置

9.2.3 求解计算

1. 求解控制参数

(1)在项目树中选择"求解"→"方法"选项,在打开的"求解方法"面板中对求解控制参数进行设置。

(2)在"方案"下拉列表中选择 PISO 算法,将"压力"设置为 Body Force Weighted,其他参数保持默认设置,如图 9-18 所示。

2. 设置求解松弛因子

(1)在项目树中选择"求解"→"控制"选项,在打开的"解决方案控制"面板中对求解松弛因子进行设置。

(2)面板中相应的亚松弛因子保持默认设置,如图 9-19 所示。

图 9-18 设置求解方法

图 9-19 设置亚松弛因子

3. 设置收敛临界值

在项目树中选择"求解"→"计算监控"→"残差"选项,打开"残差监控器"对话框,如图 9-20 所示,各参数保持默认设置,单击 OK 按钮完成设置。

4. 设置流场初始化

(1)在项目树中选择"求解"→"初始化"选项,打开"解决方案初始化"面板进行初始化设置。

(2)在"初始化方法"下拉列表中选择"标准初始化"选项,在"计算参考位置"下拉列表中选择 all-zones,其他参数保持默认设置,单击"初始化"按钮完成初始化,如图 9-21 所示。

图 9-20　修改迭代残差　　　　　　　　　　　　图 9-21　设定流场初始化

5. 设置液相区域

执行"求解"→"单元标记"→"创建"→"区域"选项命令，打开"区域标记"对话框，设置"X 最小值（m）"为 2，"X 最大值（m）"为 3.25，"Y 最小值（m）"为 0，"Y 最大值（m）"为 1.5，如图 9-22 所示，单击"保存/显示"按钮完成设置。显示的区域范围如图 9-23 所示。

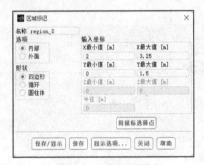

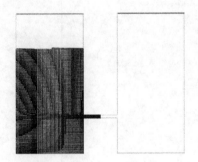

图 9-22　液相区设定　　　　　　　　　　　　图 9-23　液相区设定示意图

6. 设置初始相

返回流场初始化的"解决方案初始化"面板，单击"局部初始化"按钮，打开"局部初始化"对话框，选择"待局部初始化的标记"的 region_0 选项，在"相"下拉列表中选择 water 选项，在 Variable 中选择 Volume Fraction 选项，将"值"设置为 1，如图 9-24 所示，单击"局部初始化"按钮，完成设置。

图 9-24　初始相设置

7. 设置流动动画

（1）选择"功能区"→"求解"→"活动"→"创建"→"解决方案动画"选项，如图 9-25 所示，打开"动画定义"对话框，如图 9-26 所示，将"记录间隔"设置为 1，代表每隔 1 个时间迭代步保存一次图片，在"存储类型"下拉列表中选择 In Memory，在"新对象"下拉列表中选择"云图"，将打开"云图"对话框，在"着色变量"下拉列表中选择 Phase 及 Volume fraction，如图 9-27 所示，单击"保存/显示"按钮，则显示云图如图 9-28 所示，即初始时刻的气液相图。

图 9-25 创建解决方案动画设置说明

图 9-26 "动画定义"对话框（1）

图 9-27 "云图"对话框

（2）打开"动画定义"对话框，在"动画对象"列表中选择 contour-1，并在"动画视图"处进行调整，单击 OK 按钮完成动画创建，如图 9-29 所示。

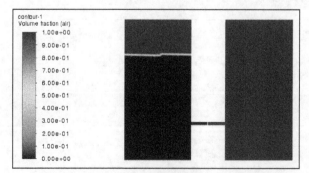

图 9-28 初始时刻截面气相体积分数云图

图 9-29 "动画定义"对话框（2）

8. 迭代计算

（1）在项目树中选择"求解"→"计算设置"→"计算设置"选项，打开"自动保存"面板。将"保存数据文件间隔"设置为 30，代表每计算 30 个时间步保存一次计算数据，如图 9-30 所示，读者也可以根据需求进行调整修改。

（2）在项目树中选择"求解"→"运行计算"选项，打开"运行计算"面板。将"时间步数"设置为 10000，"时间步长"设置为 0.0001，如图 9-31 所示。

（3）单击"开始计算"按钮进行迭代计算。

图 9-30 保存数据设置

图 9-31 迭代设置对话框

9.2.4 计算结果后处理及分析

1. 0.015 s 时刻的计算结果

（1）气液相图。

① 读入 jet_flow-1-00150.dat 数据，选择"结果"→"图形"选项，打开"图形和动画"面板。

② 双击"图形"中的 Contours 选项，打开"云图"对话框，在"选项"列表中勾选"填充"复选框，在"着色变量"下的第一个下拉列表中选择 Phases 选项，在"相"下拉列表中选择 water 选项，如图 9-32 所示，单击"保存/显示"按钮，显示气液相云图，如图 9-33 所示。

图 9-32 设置气液相云图

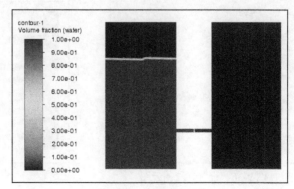

图 9-33 气液相云图

（2）速度场。

① 在"云图"对话框的"着色变量"的第一个下拉列表中选择 Velocity 选项，单击"保存/显示"按钮，显示速度云图，如图 9-34 所示。

② 由速度云图可以看出，中间细通道处的最大流速达到 0.539m/s，并且液相自由液面处的速度很小。

（3）压力场。

① 在"云图"对话框中的"着色变量"的第一个下拉列表中选择 Pressure 选项，单击"保存/显示"按钮，显示压力云图，如图 9-35 所示。

② 由压力云图可以看出，左侧最底部区域的压力最大。

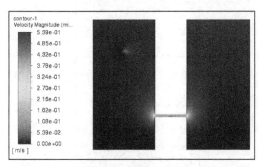

图 9-34　速度云图

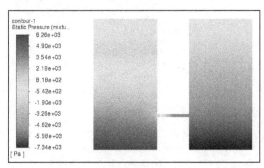

图 9-35　压力云图

2. 0.477 s 时刻的计算结果

（1）气液相图。

① 读入 jet_flow-4-00450.dat 数据，选择"结果"→"图形"选项，打开"图形和动画"面板。

② 双击"图形"中的 Contours 选项，打开"云图"对话框，在"选项"列表中勾选"填充"复选框，在"着色变量"的第一个下拉列表中选择 Phases 选项，在"相"下拉列表中选择 water 选项，如图 9-36 所示，单击"保存/显示"按钮，显示气液相云图，如图 9-37 所示。

图 9-36　设置气液相云图

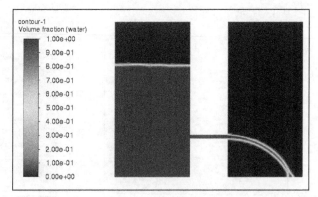

图 9-37　气液相云图

③ 由气液相云图可以看出，计算到 0.477 s 时，水流已经到达右侧底部。

（2）速度场。

① 在"云图"对话框中的"着色变量"的第一个下拉列表中选择 Velocity 选项，单击"保存/显示"按钮，显示速度云图，如图 9-38 所示。

② 由速度云图可以看出，水流流速在水流与右侧底部的接触区域达到最大，为 8.64 m/s。

（3）压力场。

① 在"云图"对话框中的"着色变量"的第一个下拉列表中选择 Pressure 选项，单击"保存/显示"按钮，显示压力云图，如图 9-39 所示。

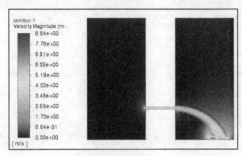

图 9-38　速度云图

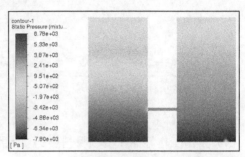

图 9-39　压力云图

② 由压力云图可以看出，压力最大区域依然为左侧最底部；右侧底部与水流接触的区域，由于水流的冲击力，明显有一个高压区。

9.3　水中气泡上升过程的数值模拟

9.3.1　案例简介

本案例主要是对水中的一个气泡的上升过程进行数值模拟。图 9-40 所示为简化的二维模型，水区域高为 100 mm，宽为 50 mm，水底部有一个初始半径为 2 mm 的气泡。

通过对气泡上升过程的数值模拟，可以准确地模拟气泡上升过程的翻转、运动路径及形态变化，最后计算出气泡上升到出口所需的时间。

扫码观看
配套视频

9.3 节配套视频

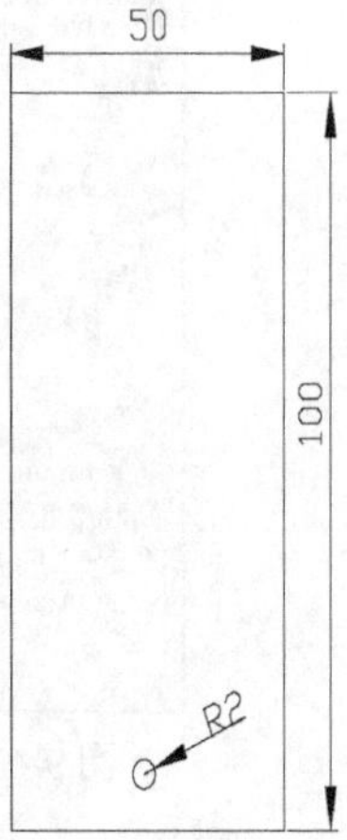

50

100

R2

图 9-40　气泡上升模型

9.3.2　Fluent 求解计算设置

1. 启动 Fluent-2D

（1）在 Workbench 平台内启动 Fluent，进入启动界面。

（2）选中 Dimension 中的 2D 单选按钮，取消勾选 Display Options 下的 3 个复选框。

（3）其他参数保持默认设置即可，单击 Start 按钮进入 Fluent 主界面。

2. 读入并检查网格

（1）执行"文件"→"导入"→"网格"命令，在打开的 Select File 对话框中读入

floating.msh 文件。

（2）在功能区执行"域"→"网格"→"信息"→"尺寸"命令，得到如图 9-41 所示的模型网格信息。

（3）在功能区执行"域"→"网格"→"检查"命令，反馈信息如图 9-42 所示。观察计算域二维坐标的上下限，检查最小体积和最小面积是否为负数。

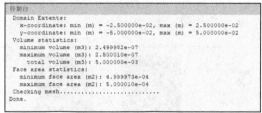

图 9-41　网格信息　　　　　　　　　　　图 9-42　网格检查信息

3. 设置求解器参数

（1）单击工作界面左侧项目树中的"通用"选项，在打开的"通用"面板中设置求解器参数。

（2）在"通用"面板中勾选"重力"复选框，定义 Y 方向的重力加速度为−9.8m/s^2，"时间"选项选择"瞬态"，其他求解参数保持默认设置，如图 9-43 所示。

（3）在项目树中选择"设置"→"模型"选项，打开"模型"面板对求解模型进行设置，如图 9-44 所示。

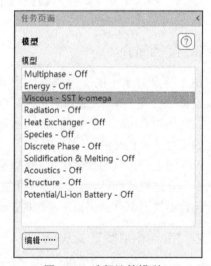

图 9-43　设置求解参数　　　　　　　　　图 9-44　选择计算模型

（4）双击"模型"列表中的 Viscous-SST k-omega 选项，打开"粘性模型"对话框，选择"层流"选项，其他参数保持默认设置，如图 9-45 所示，单击 OK 按钮保存退出。

（5）再次返回"模型"面板，双击 Multiphase-Off 选项，打开"多相流模型"对话框。选中"模型"列表中的 VOF 单选按钮，勾选"体积分数参数"的"显式"复选框，将"Eulerian 相数量"设置为 2，如图 9-46 所示，单击"应用"按钮，完成设置。

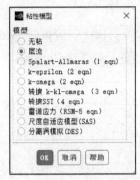

图 9-45 "粘性模型"对话框　　　图 9-46 选择多相流模型

4. 定义材料物性

（1）在项目树中选择"设置"→"材料"选项，在打开的"材料"面板中对所需材料进行设置，如图 9-47 所示。

（2）双击"材料"列表中的 Fluid 选项，打开"创建/编辑材料"对话框，如图 9-48 所示。

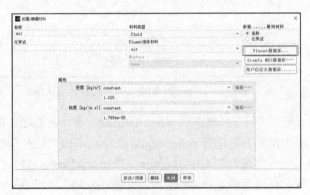

图 9-47 材料选择面板　　　图 9-48 "创建/编辑材料"对话框

（3）单击"Fluent 数据库"按钮，打开"Fluent 数据库材料"对话框，在"Fluent 流体材料"列表中选择 water-liquid（h2o<1>）选项，单击"复制"按钮，如图 9-49 所示，单击"关闭"按钮关闭窗口。

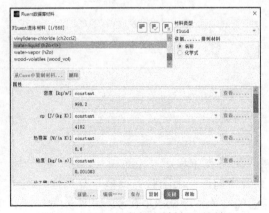

图 9-49 "Fluent 数据库材料"对话框

5. 设置两相属性

（1）在项目树中选择"设置"→"模型"→"多相流（VOF）"选项，打开"多相流模型"对话框，单击"相"选项卡，进行相材料设置，如图9-50所示。

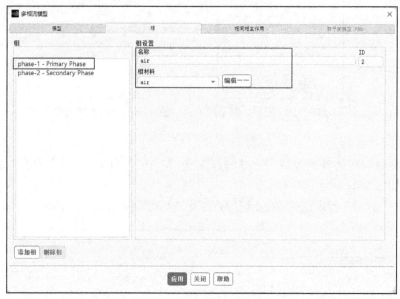

图 9-50 多相流模型设置面板（1）

（2）单击"相"列表中的 phase-1-Primary Phase 选项，将"名称"设置为 water，在"相材料"的下拉列表中选择 water-liquid 选项，单击"应用"按钮保存设置。

（3）单击"相"列表中的 phase-2-Primary Phase 选项，将"名称"设置为 air，在"相材料"的下拉列表中选择 air 选项，单击"应用"按钮保存设置，如图9-51所示。

图 9-51 多相流模型设置面板（2）

（4）在"多相流模型"对话框中单击"相间相互作用"选项卡，进行"表面张力系数"设置。在"全局选项"列表中勾选"表面张力模型"复选框，在"表面张力系数"下拉列表中选择 constant，在后面的文本框中输入 0.075，如图9-52所示，单击"应用"按钮完成设置。

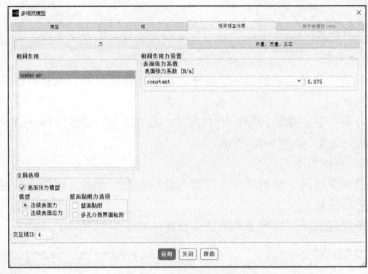

图 9-52 设置气液表面张力

6. 设置边界条件

（1）在项目树中选择"设置"→"边界条件"选项，在打开的边界条件面板中对边界条件进行设置。

（2）双击"区域"列表中的 out 选项，如图 9-53 所示，打开"压力出口"对话框，保持出口默认设置，如图 9-54 所示，单击"应用"按钮完成设置。

图 9-53 选择出口边界

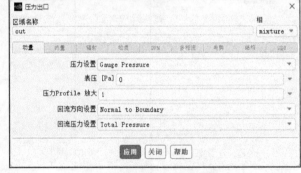

图 9-54 设置出口边界条件

（3）在"压力出口"边界条件面板中的"相"下拉列表中选择 air 选项，将"回流体积分数"设置为 1，表明出口处空气体积分数为 1，如图 9-55 所示。

图 9-55 出口处水体积分数设置

9.3.3 求解计算

1. 求解控制参数

（1）在项目树中选择"求解"→"方法"选项，在打开的"求解方法"面板中对求解控制参数进行设置。

（2）在"方案"下拉列表中选择 PISO 算法，将"压力"设置为 Body Force Weighted，其他参数保持默认设置，如图 9-56 所示。

2. 设置求解松弛因子

（1）在项目树中选择"求解"→"控制"选项，在打开的"解决方案控制"面板中对求解松弛因子进行设置。

（2）面板中相应的亚松弛因子保持默认设置，如图 9-57 所示。

图 9-56 设置求解方法

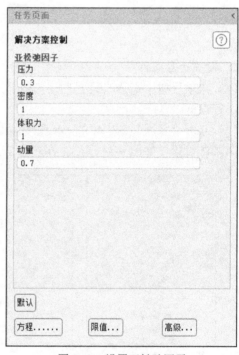

图 9-57 设置亚松弛因子

3. 设置收敛临界值

在项目树中选择"求解"→"计算监控"→"残差"选项，打开"残差监控器"对话框，如图 9-58 所示，各参数保持默认设置，单击 OK 按钮完成设置。

4. 设置流场初始化

（1）在项目树中选择"求解"→"初始化"选项，打开"解决方案初始化"面板进行初始化设置。

（2）在"初始化方法"下拉列表中选择"标准初始化"选项，在"计算参考位置"下拉列表中选择 all-zones，其他参数保持默认设置，单击"初始化"按钮完成初始化，如图 9-59 所示。

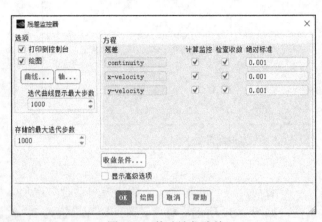

图 9-58　修改迭代残差

图 9-59　设定流场初始化

5. 设置液相区域

执行"求解"→"单元标记"→"创建"→"区域"选项命令，打开"区域标记"对话框，在"形状"列表中选择"循环"，将"X 中心（m）"设置为 0，将"Y 中心（m）"设置为-0.04，将"半径（m）"设置为 0.002，如图 9-60 所示，单击"保存/显示"按钮完成设置。显示的区域范围如图 9-61 所示。

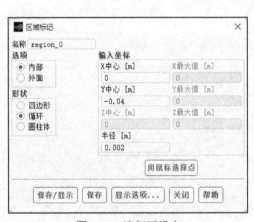

图 9-60　液相区设定

图 9-61　液相区设定示意图

6. 设置初始相

返回流场初始化的"解决方案初始化"面板，单击"局部初始化"按钮，打开"局部初始化"对话框，"待局部初始化的标记"选择 region_0 选项，在"相"下拉列表中选择 air 选项，Variable 选择 Volume Fraction 选项，将"值"设置为 1，如图 9-62 所示，单击"局部初始化"按钮完成设置。

图 9-62 初始相设置

7. 设置流动动画

（1）选择"功能区"→"求解"→"活动"→"创建"→"解决方案动画"选项，如图 9-63 所示，打开"动画定义"对话框，如图 9-64 所示，将"记录间隔"设置为 1，代表每隔 1 个时间迭代步保存一次图片，将"存储类型"设置为 In Memory，"新对象"选择"云图"，打开"云图"对话框，"着色变量"选择 Phases 及 Volume fraction，"相"选择 water，如图 9-65 所示，单击"保存/显示"按钮，则显示云图如图 9-66 所示，即初始时刻的气液相图。

图 9-63 创建解决方案动画设置说明

图 9-64 "动画定义"对话框

图 9-65 "云图"对话框

（2）在"动画定义"对话框中，在"动画对象"列表中选择 contour-1，并对"动画视图"进行调整，单击 OK 按钮完成动画创建，如图 9-67 所示。

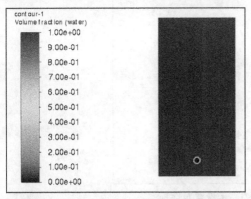

图 9-66 初始时刻截面气相体积分数云图

图 9-67 "动画定义"对话框

8. 迭代计算

（1）在项目树中选择"求解"→"计算设置"→"计算设置"选项，打开"自动保存"面板。将"保存数据文件间隔"设置为 30，代表每计算 30 个时间步保存一次计算数据，如图 9-68 所示，读者也可以根据需求进行调整修改。

（2）在项目树中选择"求解"→"运行计算"选项，打开"运行计算"面板。将"时间步数"设置为 10000，将"时间步长"设置为 0.0001，如图 9-69 所示。

（3）单击"开始计算"按钮进行迭代计算。

图 9-68 保存数据设置

图 9-69 迭代设置对话框

9.3.4 计算结果后处理及分析

（1）读入 floating-1-00003.dat 数据，选择"结果"→"图形"选项，打开"图形和动画"面板。

（2）双击"图形"列表中的 Contours 选项，打开"云图"对话框，在"选项"列表中勾选"填充"复选框，在"着色变量"的第一个下拉列表中选择 Phases 选项，在"相"下拉列表中选择 water 选项，单击"保存/显示"按钮，显示气液相云图，如图 9-70 所示。

图 9-70 云图显示设置对话框

（3）此时计算进行到 0.003s，气泡刚刚开始运动，没有明显变化。

（4）重复上述操作，绘制不同时刻的气液相图，如图 9-71～图 9-80 所示。

（5）由图 9-71 可知，0.04854 s 时刻，由于受到水压力以及上升阻力的影响，气泡在运动方向上被压缩，在水平方向上被拉伸，气泡变得扁平。

（6）从 0.19854 s 时刻至 0.64854 s 时刻，气泡不断上升，在运动过程中发生旋转和变形。

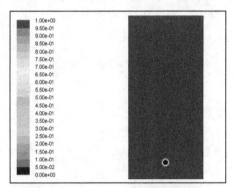

图 9-71 0.003 s 时刻的气液相云图

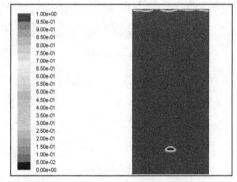

图 9-72 0.04854 s 时刻的气液相云图

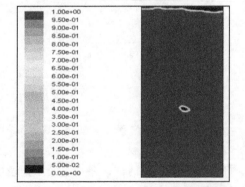

图 9-73 0.19854 s 时刻的气液相云图

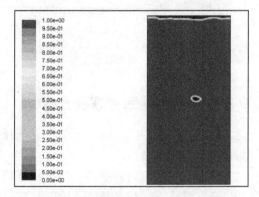

图 9-74 0.25854 s 时刻的气液相云图

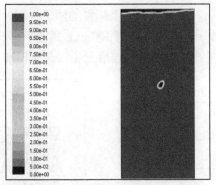
图 9-75　0.28854 s 时刻的气液相云图

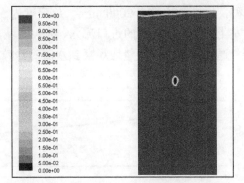
图 9-76　0.31854 s 时刻的气液相云图

（7）由图 9-78 可以看出，在 0.68454 s 时刻，气泡已经运动到了液面附近，且刚开始与空气融合。

（8）由图 9-79 可以看出，气泡已经完全由水中溢出，共耗时 0.70254 s，运动距离为 90 mm。

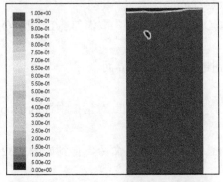
图 9-77　0.58854 s 时刻的气液相云图

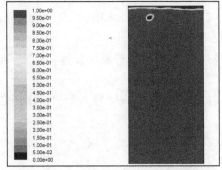
图 9-78　0.64854 s 时刻的气液相云图

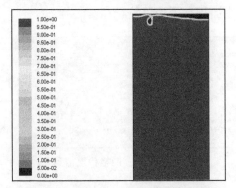
图 9-79　0.68454 s 时刻的气液相云图

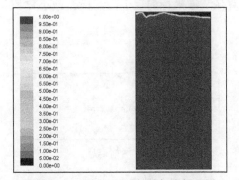
图 9-80　0.70254 s 时刻的气液相云图

9.4　水流对沙滩冲刷过程的数值模拟

9.4.1　案例简介

本案例对水流冲刷沙滩过程的气固液三相流进行数值模拟。图 9-81 是一个简化的二维模型，区域总长度为 2000 mm，总高度为 500 mm，下半部为一个倾斜的沙子区域。水流从左上角 100 mm 高的进口流入，进入区域冲刷沙子，然后从右侧 300 mm 高的出口流出。

通过模拟，可清楚地观察到水流对沙滩的冲刷过程，以及气固液三相的分布情况。

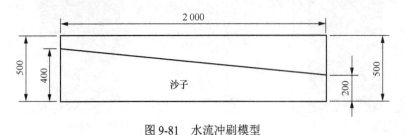

图 9-81　水流冲刷模型

9.4.2　Fluent 求解计算设置

1. 启动 Fluent-2D

（1）在 Workbench 平台内启动 Fluent，进入启动界面。

（2）选中 Dimension 中的 2D 单选按钮，选择 Double Precision，取消勾选 Display Options 下的 3 个复选框。

（3）其他参数保持默认设置，单击 Start 按钮进入 Fluent 主界面。

2. 读入并检查网格

（1）执行"文件"→"导入"→"网格"命令，在打开的 Select File 对话框中读入 scour.msh 文件。

（2）在功能区执行"域"→"网格"→"信息"→"尺寸"命令，得到如图 9-82 所示的模型网格信息。

（3）在功能区执行"域"→"网格"→"检查"命令，反馈信息如图 9-83 所示。观察计算域二维坐标的上下限，检查最小体积和最小面积是否为负数。

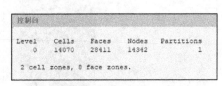

图 9-82　网格信息

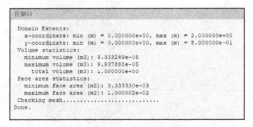

图 9-83　网格检查信息

3. 设置求解器参数

（1）单击工作界面左侧项目树中的"通用"选项，在打开的"通用"面板中设置求解器参数。

（2）在"通用"面板中勾选"重力"复选框，定义 Y 方向的重力加速度为-9.8m/s^2，"时间"选择"瞬态"，其他求解参数保持默认设置，如图 9-84 所示。

（3）在项目树中选择"设置"→"模型"选项，打开"模型"面板对求解模型进行设置，如图 9-85 所示。

图 9-84 设置求解参数

图 9-85 选择计算模型

（4）双击"模型"列表中的 Viscous-SST k-omega 选项，打开"粘性模型"对话框，选择 k-epsilon（2 eqn）选项，其他参数保持默认设置，如图 9-86 所示，单击 OK 按钮保存设置。

（5）再次返回"模型"面板，双击 Multiphase-Off 选项，打开"多相流模型"对话框。选中"模型"列表中的"欧拉模型"单选按钮，将"Eulerian 相数量"设置为 3，如图 9-87所示，单击"应用"按钮完成设置。

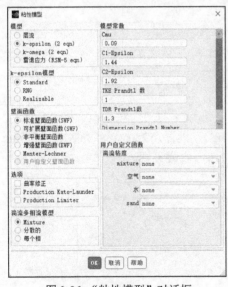

图 9-86 "粘性模型"对话框

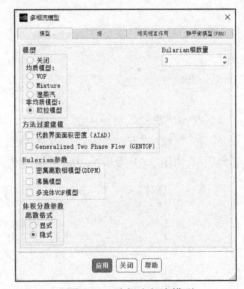

图 9-87 选择多相流模型

4．定义材料物性

（1）在项目树中选择"设置"→"材料"选项，在打开的"材料"面板中对所需材料进行设置，如图 9-88 所示。

（2）双击"材料"列表中的 Fluid 选项，打开"创建/编辑材料"对话框，如图 9-89所示。

图 9-88 材料选择面板

图 9-89 "创建/编辑材料"对话框

（3）单击"Fluent 数据库"按钮，打开"Fluent 数据库材料"对话框，在"Fluent 流体材料"列表中选择 water-liquid（h2o<1>）选项，单击"复制"按钮，如图 9-90 所示，单击"关闭"按钮关闭窗口。

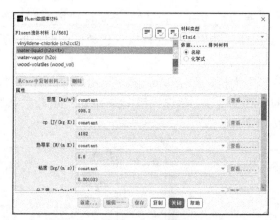

图 9-90 "Fluent 数据库材料"对话框

（4）双击"材料"列表中的 air 选项，打开"创建/编辑材料"对话框。将"名称"设置为 sand，将"化学式"设置为空白，将"密度（kg/m³）"设置为 2500，将"粘度（kg/m·s）"设置为 10，如图 9-91 所示，单击"更改/创建"按钮，完成设置。

图 9-91 设置沙子物性

5. 设置两相属性

（1）在项目树中选择"设置"→"模型"→"欧拉多相流"选项，打开"多相流模型"对话框，单击"相"选项卡，进行相材料设置，如图 9-92 所示。

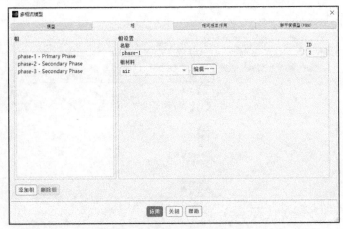

图 9-92 "多相流模型"对话框

（2）单击"相"列表中的 phase-1-Primary Phase 选项，将"名称"设置为 air，在"相材料"的下拉列表中选择 air 选项，单击"应用"按钮保存设置。

（3）单击"相"列表中的 phase-2-Primary Phase 选项，将"名称"设置为 water，在"相材料"的下拉列表中选择 water-liquid 选项，单击"应用"按钮保存设置。

（4）单击"相"列表中的 phase-3-Primary Phase 选项，将"名称"设置为 sand，在"相材料"的下拉列表中选择 sand 选项，勾选"颗粒"复选框。将"直径（m）"设置为 0.000111，在"颗粒属性"选项区中，"颗粒粘度（kg/m·s）"选择 gidaspow 选项，"颗粒体积粘度（kg/m·s）"选择 lun-et-al 选项，将"填充极限"设置为 0.6，如图 9-93 所示，单击"应用"按钮保存设置。

图 9-93 多相流模型设置面板

（5）在"多相流模型"对话框中单击"相间相互作用"选项卡，进行"相间作用力"设置。在"阻力系数"选项中，相之间的拖曳力都设置为 schiller-naumann，如图 9-94 所示，单击"应用"按钮完成设置。

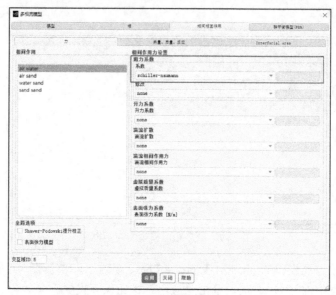

图 9-94 设置相间作用力

6. 设置边界条件

（1）在项目树中选择"设置"→"边界条件"选项，在打开的边界条件面板中对边界条件进行设置。

（2）双击"区域"列表中的 in 选项，如图 9-95 所示，打开"速度入口"对话框，在"动量"选项卡湍流选项的"设置"下拉列表中选择 K and Epsilon 选项，将"湍流动能"及"湍流耗散率"设置为 0.01，如图 9-96 所示，单击"应用"按钮完成设置。

图 9-95 选择进口边界

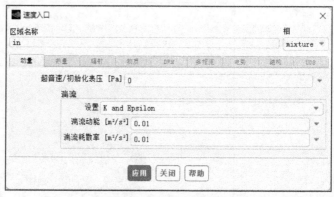

图 9-96 设置进口边界条件

（3）在"速度入口"边界条件面板的"相"下拉列表中选择 water 选项，在打开的对话框中将"速度大小"设置为 5，如图 9-97 所示。选择"多相流"选项卡，将"体积分数"设置为 1，如图 9-98 所示。

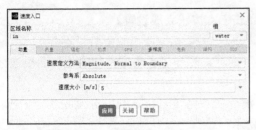

图 9-97 设置进口速度

图 9-98 设置进口水的体积分数

9.4.3 求解计算

1. 求解控制参数

（1）在项目树中选择"求解"→"方法"选项，在打开的"求解方法"面板中对求解控制参数进行设置。

（2）在"方案"下拉列表中选择 Coupled 算法，其他参数保持默认设置，如图 9-99 所示。

2. 设置求解松弛因子

（1）在项目树中选择"求解"→"控制"选项，在打开的"解决方案控制"面板中对求解松弛因子进行设置。

（2）将"流动库朗数"设置为 40，"动量"及"压力"设置为 0.5，"体积分数"设置为 0.4，如图 9-100 所示。

图 9-99 设置求解方法

图 9-100 设置亚松弛因子

3. 设置收敛临界值

在项目树中选择"求解"→"计算监控"→"残差"选项，打开"残差监控器"对话框，如图 9-101 所示，各参数保持默认设置，单击 OK 按钮完成设置。

4. 设置流场初始化

（1）在项目树中选择"求解"→"初始化"选项，打开"解决方案初始化"面板进行初始化设置。

（2）在"初始化方法"下拉列表中选择"混合初始化（Hybrid Initialization）"选项，单击"初始化"按钮完成初始化，如图 9-102 所示。

图 9-101　修改迭代残差

图 9-102　设定流场初始化

（3）单击"局部初始化"按钮，打开"局部初始化"对话框，选择"待修补区域"列表中的 sand 选项，在"相"下拉列表中选择 sand 选项，在 Variable 中选择 Volume Fraction 选项，将"值"设置为 1，如图 9-103 所示，单击"局部初始化"按钮，完成设置。

图 9-103　初始相设置

5. 设置流动动画

（1）单击"功能区"→"求解"→"活动"→"创建"→"解决方案动画"选项，如图 9-104 所示，打开"动画定义"对话框，如图 9-105 所示，将"记录间隔"设置为 3，代表每隔 3 个时间迭代步保存一次图片，在"存储类型"下拉列表中选择 In Memory，"新对象"选择"云图"，打开"云图"对话框，在"着色变量"下拉列表中选择 Phases 及 Volume fraction，在"相"下拉列表中选择 air，如图 9-106 所示，单击"保存/显示"按钮，则显示云图如图 9-107 所示，即初始时刻的空气相图。

图 9-104　创建解决方案动画设置说明

图 9-105　"动画定义"对话框（1）

图 9-106　"云图"对话框

（2）在"动画定义"对话框中，在"动画对象"列表中选择 contour-1，并对"动画视图"进行调整，单击 OK 按钮完成动画创建，如图 9-108 所示。

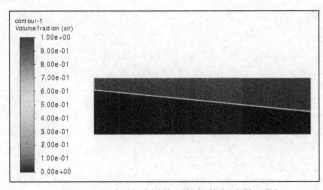

图 9-107　初始时刻截面气相体积分数云图

图 9-108　"动画定义"对话框（2）

（3）重复上述操作，完成对初始液相、固相的动画设置。

6. 迭代计算

（1）在项目树中选择"求解"→"计算设置"→"计算设置"选项，打开"自动保存"面板。将"保存数据文件间隔"设置为 3，代表每计算 3 个时间步保存一次计算数据，如图 9-109 所示，读者也可以根据需求进行调整。

（2）在项目树中选择"求解"→"运行计算"选项，打开"运行计算"面板。将"时间步数"设置为 10000，将"时间步长"设置为 0.0001，如图 9-110 所示。

（3）单击"开始计算"按钮进行迭代计算。

图 9-109　保存数据设置

图 9-110　迭代设置对话框

9.4.4　计算结果后处理及分析

1. 分别读入 scour-8-0067.dat、scour-8-00119.dat 和 scour-8-00187.dat 数据，选择"结果"→"图形"选项，打开"图形和动画"面板。然后双击"图形"列表中的 Contours 选项，打开"云图"对话框，如图 9-111 所示，分别绘制 0.299s、0.599s、0.900s 三个时刻的空气相云图、液相云图和固相云图。

图 9-111　气液相云图绘制设置

2. 最终结果如图 9-112～图 9-123 所示。

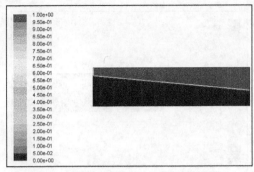

图 9-112 初始气相云图

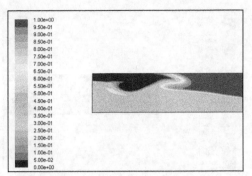

图 9-113 0.299s 时刻的气相云图

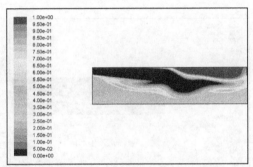

图 9-114 0.599s 时刻的气相云图

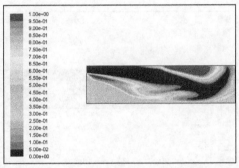

图 9-115 0.900s 时刻的气相云图

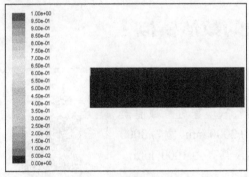

图 9-116 初始液相云图

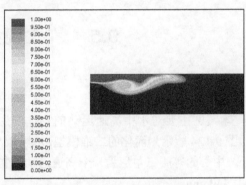

图 9-117 0.299s 时刻的液相云图

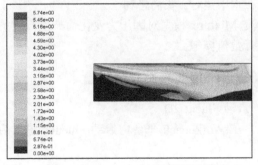

图 9-118 0.599s 时刻的液相云图

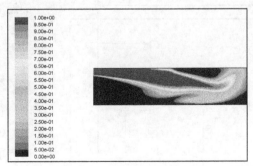

图 9-119 0.900s 时刻的液相云图

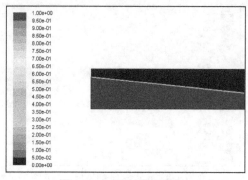

图 9-120　初始固相云图

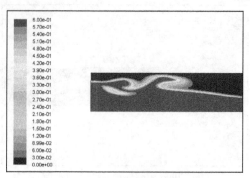

图 9-121　0.299s 时刻的固相云图

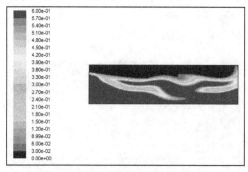

图 9-122　0.599 s 时刻的固相云图

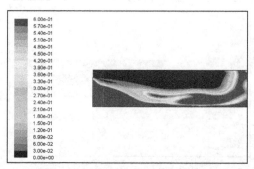

图 9-123　0.900s 时刻的固相云图

9.5　气穴现象的数值模拟

9.5.1　案例简介

本案例主要对水中高速运动的物体产生的气穴现象进行数值模拟。图 9-124 所示为简化的二维模型，水区域高为 2000 mm，宽为 3000 mm，中心的等腰三角形为一个高速运动的物体，其高为 1000 mm，底为 440 mm。

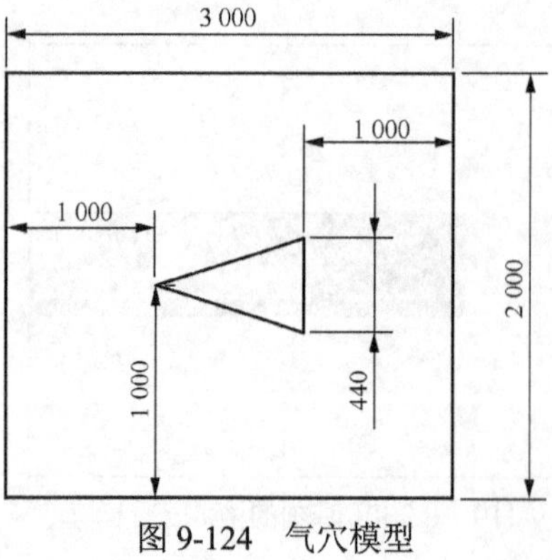

扫码观看
配套视频

9.5 节配套视频

三角形物体以大约 28 m/s 的速度在水中运行。我们将利用多相流 Mixture 模型对因压力变化而产生气穴的过程进行数值模拟。

图 9-124　气穴模型

9.5.2　Fluent 求解计算设置

1. 启动 Fluent-2D

（1）在 Workbench 平台内启动 Fluent，进入启动界面。

（2）选中 Dimension 中的 2D 单选按钮，选择

Double Precision,取消勾选 Display Options 下的 3 个复选框。

（3）其他参数保持默认设置，单击 Start 按钮进入 Fluent 主界面。

2. 读入并检查网格

（1）执行"文件"→"导入"→"网格"命令，在打开的 Select File 对话框中读入 cavitation.msh 文件。

（2）在功能区执行"域"→"网格"→"信息"→"尺寸"命令，得到如图 9-125 所示的模型网格信息。

（3）在功能区执行"域"→"网格"→"检查"命令，反馈信息如图 9-126 所示。检查计算域二维坐标的上下限，检查最小体积和最小面积是否为负数。

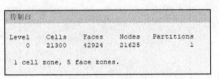

图 9-125　网格信息　　　　　　　　　图 9-126　网格检查信息

3. 设置求解器参数

（1）单击工作界面左侧项目树中的"通用"选项，在打开的"通用"面板中设置求解器参数。

（2）"通用"面板中的参数保持默认设置，如图 9-127 所示。

（3）在项目树中选择"设置"→"模型"选项，打开"模型"面板对求解模型进行设置，如图 9-128 所示。

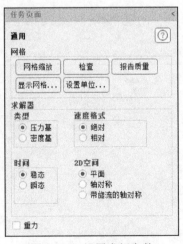

图 9-127　设置求解参数　　　　　　　　图 9-128　选择计算模型

（4）双击"模型"列表中的 Viscous-SST k-omega 选项，打开"粘性模型"对话框，选择 k-epsilon（2 eqn）选项，在"k-epsilon（2 eqn）模型"列表中选中 Realizable 单选按钮，

其他参数保持默认设置，如图 9-129 所示，单击 OK 按钮保存退出。

（5）再次返回"模型"面板，双击 Multiphase-Off 选项，打开"多相流模型"对话框。选中"模型"列表中的 Mixture 单选按钮，将"Eulerian 相数量"设置为 2，如图 9-130 所示，单击"应用"按钮，完成设置。

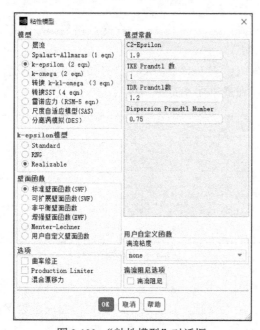

图 9-129 "粘性模型"对话框

图 9-130 选择多相流模型

4. 定义材料物性

（1）在项目树中选择"设置"→"材料"选项，在打开的"材料"面板中对所需材料进行设置，如图 9-131 所示。

（2）双击"材料"列表中的 Fluid 选项，打开"创建/编辑材料"对话框，如图 9-132所示。

图 9-131 材料选择面板

图 9-132 "创建/编辑材料"对话框

（3）单击"Fluent 数据库"按钮，打开"Fluent 数据库材料"对话框，在"Fluent 流体材料"列表中选择 water-liquid（h2o<1>）选项，单击"复制"按钮，如图 9-133 所示，单击"关闭"按钮关闭窗口。

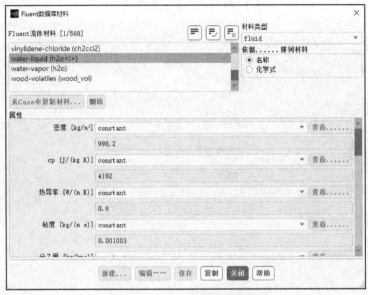

图 9-133　从材料库中选择材料

（4）再次在材料物性参数设置对话框中单击"Fluent 数据库"按钮，打开"Fluent 数据库材料"对话框，在"Fluent 流体材料"列表中选择 water-vapor（h2o）选项，单击"复制"按钮，复制蒸汽的物性参数。

5. 设置两相属性

（1）在项目树中选择"设置"→"模型"→"欧拉多相流"选项，打开"多相流模型"对话框，单击"相"选项卡，进行相材料设置，如图 9-134 所示。

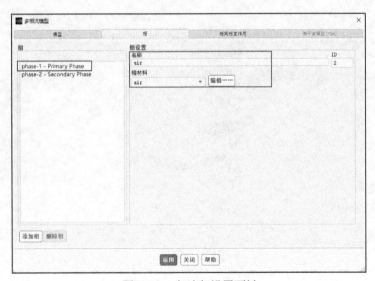

图 9-134　气液相设置面板

（2）单击"相"列表中的 phase-1-Primary Phase 选项，将"名称"设置为 liquid，在"相材料"的下拉列表中选择 water-liquid 选项，单击"应用"按钮保存设置。

（3）单击"相"列表中的 phase-2-Primary Phase 选项，将"名称"设置为 vapor，在"相材料"的下拉列表中选择 water-vapor 选项，如图 9-135 所示，单击"应用"按钮保存设置。

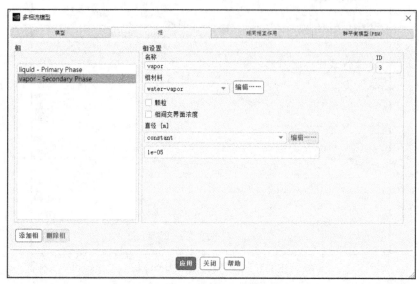

图 9-135 气液相材料设置面板

（4）在"多相流模型"对话框中单击"相间相互作用"选项卡，进行"相间作用力"设置。在"阻力系数"选项中，相之间的拖曳力都设置为 schiller-naumann，如图 9-136 所示，单击"热量、质量、反应"选项卡，在"机理"下拉列表中选择 cavitation，将液相到蒸汽相的物质转换机制设置为 cavitation，如图 9-137 所示，单击"应用"按钮完成设置。

图 9-136 设置相间作用力

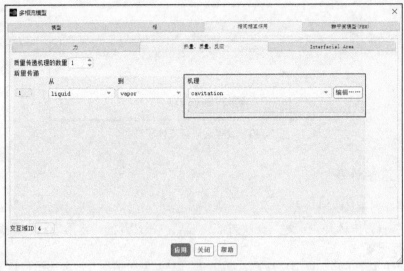

图 9-137 设置反应机理

6. 设置边界条件

（1）在项目树中选择"设置"→"边界条件"选项，在打开的边界条件面板中对边界条件进行设置。

（2）双击"区域"列表中的 in 选项，如图 9-138 所示，打开"压力进口"对话框，将"总压（表压）"设置为 400000，在"动量"选项卡湍流选项的"设置"下拉列表中选择 K and Epsilon 选项，将"湍流动能"及"湍流耗散率"设置为 0.01，如图 9-139 所示，单击"应用"按钮完成设置。

图 9-138 选择进口边界

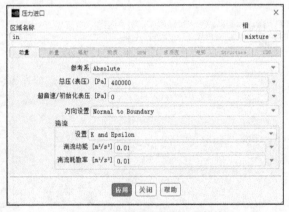

图 9-139 设置进口边界条件

（3）在"压力进口"边界条件面板中的"相"下拉列表中选择 vapor 选项，在打开的对话框中保持默认设置，表明进口蒸汽体积分数为 0，如图 9-140 所示。

（4）双击"区域"列表中的 out 选项，打开"压力出口"对话框，将"总压（表压）"设置为 100000，在"动量"选项卡湍流下的"设置"下拉列表中选择 K and Epsilon 选项，将"湍流动能"及"湍流耗散率"设置为 0.01，在"压力进口"边界条件面板中的"相"下拉列表中选择 vapor 选项，在打开的对话框中保持默认设置，设置出口蒸汽体积分数为 0。

图 9-140 设置进口蒸汽体积分数

9.5.3 求解计算

1. 求解控制参数

（1）在项目树中选择"求解"→"方法"选项，在打开的"求解方法"面板中对求解控制参数进行设置。

（2）在"方案"下拉列表中选择 Coupled 算法，在"压力"下拉列表中选择 PRESTO!，"动量""体积分数"等都选择 QUICK 选项，如图 9-141 所示。

2. 设置求解松弛因子

（1）在项目树中选择"求解"→"控制"选项，在打开的"解决方案控制"面板中对求解松弛因子进行设置。

（2）将面板中相应的亚松弛因子都设置为 0.1，其他参数保持默认设置，如图 9-142 所示。

图 9-141 设置求解方法

图 9-142 设置亚松弛因子

3. 设置收敛临界值

在项目树中选择"求解"→"计算监控"→"残差"选项，打开"残差监控器"对话框，如图 9-143 所示，各参数保持默认设置，单击 OK 按钮完成设置。

4. 设置流场初始化

（1）在项目树中选择"求解"→"初始化"选项，打开"解决方案初始化"面板进行初始化设置。

（2）在"初始化方法"下拉列表中选择"混合初始化（Hybrid Initialization）"选项，单击"初始化"按钮完成初始化设置，如图 9-144 所示。

图 9-143 修改迭代残差 　　　　　图 9-144 设定流场初始化

5. 迭代计算

（1）选择项目树"求解"→"运行计算"选项，打开"运行计算"面板。

（2）设置"迭代次数"为 10000，如图 9-145 所示。

（3）单击"开始计算"按钮进行迭代计算。

（4）迭代残差曲线如图 9-146 所示。

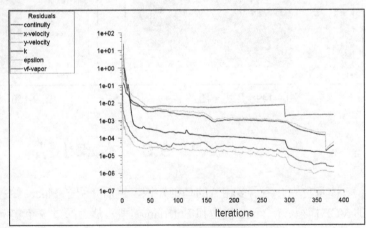

图 9-145 迭代设置对话框 　　　　　图 9-146 迭代残差曲线

9.5.4　计算结果后处理及分析

1. 执行"结果"→"图形"命令，打开"图形和动画"面板。

2. 双击"图形"列表中的 Contours 选项，打开"云图"对话框，在"着色变量"的第一个下拉列表中选择 Velocity，如图 9-147 所示。单击"保存/显示"按钮，显示速度云图，如图 9-148 所示。

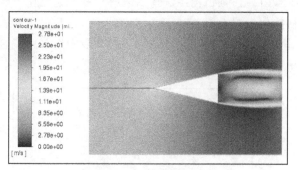

图 9-147 设置速度云图　　　　　　　图 9-148 速度分布云图

　　由速度云图可以发现，在锥形体的正后方有一个低速区，且出现了回流。

　　3. 重复上述操作，在"着色变量"的第一个下拉列表中选择 Pressure 选项，单击"保存/显示"按钮，显示压力云图，如图 9-149 所示。锥形体的正后方出现了低压区。

　　4. 重复上述操作，在"着色变量"的第一个下拉列表中选择 Phases 选项，在 Phase 下拉列表中选择 vapor 选项，单击"保存/显示"按钮，显示蒸汽相的体积分数云图，如图 9-150 所示。锥形体的正后方是低压区的部分，发生了气体渗出的现象，即气穴现象。

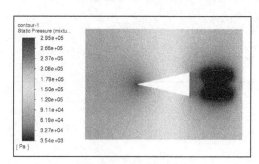

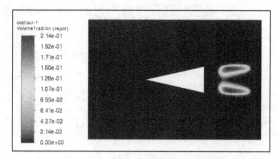

图 9-149 压力云图　　　　　　　图 9-150 蒸汽相的体积分数云图

9.6　本章小结

　　本章首先介绍了多相流的基础知识，然后介绍了 Fluent 中关于多相流的 3 种求解模型，即 VOF 模型、Mixture 模型和 Eulerian 模型，然后通过 5 个实例对 3 种模型的特点进行了阐述，并对其优缺点做了进一步说明。其中孔口出流、气泡上升和储油罐液面模拟属于 VOF 模型，水流对沙滩的冲刷模拟属于 Eulerian 模型，气穴现象的模拟属于 Mixture 模型。

　　通过对本章的学习，读者能够掌握 Fluent 对 3 种模型的求解模拟，以及对结果进行后处理和分析的方法。

第 10 章　离散相数值模拟

多相流模型用于求解连续相的多相流问题，对于颗粒、液滴、气泡、粒子等多相流问题，当其体积分数小于 10%时，需要用到离散相模型。本章通过对两个算例的分析求解，帮助读者掌握 Fluent 离散相模型的使用方法。

学习目标：

- 通过实例掌握离散相数值模拟的方法；
- 掌握离散相问题边界条件的设置方法；
- 掌握离散相问题的后处理和结果分析方法。

10.1　离散相模型概述

当颗粒相体积分数小于 10%时，利用 Fluent 离散相模型进行求解可得到较为准确的结果。粒子被当作离散存在的一个个颗粒时，首先计算连续相流场，再结合流场变量求解每一个颗粒的受力情况获得颗粒的速度，从而追踪每一个颗粒的轨道。这就是在拉氏坐标下模拟流场中离散的第二相。

Fluent 提供的 Discrete Model 可以计算这些颗粒的轨道以及由颗粒引起的热量/质量传递，即颗粒发生化学反应、燃烧等现象，相间的耦合以及耦合结果对离散相轨道、连续相流动的影响均属于相关因素。

Fluent 提供的离散相模型功能十分强大：对于稳态与非稳态流动，可以考虑离散相的惯性、拽力、重力、热泳力、布朗运动等多种作用力；可以预报连续相中由于湍流涡旋的作用对颗粒造成的影响（即随机轨道模型）；颗粒的加热/冷却（惰性粒子）；液滴的蒸发与沸腾；挥发分析以及焦炭燃烧模型（可以模拟煤粉燃烧）；连续相与离散相间的单向、双向耦合；喷雾、雾化模型；液滴的迸裂与合并等。

Fluent 中的离散相模型假定第二相非常稀疏，因此可以忽略颗粒与颗粒之间的相互作用、颗粒体积分数对连续相的影响。这种假定意味着离散相的体积分数必然很低，一般要求颗粒相的体积分数小于 10%，但颗粒质量载荷可大于 10%，即用户可以模拟离散相质量流率等于或大于连续相的流动。

离散相模型的限制有：稳态的离散相模型适用于具有确切定义的入口与出口边界条件的问题，不适用于模拟在连续相中无限期悬浮的颗粒流问题。例如，流化床中的颗粒相可处于悬浮状态，应该采用 Mixture 模型或者欧拉模型，而不能采用离散相模型。

选择"设置"→"模型"→Discrete Phase-Off 选项，打开"离散相模型"对话框，如图 10-1 所示。

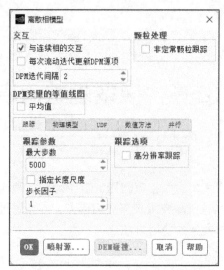

图 10-1　"离散相模型"对话框

"离散相模型"对话框允许用户设置与粒子离散相计算相关的参数，包括是否激活离散相与连续相间的耦合计算、设置粒子轨迹跟踪的控制参数、计算中使用的其他模型、用于计算粒子上力平衡的阻力率液滴破碎及碰撞的有关参数，以及通过引入用户自定义函数对离散相模型参数进行修改。

10.2　引射器离散相流场的数值模拟

10.2.1　案例简介

6.2 节中对引射器内的单相流场进行了数值模拟，流场区域只存在单独的烟气相，本节要加入烟灰颗粒相，即在烟气进口加载烟灰颗粒，利用 DPM 模型，对烟气与烟灰颗粒的耦合流场进行计算，得到烟灰颗粒的运动数据。

扫码观看
配套视频

10.2 节配套视频

10.2.2　Fluent 求解计算设置

1. 启动 Fluent-2D

（1）在 Workbench 平台内启动 Fluent，进入启动界面。

（2）选中 Dimension 中的 2D 单选按钮，选择 Double Precision，取消选中 Display Options 下的 3 个复选框。

（3）其他参数保持默认设置，单击 Start 按钮进入 Fluent 主界面。

2. 读入数据文件

执行"文件"→"导入"→Case&Data 命令，在打开的 Select File 对话框中读入 ejector.cas.h5 和 ejector.dat.h5 文件。

3. 离散相设置

（1）单击工作界面左侧项目树中的"通用"选项，在打开的"通用"面板中设置求解器参数。

（2）在"通用"面板中勾选"重力"复选框，定义 Y 方向的重力加速度为–9.81m/s²，其他求解参数保持默认设置，如图 10-2 所示。

（3）在项目树中选择"设置"→"模型"选项，打开"模型"面板对求解模型进行设置。

（4）在"模型"面板中双击 Discrete Phase-Off 选项，打开"离散相模型"对话框，在"交互"选项中勾选"与连续相的交互"复选框，将"DPM 迭代间隔"设置为 2，表示每计算 2 次流场同时对离散相进行 1 次计算，"最大步数"设置为 5000，"步长因子"设置为 1，如图 10-3 所示。单击"喷射源"按钮，打开"喷射源"对话框，创建离散相粒子，如图 10-4 所示。

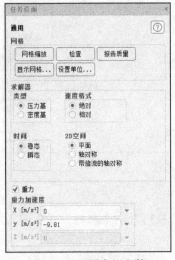

图 10-2 设置求解参数

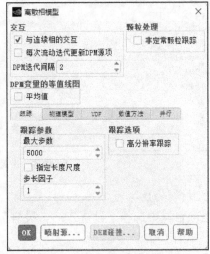

图 10-3 离散相模型设置

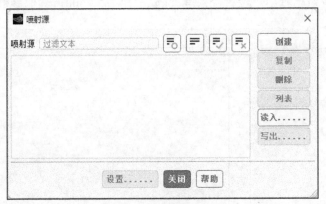

图 10-4 创建离散相粒子

（5）在"喷射源"对话框中单击"创建"按钮，打开"设置喷射源属性"对话框，设置离散相物性。在"喷射源类型"下拉列表中选择 surface 选项，在 Injection Surfaces 列表中选择 ingas 选项，在"点属性"选项卡中设置初始 X 速度和 Y 速度均为 0，Diameter（mm）设置为 0.005，温度保持默认值，"总流量（kg/s）"设置为 0.00015，如图 10-5 所示，单击 OK 按钮完成设置。

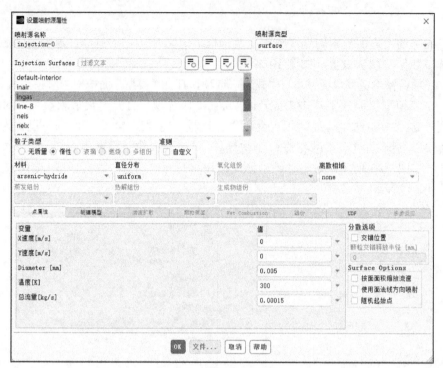

图 10-5　设置喷射源属性

4. 定义材料物性

（1）在项目树中选择"设置"→"材料"选项，在打开的"材料"面板中对所需材料进行设置，如图 10-6 所示。

（2）双击"材料"列表中的 Inert Particle 选项，打开"创建/编辑材料"对话框。在材料物性参数设置对话框中，设置"密度（kg/m³）"为 2500，其他参数保持默认设置，如图 10-7 所示。

图 10-6　材料选择面板

图 10-7　"创建/编辑材料"对话框

5. 定义边界条件

（1）在项目树中选择"设置"→"边界条件"选项，在打开的边界条件面板中对边界条件进行设置。

（2）双击"区域"列表中的 out 选项，打开"压力进口"对话框。单击 DPM 选项卡，在"离散相边界类型"下拉列表中选择 trap，如图 10-8 所示，单击"应用"按钮，完成空气进口边界条件的设置。

（3）其他边界的 DPM 保持默认设置即可。

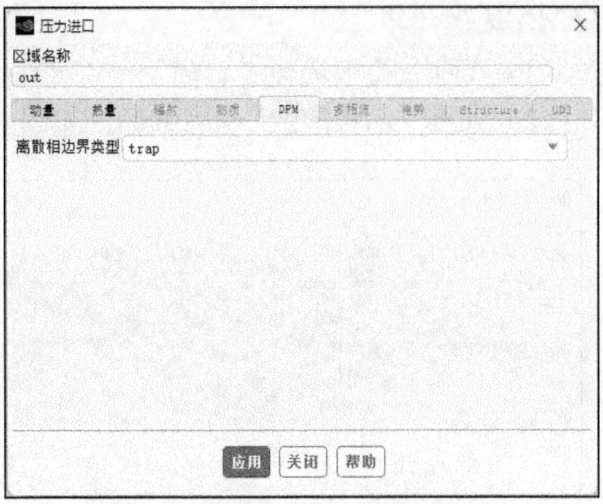

10.2.3 求解计算

1. 求解控制参数

（1）在项目树中选择"求解"→"方法"选项，在打开的"求解方法"面板中对求解控制参数进行设置。

图 10-8 设置进口 DPM 边界条件

（2）面板中的各个选项保持默认值设置，如图 10-9 所示。

2. 设置求解松弛因子

（1）在项目树中选择"求解"→"控制"选项，在打开的"解决方案控制"面板中对求解松弛因子进行设置。

（2）面板中相应的亚松弛因子保持默认设置，如图 10-10 所示。

图 10-9 设置求解方法

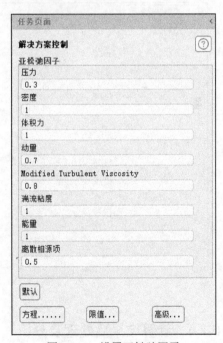

图 10-10 设置亚松弛因子

3. 设置收敛临界值

在项目树中选择"求解"→"计算监控"→"残差"选项，打开"残差监控器"对话框，如图 10-11 所示，各参数保持默认设置，单击 OK 按钮完成设置。

4. 迭代计算

（1）在项目树中选择"求解"→"运行计算"选项，打开"运行计算"面板。

（2）设置"迭代次数"为 10000，如图 10-12 所示。

图 10-11　修改迭代残差

图 10-12　迭代设置对话框

（3）单击"开始计算"按钮进行迭代计算。

（4）由于未进行初始化，因此在原流场迭代计算的基础上，继续迭代 500 次左右可以达到收敛条件，收敛残差如图 10-13 所示。

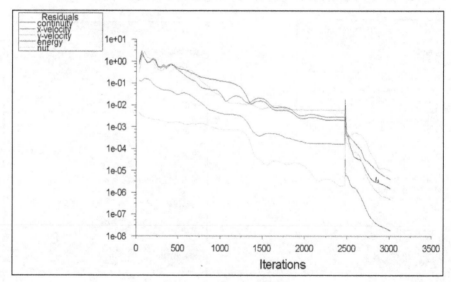

图 10-13　迭代残差曲线

10.2.4　计算结果后处理及分析

1. 执行"结果"→"图形"命令，打开"图形和动画"面板，如图 10-14 所示。

2. 双击"图形"列表中的 Particle Tracks 选项，打开"颗粒轨迹"对话框，选中"从喷射源释放"列表中的 injection-0 选项，如图 10-15 所示，单击"保存/显示"按钮，显示颗粒运动时间云图，如图 10-16 所示。

图 10-14　绘图和动画面板

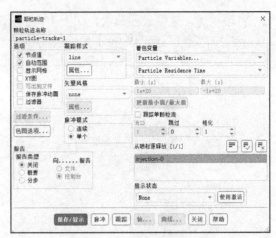

图 10-15　设置颗粒轨迹绘图

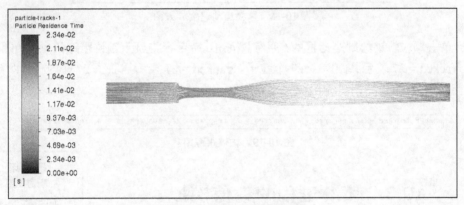

图 10-16　颗粒运动时间云图

3. 观察颗粒运动时间云图可以发现，颗粒从引射器进口随烟气运动至引射器出口，共耗时 0.0234 s，且颗粒随动性较好，没有明显的下落迹象。

4. 返回颗粒轨迹绘制对话框，在"着色变量"的第一个下拉列表中选择 Velocity 选项，单击"保存/显示"按钮，显示颗粒运动速度云图，如图 10-17 所示，可以发现颗粒的最大速度出现在喉部，最大速度可达 40 m/s。

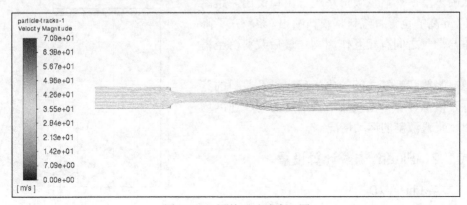

图 10-17　颗粒运动速度云图

5. 将颗粒运动速度云图放大，如图 10-18 所示，可以明显地发现，在图中的两个方框内，分别有 2 个颗粒与壁面发生了弹性碰撞和反弹，反弹后又跟随主流一起流动。

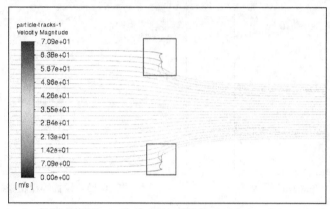

图 10-18　颗粒运动速度放大图

6. 单击颗粒轨迹绘制对话框的"跟踪"按钮，命令行将显示颗粒跟踪信息，如图 10-19 所示。tracked = 27 表示共跟踪了 27 个粒子，trapped = 27 表示捕获了 27 个粒子，即粒子全部被捕获，并从引射器出口流出。

```
number tracked = 27, escaped = 0, aborted = 0, trapped = 27, evaporated = 0, incomplete = 0
```

图 10-19　颗粒跟踪信息

扫码观看
配套视频

10.3 节配套视频

10.3　喷淋过程的数值模拟

10.3.1　案例简介

本案例利用 DPM 模型对喷淋过程进行数值模拟。图 10-20 所示为喷流塔的二维模型，喷流塔高 20000 mm，直径为 11500 mm，烟气从右侧倾斜进口进入喷淋塔，然后从喷淋塔上部出口流出。距离底部 17 m 高的位置有浆料从喷口喷出，浆料在下降过程中与烟气之间有相互作用力，最后浆料落至塔底部。

忽略浆料和烟气之间的化学反应以及浆料的蒸发，通过模拟计算得出喷流塔内的压力场、速度场等，以及浆料液滴的运动情况。

10.3.2　Fluent 求解计算设置

1. 启动 Fluent-2D

（1）在 Workbench 平台内启动 Fluent，进入启

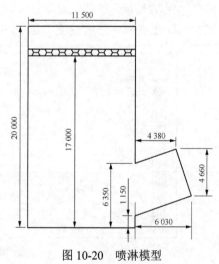

图 10-20　喷淋模型

动界面。

（2）选中 Dimension 中的 2D 单选按钮，选择 Double Precision，取消选中 Display Options 选项的 3 个复选框。

（3）其他参数保持默认设置，单击 Start 按钮进入 Fluent 主界面。

2. 读入并检查网格

（1）执行"文件"→"导入"→"网格"命令，在打开的 Select File 对话框中读入 spray.msh 文件。

（2）在功能区执行"域"→"网格"→"信息"→"尺寸"命令，得到如图 10-21 所示的模型网格信息。

（3）在功能区执行"域"→"网格"→"检查"命令，反馈信息如图 10-22 所示。观察计算域二维坐标的上下限，检查最小体积和最小面积是否为负数。

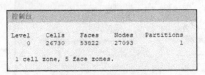

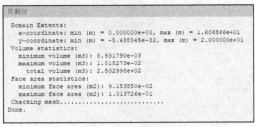

图 10-21　网格信息　　　　　　　　　　图 10-22　网格检查信息

3. 设置求解器参数

（1）单击工作界面左侧项目树中的"通用"选项，在打开的"通用"面板中设置求解器参数。

（2）在"通用"面板中勾选"重力"复选框，定义 Y 方向的重力加速度为 $-9.81\mathrm{m/s^2}$，其他求解参数保持默认设置，如图 10-23 所示。

（3）选择项目树"设置"→"模型"选项，打开"模型"面板对求解模型进行设置，如图 10-24 所示。

图 10-23　设置求解参数　　　　　　　　图 10-24　选择计算模型

（4）双击"模型"列表中的 Viscous-SST k-omega 选项，打开"粘性模型"对话框，选择 k-epsilon（2 eqn）选项，在"k-epsilon（2 eqn）模型"列表中选择 Standard 单选按钮，其他参数保持默认设置，如图 10-25 所示，单击 OK 按钮保存设置。

（5）再次返回"模型"面板，双击 Discrete Phase-Off 选项，打开"离散相模型"对话框，在"交互"列表中勾选"与连续相的交互"复选框，将"DPM 迭代间隔"设置为 10，表示每计算 10 次流场同时对离散相进行 1 次计算，"最大步数"设置为 5000，"步长因子"设置为 5，如图 10-26 所示。单击"喷射源"按钮，打开"喷射源"对话框，创建离散相粒子，如图 10-27 所示。

图 10-25　"粘性模型"对话框

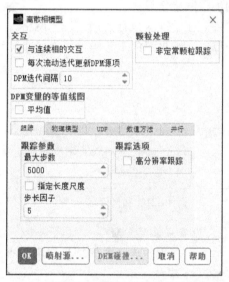

图 10-26　离散相模型设置

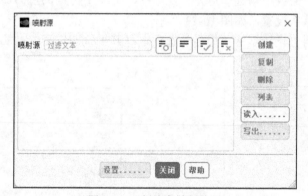

图 10-27　创建离散相粒子

（6）在"喷射源"对话框中单击"创建"按钮，打开"设置喷射源属性"对话框，设置离散相物性。将"喷射源名称"设置为 injection-1，在"喷射源类型"下拉列表中选择 single 选项，"材料"保持默认设置，然后在材料设置选项中将其修改为浆料的物性参数。在"点属性"选项卡中设置粒子属性，初始位置坐标"X-位置（m）"设置为 0.75，"Y-位置（m）"设置为 17；初始速度"Y-速度（m/s）"设置为-5，"直径（m）"设置为 0.001，"流速（kg/s）"设置为 10，如图 10-28 所示，单击 OK 按钮完成设置。

（7）重复上述操作，在 X-位置方向上每隔 0.5 m 设置一个相同的粒子源，共设置 20 个粒子源，最终结果如图 10-29 所示。

图 10-28　设置喷射源属性

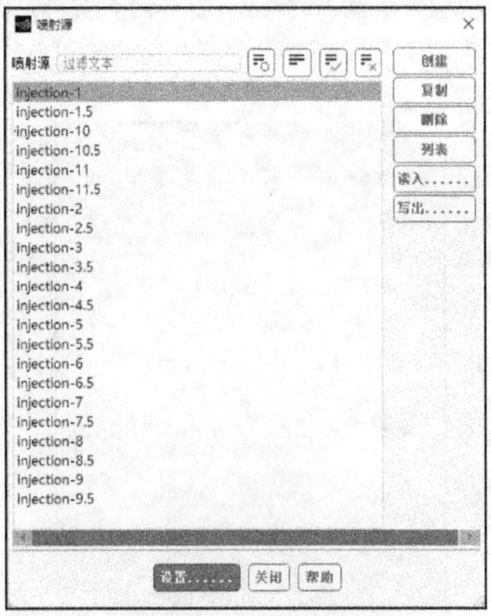

图 10-29　创建离散相

4. 定义材料物性

（1）选择项目树"设置"→"材料"选项，在打开的"材料"面板中对所需材料进行设置，如图 10-30 所示。

（2）双击"材料"列表中的 Fluid 选项，打开"创建/编辑材料"设置对话框。在材料物性参数设置对话框中，设置"名称"为 gas，"密度（kg/m³）"为 0.95，"粘度（kg/m·s）"为 2.04e-05，其他参数保持默认设置，如图 10-31 所示，单击"保持/创建"按钮，保存 gas 物性设置。

（3）在"材料类型"下拉列表中选择 inert-particle 选项，设置"名称"为 seriflux，"密度（kg/m³）"为 1126，单击"保持/创建"按钮，保存浆料的物性，粒子的物性也会自动修改为浆料的物性。

图 10-30　材料选择面板

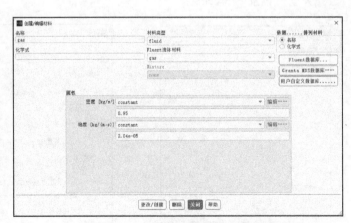

图 10-31　"创建/编辑材料"对话框

5. 设置区域条件

（1）在项目树中选择"设置"→"单元区域条件"选项，在打开的"单元区域条件"

面板中对区域条件进行设置，如图 10-32 所示。

（2）在"区域"列表中选择 fluid 选项，单击"编辑"按钮，将打开如图 10-33 所示的"流体"对话框，在"材料名称"右侧的下拉列表中选择 gas 选项，单击"应用"按钮完成设置。

图 10-32 区域选择

图 10-33 区域属性设置

6. 设置边界条件

（1）在项目树中选择"设置"→"边界条件"选项，在打开的边界条件面板中对边界条件进行设置。

（2）双击"区域"列表中的 in 选项，如图 10-34 所示，打开"压力进口"对话框，将"总压（表压）"设置为 25，在"动量"选项卡湍流选项的"设置"下拉列表中选择 K and Epsilon 选项，将"湍流动能"设置为 0.05266，"湍流耗散率"设置为 0.00567，如图 10-35 所示，单击 DPM 选项卡，将"离散相边界类型"设置为 escape，如图 10-36 所示。单击"应用"按钮完成设置。

（3）重复上述操作，完成烟气出口边界设置，将"总压（表压）"设置为 0，"离散相边界类型"设置为 escape。

图 10-34 选择进口边界

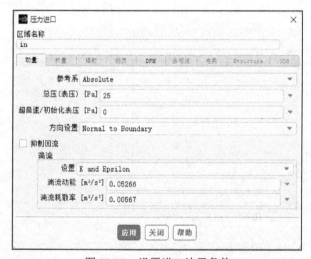

图 10-35 设置进口边界条件

图 10-36　设置 DPM 边界

（4）设置 bottom 壁面边界条件，在 DPM 选项卡中将"离散相边界类型"设置为 trap。

（5）设置 wai 壁面边界条件，在 DPM 选项卡中将"离散相边界类型"设置为 escape。

10.3.3　求解计算

1. 求解控制参数

（1）在项目树中选择"求解"→"方法"选项，在打开的"求解方法"面板中对求解控制参数进行设置。

（2）面板中的各个选项保持默认设置，如图 10-37 所示。

2. 设置求解松弛因子

（1）在项目树中选择"求解"→"控制"选项，在打开的"解决方案控制"面板中对求解松弛因子进行设置。

（2）面板中相应的亚松弛因子保持默认设置，如图 10-38 所示。

图 10-37　设置求解方法

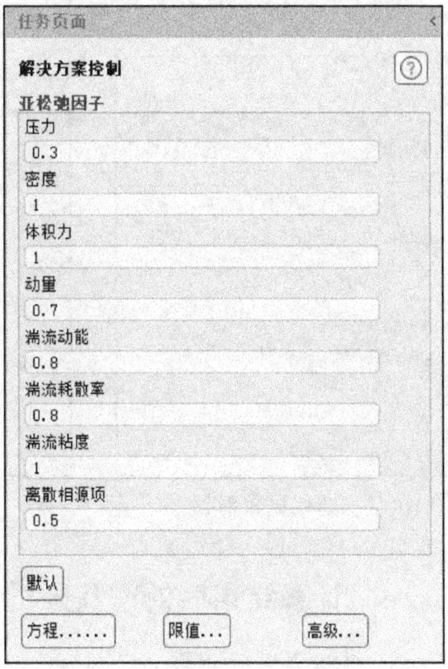

图 10-38　设置亚松弛因子

3．设置收敛临界值

在项目树中选择"求解"→"计算监控"→"残差"选项，打开"残差监控器"对话框，如图 10-39 所示，各参数保持默认设置，单击 OK 按钮完成设置。

4．设置流场初始化

（1）在项目树中选择"求解"→"初始化"选项，打开"解决方案初始化"面板进行初始化设置。

（2）在"初始化方法"下拉列表中选择"混合初始化（Hybrid Initialization）"选项，单击"初始化"按钮完成初始化，如图 10-40 所示。

图 10-39　修改迭代残差

图 10-40　设定流场初始化

5．迭代计算

（1）在项目树中选择"求解"→"运行计算"选项，打开"运行计算"面板。

（2）设置"迭代次数"为 1000，如图 10-41 所示。

（3）单击"开始计算"按钮进行迭代计算。

（4）大约计算 680 步之后，迭代残差收敛，迭代残差曲线如图 10-42 所示。

图 10-41　迭代设置对话框

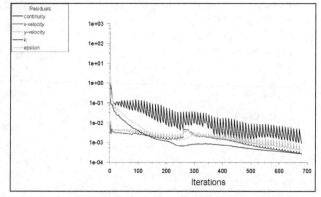

图 10-42　迭代残差曲线

10.3.4　计算结果后处理及分析

1．执行"结果"→"图形"命令，打开"图形和动画"面板。

2. 双击"图形"列表中的 Contours 选项，打开"云图"对话框，在"着色变量"的第一个下拉列表中选择 Pressure，如图 10-43 所示。单击"保存/显示"按钮，显示压力云图，如图 10-44 所示。观察压力云图可以发现，喷流塔底部压力最大，越往上压力越小。

图 10-43 设置压力云图

3. 重复步骤（2）的操作，在"着色变量"的第一个下拉列表中选择 Velocity 选项，单击"保存/显示"按钮，显示速度云图，如图 10-45 所示。观察速度云图可以发现，速度呈条纹状分布，这是烟气与喷流液滴相互作用的结果。

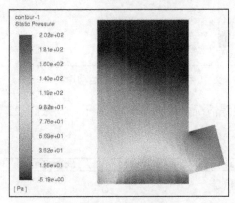

图 10-44 压力云图

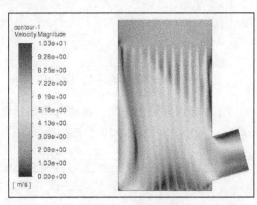

图 10-45 速度云图

4. 重复步骤（2）的操作，在"着色变量"的第一个下拉列表中选择 Discrete Phase Variables 选项，在第二个下拉列表中选择 DPM Concentration 选项，单击"保存/显示"按钮，显示离散相的质量分数云图，如图 10-46 所示。由质量分数云图可以明显观察到浆料喷流形成的流线，喷流塔内浆料浓度最大处可达 16 kg/m³。

5. 返回"图形和动画"面板，双击 Particle Tracks 选项，打开"颗粒轨迹"对话框，如图 10-47 所示。选中"从喷射源释放"列表中的所有选项，单击"保存/显示"按钮，显示离散相的运动时间，如图 10-48 所示。液滴从喷口落至喷流塔底部所需的最长时间为 2.96 s。

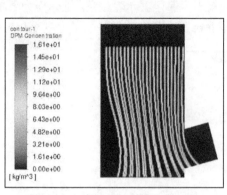

图 10-46 离散相的质量分数云图

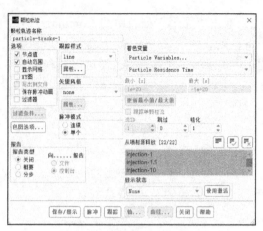

图 10-47 "颗粒轨迹"对话框

6．在"着色变量"的第一个下拉列表中选择 Velocity 选项，单击"保存/显示"按钮，显示离散相粒子的运动速度，如图 10-49 所示。

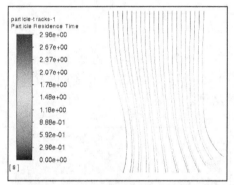

图 10-48 离散相粒子的运动时间

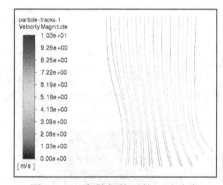

图 10-49 离散相粒子的运动速度

7．单击"跟踪"按钮，程序行将显示颗粒的跟踪情况，如图 10-50 所示，共跟踪 22 个颗粒，其中 5 个逃离，17 个被捕捉。

```
number tracked = 22, escaped = 5, aborted = 0, trapped = 17, evaporated = 0, incomplete = 0
```

图 10-50 颗粒跟踪信息

10.4 本章小结

本章首先介绍了离散相的基础知识以及 Fluent 对离散相的定义，然后进一步对 Fluent 离散相模型能够模拟的实际问题进行说明，并阐述了离散相模型的使用限制和使用注意事项，最后通过两个实例对离散相模型进行了详细的讲解。

通过本章的学习，读者可以掌握如何使用离散相模型模拟颗粒的运动轨迹，并根据实际情况设置颗粒相的属性参数，观察不同性质的颗粒轨迹运动情况。

第 11 章　组分传输与气体燃烧数值模拟

本章介绍化学组分混合和气体燃烧的数值模拟。首先利用组分传输模型对室内污染物的扩散进行数值模拟分析，然后利用有限速率化学反应模型对焦炉煤气的燃烧进行模拟计算，通过对这两个实例的学习，读者可以初步掌握组分传输和气体燃烧模型。

学习目标：

- 掌握利用组分传输模型计算污染物扩散过程的方法；
- 掌握利用气体燃烧模型模拟焦炉煤气燃烧的方法；
- 掌握组分传输与气体燃烧问题边界条件的设置方法；
- 掌握自然对流和辐射换热问题计算结果的后处理及分析方法。

11.1　组分传输与气体燃烧概述

Fluent 可以通过求解描述每种组成物质的对流、扩散和反应源的守恒方程来模拟混合和输运，当用户选择求解化学物质的守恒方程时，Fluent 通过第 i 种物质的对流扩散方程预估每种物质的质量分数 Y_i。守恒方程采用以下通用形式。

$$\frac{\partial}{\partial t}(\rho Y_i) + \nabla \cdot (\rho \vec{v} Y_i) = -\nabla \vec{J}_i + R_i + S_i$$

其中 R_i 是化学反应的净产生速率，S_i 为离散相及用户定义的源项导致的额外产生速率。当系统中出现 N 种物质时，需要求解 $N-1$ 个这种形式的方程。由于质量分数的和必须为 1，第 N 种物质的分数可以通过 1 减去 $N-1$ 个已得到的质量分数得到。为了使数值误差最小，第 N 种物质必须选择质量分数最大的物质，如组分是空气时第 N 种物质设置为 N_2。

自 Fluent 软件诞生以来，化学反应模型，尤其是湍流状态下的化学反应模型一直占有重要地位。多年来，Fluent 强大的化学反应模拟能力帮助工程师模拟了各种复杂的燃烧过程。

Fluent 可以模拟的化学反应包括：NO_x 和其他污染形成的气相反应；在固体（壁面）处发生的表面反应（如化学蒸气沉积）；粒子表面反应（如碳颗粒的燃烧），其中的化学反应发生在离散相粒子表面。Fluent 可以模拟具有或不具有组分输运的化学反应。

涡耗散模型、PDF 转换以及有限速率化学反应模型已经加入 Fluent 的主要模型中，包括均衡混合颗粒模型、小火焰模型以及模拟大量气体燃烧、煤燃烧、液体燃料燃烧的预混合模型。

在许多工业应用中，设计发生在固体表面的化学反应时，Fluent 表面反应模型可以用来分析气体和表面组分之间的化学反应及不同表面组分之间的化学反应，以确保准确预测表面沉积和蚀刻现象。对催化转化、气体重整、污染物控制装置及半导体制造等的模拟都受益于这一技术。

Fluent 的化学反应模型可以与大涡模拟的湍流模型联合使用，这些非稳态湍流模型只有混合到化学反应模型中，才可能预测火焰的稳定性及燃尽特性。

Fluent 提供了 4 种模拟反应的模型：通用有限速率模型、非预混燃烧模型、预混燃烧模型和部分预混燃烧模型。

通用有限速率模型基于组分质量分数的输运方程解，采用所定义的化学反应机制，对化学反应进行模拟。反应速率在这种方法中以源项的形式出现在组分输运方程中，计算反应速度的方法有：通过 Arrhenius 速度表达式计算、通过 Magnussn 和 Hjertager 的漩涡耗散模型计算或者通过 EDC 模型计算。

非预混燃烧模型并不是求解每一个组分输运方程，而是求解一个或两个守恒标量（混合分数）的输运方程，然后从预测的混合分数分布推导每一个组分的浓度。该方法主要用于模拟湍流扩散火焰。

对于有限速率公式来说，这种方法有许多优点。在守恒标量方法中，通过概率密度函数或者 PDF 来考虑湍流的影响。反应机理并不是由用户来确定，而是使用 flame sheet（mixed-is-burned）方法或者化学平衡计算来处理反应系统。层流 flamelet 模型是非预混燃烧模型的扩展，它考虑了从化学平衡状态形成的空气动力学的应力诱导分离。

预混燃烧模型主要用于完全预混合的燃烧系统。在预混燃烧问题中，完全的混合反应物和燃烧产物被火焰前缘分开，解出反应发展变量来预测前缘的位置。湍流的影响是通过考虑湍流火焰速度计算出来的。

部分预混燃烧模型用于描述非预混合燃烧与完全预混合燃烧结合的系统。在这种方法中，求解混合分数方程和反应发展变量来分别确定组分浓度和火焰前缘位置。

解决包括组分输运和反应流动的任何问题，首先都要确定合适的模型。模型选取的大致原则如下。

通用有限速率模型主要用于化学组分混合、输运和反应的问题，壁面或者粒子表面反应的问题（如化学蒸气沉积）。

非预混燃烧模型主要用于包括湍流扩散火焰的反应系统，这个系统接近化学平衡，其中的氧化物和燃料以 2 个或者 3 个流道分别流入所要计算的区域。

预混燃烧模型主要用于单一或完全预混合反应物流动。

部分预混燃烧模型主要用于区域内具有变化等值比率的预混合火焰的情况。

本章利用 Fluent 模拟燃烧及化学反应，将用到以下 3 个 Fluent 中的具体模型：有限速率化学反应（finite rate chemistry）模型、混合组分（PDF）模型以及层流小火焰（laminar imelet）模型。

有限速率化学反应模型的原理是求解反应物和生成物输运组分方程，并由用户来定义化学反应机理，反应速率作为源项在组分输运方程中通过阿累纽斯方程或涡耗散模型来描述。有限速率化学反应模型适用于预混燃烧、局部预混燃烧和非预混燃烧。该模型可以模拟大多数气相燃烧问题，在航空航天领域的燃烧计算中有广泛的应用。

混合组分模型不能用于求解单个组分输运方程，但是可以用于求解混合组分分布的输运方程。各组分浓度由混合组分分布求得。混合组分模型尤其适用于湍流扩散火焰的模拟和类似的反应过程。在该模型中，使用概率密度函数 PDF 来模拟湍流效应。该模型不要求用户显式地定义反应机理，而是通过火焰面方法（即混即燃模型）或化学平衡计算来处理，因此比有限速率模型有更多的优势。该模型可应用于非预混燃烧（湍流扩散火焰），可以用来计算航空发动机的环形燃烧室中的燃烧问题及液体和固体火箭发动机中的复杂燃烧问题。

层流小火焰模型是混合组分模型的进一步发展，用来模拟非平衡火焰燃烧。在模拟富油一侧的火焰时，如果典型的平衡火焰失效，则需要使用层流小火焰模型。层流小火焰近似法的优点在于，能够将实际的动力效应融合在湍流火焰之中，但层流小火焰模型适合预测中等强度非平衡化学反应的湍流火焰，而不适用反应速度缓慢的燃烧火焰。层流小火焰模型可以模拟形成 NO_x 的中间产物的燃烧问题、火箭发动机的燃烧问题、冲压发动机的燃烧问题及超声速冲压发动机的燃烧问题。

图 11-1 "组份模型"对话框

选择"设置"→"模型"→Species-Off 选项，打开"组份模型"对话框，如图 11-1 所示。

"组份模型"对话框中显示了可供选择的组份模型。在默认情况下，Fluent 屏蔽组份计算，选择某种组份模型后，对话框将会扩展以包含该模型相应的设置参数。

11.2 室内甲醛污染物浓度的数值模拟

11.2.1 案例简介

本案例利用组份传输模型对室内甲醛污染物浓度进行数值模拟。新买的家具通常会有甲醛释放，本案例利用房间通风来降低室内甲醛浓度，计算污染物浓度是否达到环保要求。

图 11-2 所示为一个办公室的三维简化模型，其长为 4.8 m，宽为 3.1 m，高为 2.9 m；室内有一张长 1.4 m、宽 0.4 m、高 0.75 m 的办公桌；还有一个长为 1.6 m、宽为 0.4 m、高为 1.9 m 的书柜。门的进口高为 2 m，宽为 0.9 m；窗户为出口，尺寸为高 1.5 m，宽 0.7 m。甲醛污染物从办公桌和书柜的外表面挥发出来，通过门窗通风来降低室内甲醛浓度。

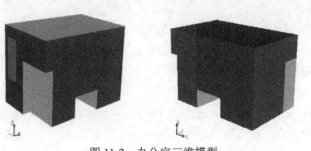

图 11-2 办公室三维模型

扫码观看
配套视频

11.2 节配套视频

11.2.2 Fluent 求解计算设置

1. 启动 Fluent-3D

（1）在 Workbench 平台内启动 Fluent，进入启动界面。

（2）选中 Dimension 中的 3D 单选按钮，选择 Double Precision，取消勾选 Display Options 下的 3 个复选框。

（3）其他参数保持默认设置，单击 Start 按钮进入 Fluent 主界面。

2. 读入并检查网格

（1）执行"文件"→"导入"→"网格"命令，在打开的 Select File 对话框中读入 pollutant.msh 三维网格文件。

（2）在功能区执行"域"→"网格"→"信息"→"尺寸"命令，得到如图 11-3 所示的模型网格信息。

（3）在功能区执行"域"→"网格"→"检查"命令，反馈信息如图 11-4 所示。观察计算域三维坐标的上下限，检查最小体积和最小面积是否为负数。

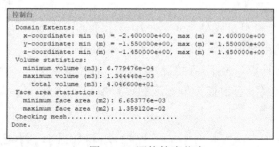

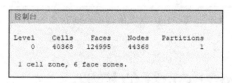

图 11-3 网格信息　　　　　　　　　图 11-4 网格检查信息

3. 设置求解器参数

（1）单击工作界面左侧项目树中的"通用"选项，在打开的"通用"面板中设置求解器参数。

（2）在"通用"面板中勾选"重力"复选框，定义 Z 方向的重力加速度为-9.81m/s^2，其他求解参数保持默认设置，如图 11-5 所示。

（3）双击"模型"列表中的 Energy-Off 选项，如图 11-6 所示。打开"能量"对话框，选择"能量方程"，如图 11-7 所示，单击 OK 按钮，启动能量方程。

（4）双击"模型"列表中的 Viscous-SST k-omega 选项，打开"粘性模型"对话框，在"模型"列表中选中 k-epsilon（2 eqn）选项，其他参数保持默认设置，如图 11-8 所示，单击 OK 按钮完成设置。

（5）再次在"模型"面板中双击 Species-Off 选项，打开"组份模型"对话框，选中"组份传递"单选按钮，在"选项"

图 11-5 设置求解参数

列表中勾选"入口扩散"及"扩散能量源项"复选框，如图 11-9 所示，单击 OK 按钮。

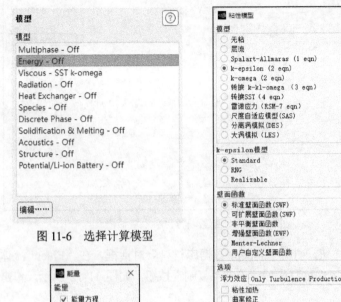

图 11-6　选择计算模型

图 11-7　"能量"对话框

图 11-8　"粘性模型"对话框

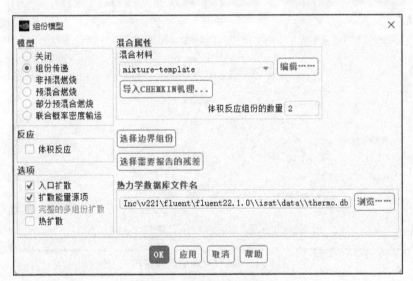

图 11-9　选择组分传输模型

4．定义材料物性

（1）在项目树中选择"设置"→"材料"选项，在打开的"材料"面板中对所需材料进行设置，如图 11-10 所示。

（2）双击"材料"列表中的 Fluid 选项，打开"创建/编辑材料"对话框，如图 11-11 所示。

图 11-10 材料选择面板

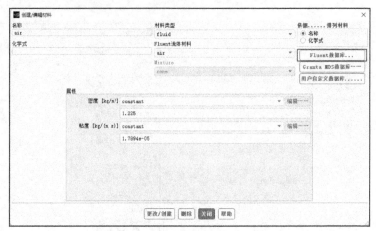

图 11-11 "创建/编辑材料"对话框

（3）单击"Fluent 数据库"按钮，打开"Fluent 数据库材料"对话框，在"Fluent 流体材料"列表中选择 formaldehyde（ch2o）选项，单击"复制"按钮，如图 11-12 所示，单击"关闭"按钮关闭窗口。

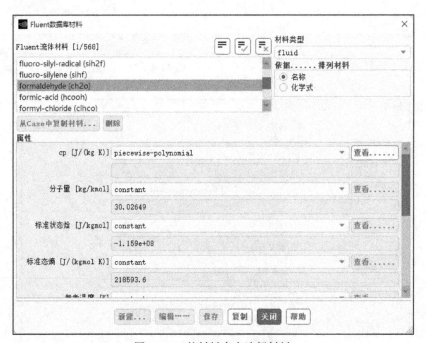

图 11-12 从材料库中选择材料

5. 修改混合物的材料属性

（1）返回"模型"面板，双击 Species-Species Transport 选项，再次打开"组份模型"对话框，单击"编辑"按钮，打开"编辑材料"对话框，如图 11-13 所示，单击"混合物组份"右侧的"编辑"按钮，打开"物质"对话框。

（2）在"物质"对话框中对混合物材料进行设置，修改为甲醛和空气的混合物，如图 11-14 所示，单击 OK 按钮完成设置。

图 11-13　"编辑材料"对话框

图 11-14　修改混合物材料

6. 设置区域条件

（1）在项目树中选择"设置"→"单元区域条件"选项，在打开的"单元区域条件"面板中对区域条件进行设置，如图 11-15 所示。

（2）在"区域"列表中选择 fluid 选项，单击"编辑"按钮，打开如图 11-16 所示的"流体"对话框，在"材料名称"右侧的下拉列表中选择 mixture-template 选项，单击"应用"按钮完成设置。

图 11-15　区域选择

图 11-16　区域属性设置

7. 设置边界条件

（1）在项目树中选择"设置"→"边界条件"选项，在打开的边界条件面板中对边界条件进行设置。

（2）双击"区域"列表中的 bookcase 选项，如图 11-17 所示，打开"质量流入口"对话框，在"动量"选项卡中，设置"质量流率（kg/s）"为 7.2e-11，在"湍流"的"设置"下拉列表中选择 K and Epsilon 选项，"湍流动能"及"湍流耗散率"值均设置为 0.01，如图 11-18 所示。选择"物质"选项卡，在 ch2o 设置为 1.57618e-7，如图 11-19 所示，单击"应用"按钮，完成书柜质量进口边界条件的设置。

图 11-17 选择进口边界

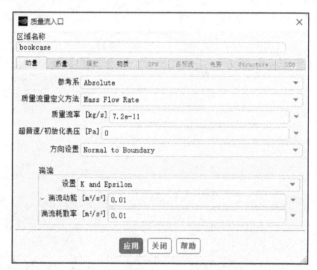

图 11-18 书柜进口边界条件设置（1）

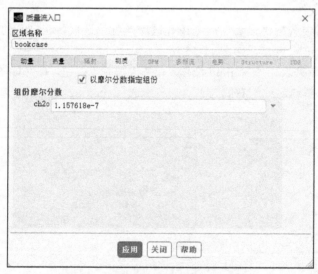

图 11-19 书柜进口边界条件设置（2）

（3）重复上述操作，desk 边界条件设置与 bookcase 相同。

（4）重复上述操作，对进口（in）边界条件进行设置，进口速度的数值设置为 0.12。

11.2.3 求解计算

1. 求解控制参数

（1）在项目树中选择"求解"→"方法"选项，在打开的"求解方法"面板中对求解控制参数进行设置。

（2）面板中的各个选项采用默认值，如图 11-20 所示。

2. 设置求解松弛因子

（1）在项目树中选择"求解"→"控制"选项，在打开的"解决方案控制"面板中对求解松弛因子进行设置。

（2）面板中相应的亚松弛因子保持默认设置，如图 11-21 所示。

图 11-20　设置求解方法

图 11-21　设置亚松弛因子

3. 设置收敛临界值

在项目树中选择"求解"→"计算监控"→"残差"选项，打开"残差监控器"对话框，如图 11-22 所示，各参数保持默认设置，单击 OK 按钮完成设置。

4. 设置流场初始化

（1）在项目树中选择"求解"→"初始化"选项，打开"解决方案初始化"面板进行初始化设置。

（2）在"初始化方法"下拉列表中选择"混合初始化（Hybrid Initialization）"选项，单击"初始化"按钮完成初始化，如图 11-23 所示。

图 11-22 修改迭代残差

图 11-23 设定流场初始化

5. 迭代计算

（1）在项目树中选择"求解"→"运行计算"选项，打开"运行计算"面板。

（2）设置"迭代次数"为 1000，如图 11-24 所示。

（3）单击"开始计算"按钮进行迭代计算。

（4）大约计算 370 步之后，迭代残差收敛，迭代残差曲线如图 11-25 所示。

图 11-24 迭代设置对话框

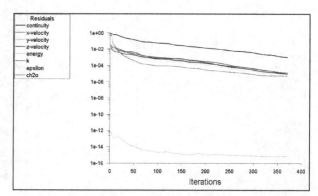

图 11-25 迭代残差曲线

11.2.4 计算结果后处理及分析

（1）执行"结果"→"图形"命令，打开"图形和动画"面板。

（2）双击"图形"列表中的 Contours 选项，打开"云图"对话框，在"着色变量"的第一个下拉列表中选择 Pressure，在"表面"列表中选择 z-1.2 选项，如图 11-26 所示。单击"保存/显示"按钮，显示压力云图，如图 11-27 所示。

（3）重复上述操作，在"着色变量"的第一个下拉列表中选择 Velocity 选项，

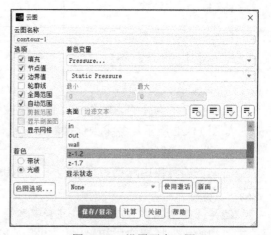

图 11-26 设置压力云图

单击"保存/显示"按钮，显示 1.2 m 平面的速度云图，如图 11-29 所示。

（4）重复上述操作，在"着色变量"的第一个下拉列表中选择 Species 选项，在第二个下拉列表中保持默认的甲醛质量分数，单击"保存/显示"按钮，显示 1.2 m 平面的甲醛质量分数云图，如图 11-31 所示。

（5）重复上述操作，绘制出 1.7 m 高度处的压力云图（见图 11-28）、速度云图（见图 11-30）和甲醛质量分数云图（见图 11-32）。

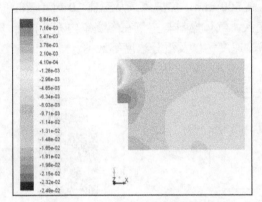

图 11-27　Z = 1.2 m 平面的压力云图

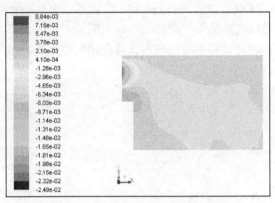

图 11-28　Z = 1.7 m 平面的压力云图

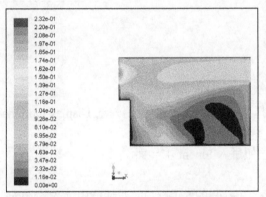

图 11-29　Z = 1.2 m 平面的速度云图

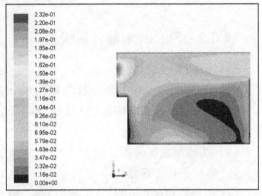

图 11-30　Z = 1.7 m 平面的速度云图

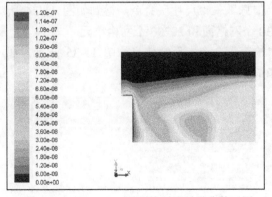

图 11-31　Z = 1.2 m 平面的甲醛质量分数云图

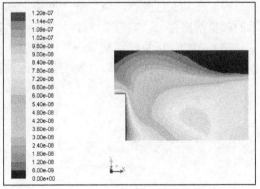

图 11-32　Z = 1.7 m 平面的甲醛质量分数云图

11.3 焦炉煤气燃烧的数值模拟

11.3.1 案例简介

本案例将利用有限速率化学反应模型，对焦炉煤气的燃烧过程进行数值模拟。燃烧室二维模型如图 11-33 所示，燃烧室长 2000 mm，高 500 mm，焦炉煤气从左侧 10 mm 高的进口高速流入，助燃空气在左侧 490 mm 进口流入，气体燃料与空气在燃烧室内充分混合并燃烧，利用数值模拟计算得出燃烧室内温度场、速度场以及组分浓度等数据。

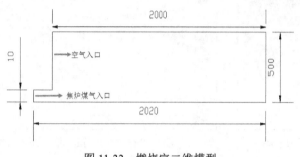

图 11-33 燃烧室二维模型

11.3.2 Fluent 求解计算设置

1. 启动 Fluent-2D

（1）在 Workbench 平台内启动 Fluent，进入启动界面。

（2）选中 Dimension 中的 2D 单选按钮，选择 Double Precision，取消勾选 Display Options 下的 3 个复选框。

（3）其他参数保持默认设置，单击 Start 按钮进入 Fluent 主界面。

2. 读入并检查网格

（1）执行"文件"→"导入"→"网格"命令，在打开的 Select File 对话框中读入 gaseous combustion.msh 二维网格文件。

（2）在功能区执行"域"→"网格"→"信息"→"尺寸"命令，得到如图 11-34 所示的模型网格信息，共有 22531 个节点、44730 个网格面和 22200 个网格单元。

（3）在功能区执行"域"→"网格"→"检查"命令，反馈信息如图 11-35 所示。观察计算域二维坐标的上下限，检查最小体积和最小面积是否为负数。

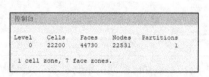

图 11-34 网格信息

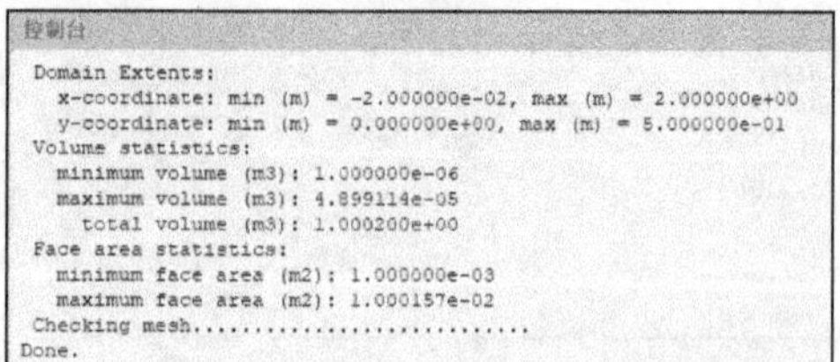

图 11-35 网格检查信息

3．设置求解器参数

（1）单击工作界面左侧项目树中的"通用"选项，在打开的"通用"面板中设置求解器参数。

（2）在"通用"面板中求解参数保持默认设置，如图 11-36 所示。

（3）双击"模型"列表中的 Energy-Off 选项，如图 11-37 所示。打开"能量"对话框，选择"能量方程"，如图 11-38 所示，单击 OK 按钮，启动能量方程。

（4）双击"模型"列表中的 Viscous-SST k-omega 选项，打开"粘性模型"对话框，在"模型"列表中选中 k-epsilon（2 eqn）选项，其他参数保持默认设置，如图 11-39 所示，单击 OK 按钮完成设置。

图 11-36　设置求解参数

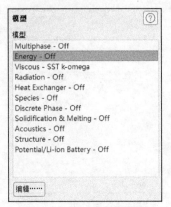

图 11-37　选择计算模型

图 11-38　"能量"对话框

图 11-39　"粘性模型"对话框

（5）再次在"模型"面板中双击 Species-Off 选项，打开"组份模型"对话框，选中"组份传递"单选按钮，在"反应"列表中选中"体积反应"，在"选项"列表中勾选"入口扩散"及"扩散能量源项"复选框，在"湍流-化学反应相互作用"列表中选中 Finite-Rate/Eddy-Dissipation 单选按钮，如图 11-40 所示，单击 OK 按钮。

4．定义材料物性

（1）在项目树中选择"设置"→"材料"选项，在打开的"材料"面板中对所需材料进行设置，如图 11-41 所示。

（2）双击"材料"列表中的 Fluid 选项，打开"创建/编辑材料"设置对话框，如图 11-42 所示。

图 11-40 选择组分传输模型

图 11-41 材料选择面板

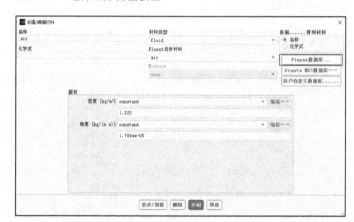

图 11-42 "创建/编辑材料"对话框

（3）单击"Fluent 数据库"按钮，打开"Fluent 数据库材料"对话框，在"Fluent 流体材料"列表中选择 carbon-monoxide（co）选项，单击"复制"按钮，如图 11-43 所示，单击"关闭"按钮关闭窗口。

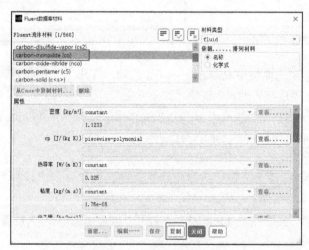

图 11-43 从材料库中选择材料

（4）重复上述操作，分别从材料数据库复制加载 CH_4、CO_2、H_2 的材料属性。

5. 修改混合物的材料属性

（1）返回"模型"面板，双击 Species-Species Transport 选项，再次打开"组份模型"对话框，单击"编辑"按钮，打开"编辑材料"对话框，如图 11-44 所示，单击"混合物组份"右侧的"编辑"按钮，打开"物质"对话框。

（2）在"物质"对话框中对混合物材料进行设置，调整"选定的组份"下的各个组分，最终组分为 ch4、o2、co2、h2o、h2、co、n2，如图 11-45 所示，单击 OK 按钮完成设置。

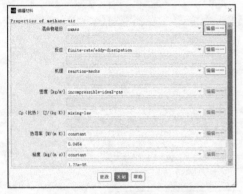

图 11-44　"编辑材料"对话框

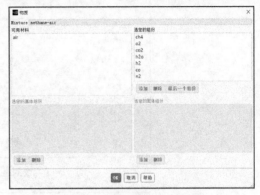

图 11-45　修改混合物材料

注意：n2 一定是在列表的末尾位置。

6. 设置化学反应方程

（1）在图 11-44 所示的"编辑材料"设置对话框中，单击"反应"右侧的"编辑"按钮，打开"反应"对话框，设置"反应总数"为 3，表示有 3 个化学反应。将 ID 设置为 1，"反应物数量"设置为 2，表示反应物为 2 种，在"物质"的两个下拉列表中分别选择 ch4 和 o2，"化学计量系数"分别设置为 1 和 2，"反应产物数量"设置为 2，表示生成物为 2 种；在"物质"的两个下拉列表中分别选择 co2 和 h2o，"化学计量系数"分别设置为 1 和 2，其他参数保持默认设置，如图 11-46 所示。这样就完成了甲烷与氧气化学反应的设置。

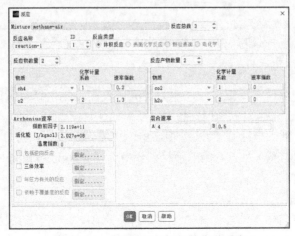

图 11-46　设置甲烷与氧气的化学反应

（2）重复上述操作，ID 分别选择 2 和 3，完成 h2 和 o2，co 和 o2 的化学反应设置，如图 11-47 和图 11-48 所示。

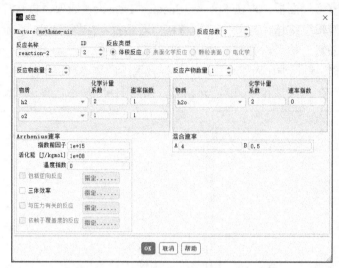

图 11-47 设置氢气与氧气的化学反应

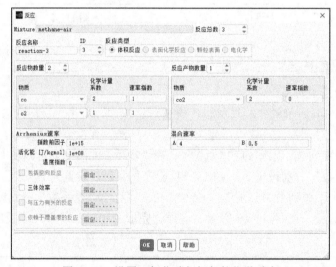

图 11-48 设置一氧化碳与氧气的化学反应

7. 设置区域条件

（1）在项目树中选择"设置"→"单元区域条件"选项，在打开的"单元区域条件"面板中对区域条件进行设置，如图 11-49 所示。

（2）在"区域"列表中选择 fluid 选项，单击"编辑"按钮，将打开如图 11-50 所示的"流体"对话框，在"材料名称"右侧的下拉列表中选择 mixture-template 选项，单击"应用"按钮完成设置。

8. 设置边界条件

（1）在项目树中选择"设置"→"边界条件"选项，在打开的边界条件面板中对边界条件进行设置。

（2）双击"区域"列表中的 air_in 选项，如图 11-51 所示，打开"速度入口"对话框，在"动量"选项卡中，将"速度大小（m/s）"设置为 0.5，在"湍流"选项的"设置"下拉列表中选择 Intensity and Hydraulic Diameter 选项，"湍流强度（%）"设置为 10，"水力直径（m）"值设置为 0.98，如图 11-52 所示。选择"物质"选项卡，在 o2 文本框中输入 0.22，如图 11-53 所示，单击"应用"按钮，完成速度入口边界条件的设置。

图 11-49　区域选择

图 11-50　区域属性设置

图 11-51　选择进口边界

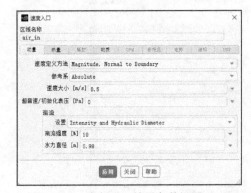

图 11-52　空气进口边界条件设置（1）

（3）重复上述操作，对 fuel_in 边界进行设置。将"速度大小（m/s）"设置为 60，"湍流强度（%）"设置为 10，"水力直径（m）"值设置为 0.02，进口各组分的质量分数 ch4 为 0.25，o2 为 0.005，co2 为 0.02，h2 为 0.6，co 为 0.05。

（4）重复上述操作，对出口边界进行设置。设置"热量"选项卡中的回流总温为 2500 K，如图 11-54 所示。

图 11-53　空气进口边界条件设置（2）

图 11-54　设置出口回流温度

11.3.3 求解计算

1. 求解控制参数

（1）在项目树中选择"求解"→"方法"选项，在打开的"求解方法"面板中对求解控制参数进行设置。

（2）面板中的各个选项采用默认值设置，如图 11-55 所示。

2. 设置求解松弛因子

（1）在项目树中选择"求解"→"控制"选项，在打开的"解决方案控制"面板中对求解松弛因子进行设置。

（2）面板中相应的亚松弛因子保持默认设置，如图 11-56 所示。

图 11-55 设置求解方法

图 11-56 设置亚松弛因子

3. 设置收敛临界值

在项目树中选择"求解"→"计算监控"→"残差"选项，打开"残差监控器"对话框，如图 11-57 所示，各参数保持默认设置，单击 OK 按钮完成设置。

4. 设置流场初始化

（1）在项目树中选择"求解"→"初始化"选项，打开"解决方案初始化"面板进行初始化设置。

（2）在"初始化方法"下拉列表中选择"标准初始化"选项，在"计算参考位置"下拉列表中选择 all-zones，"温度"设置为 2000K，其他参数保持默认设置，单击"初始化"按钮完成初始化设置，如图 11-58 所示。

图 11-57 修改迭代残差

图 11-58 设定流场初始化

5. 迭代计算

（1）在项目树中选择"求解"→"运行计算"选项，打开"运行计算"面板。

（2）设置"迭代次数"为 1000，如图 11-59 所示。

（3）单击"开始计算"按钮进行迭代计算。

（4）大约计算 460 步之后，迭代残差收敛，迭代残差曲线如图 11-60 所示。

图 11-59 迭代设置对话框

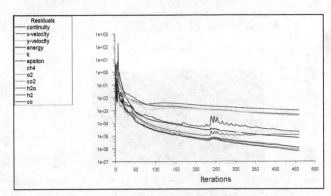

图 11-60 迭代残差曲线

11.3.4 计算结果后处理及分析

（1）执行"结果"→"图形"命令，打开"图形和动画"面板。

（2）双击"图形"列表中的 Contours 选项，打开"云图"对话框，在"着色变量"的第一个下拉列表中选择 Temperature，如图 11-61 所示。单击"保存/显示"按钮，显示温度云图，如图 11-62 所示。观察温度云图可以发现，随着反应的进行，由喷口向燃烧器内部温度逐渐升高，且中间区域温度最高，达到 2500K。

图 11-61 设置温度云图

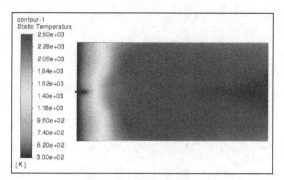

图 11-62 温度云图

（3）重复上述操作，在"着色变量"的第一个下拉列表中选择 Species 选项，在第二个下拉列表中选择 Mass fraction of ch4 选项，单击"保存/显示"按钮，显示甲烷质量分数云图，如图 11-63 所示。

（4）重复上述操作，依次完成氢气、一氧化碳、氧气、二氧化碳和水的质量分数云图绘制，分别如图 11-64～图 11-68 所示。

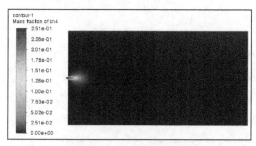

图 11-63 甲烷质量分数云图

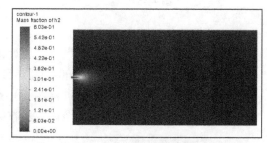

图 11-64 氢气质量分数云图

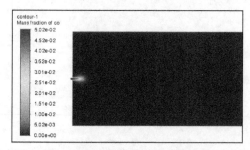

图 11-65 一氧化碳质量分数云图

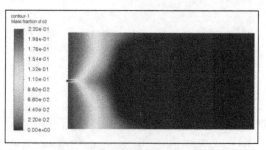

图 11-66 氧气质量分数云图

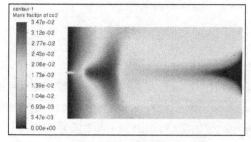

图 11-67 二氧化碳质量分数云图

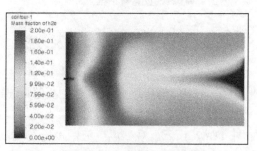

图 11-68 水质量分数云图

11.4 预混气体化学反应的模拟

11.4.1 案例简介

锥形反应器如图 11-69 所示。温度为 650K 的甲烷与空气的混合气体（混合比为 0.6）以 60m/s 的速度从入口进入反应器。燃烧过程中会发生 CH_4、O_2、CO_2、CO、H_2O 和 N_2 之间的复杂化学反应。高速流动的气体在反应器中改变方向，然后从出口流出。

煤和载体空气通过内部的环形区域进入燃烧室，热涡旋的二次空气通过外部的环形区域进入燃烧室。燃烧在燃烧室中发生，燃烧产物通过压力出口排出。

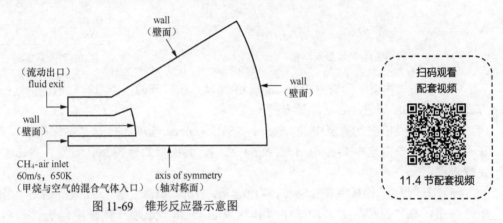

图 11-69 锥形反应器示意图

11.4.2 Fluent 求解计算设置

1. 启动 Fluent-2D

（1）在 Workbench 平台内启动 Fluent，进入启动界面。

（2）选中 Dimension 中的 2D 单选按钮，选择 Double Precision，取消勾选中 Display Options 下的 3 个复选框。

（3）其他参数保持默认设置，单击 Start 按钮进入 Fluent 主界面。

2. 读入并检查网格

计算模型已经确定，甲烷与空气预混燃烧化学反应模拟计算模型的 Mesh 文件的文件名为 conreac.msh。将 conreac.msh 复制到工作的文件夹下。

具体操作步骤如下。

（1）执行"文件"→"导入"→"网格"命令，在打开的 Select File 对话框中读入 conreac.msh 二维网格文件。

（2）检查网格。

单击"通用"面板上的"检查"按钮。

（3）显示网格。

显示如图 11-70 所示的网格。

3. 设置求解器参数

（1）单击工作界面左侧项目树中的"通用"选项，在打开的"通用"面板中设置求解器参数。

（2）在"通用"面板的"求解器"选项中选择"压力基"，在"2D 空间"选项中选择"轴对称"，如图 11-71 所示。

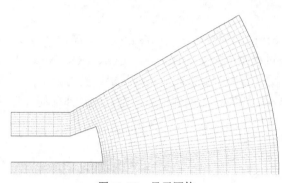

图 11-70 显示网格 　　　　　　　　　图 11-71 求解器设置

（3）双击"模型"列表中的 Energy-Off 选项，在打开的"能量"对话框中选择"能量方程"，单击 OK 按钮，启动能量方程。

（4）双击"模型"列表中的 Viscous-SST k-omega 选项，打开"粘性模型"对话框，在"模型"列表中选中 k-epsilon（2 eqn）选项，其他参数保持默认设置，单击 OK 按钮完成设置。

（5）在"模型"面板中双击 Species-Off 选项，打开"组份模型"对话框，选中"组份传递"单选按钮，在"反应"列表中选中"体积反应"，在"选项"列表中勾选"入口扩散"及"扩散能量源项"复选框，在"湍流-化学反应相互作用"列表中选中 Finite-Rate/Eddy-Dissipation 单选按钮，在"混合材料"下拉列表中选择 methane-air-2step 选项，如图 11-72 所示，单击 OK 按钮。

图 11-72 选择组分传输模型

4. 定义材料物性

（1）在项目树中选择"设置"→"材料"选项，在打开的"材料"面板中对所需材料进行设置。

① 在"材料"面板中单击"创建/编辑"按钮，打开"创建/编辑材料"设置对话框。

② 单击"Fluent 数据库"按钮，打开"Fluent 数据库材料"对话框，如图 11-73 所示。

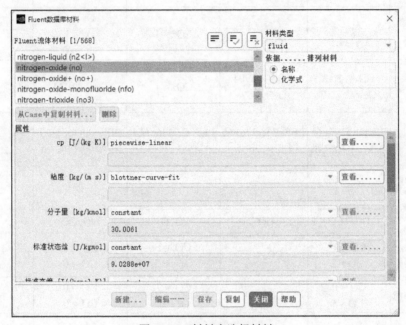

图 11-73　材料库选择材料

③ 在"材料类型"下拉列表中选择 fluid 选项。

④ 在"Fluent 流体材料"列表中选择 nitrogen-oxide(no)选项。

⑤ 单击"复制"按钮，然后关闭"Fluent 数据库材料"对话框。

（2）修改混合气体为 methane-air-2step。

① 返回"创建/编辑材料"对话框，在"材料类型"下拉列表中选择 mixture 选项。

② 将"属性"中"热导率"的值设置为 0.0241。

③ 单击"混合物组份"右边的"编辑"按钮，打开"物质"对话框。

● 将 nitrogen-oxide(no)添加到"选定的组份"列表。

● 确保氮气(N_2)是列表中的最后一个组分，否则需要移出氮气再重新添加。

● 单击 OK 按钮，关闭 Species 对话框。

④ 化学反应的定义。

● 返回"创建/编辑材料"对话框，单击"反应"右侧的"编辑"按钮，打开"反应"对话框。

● 将"反应总数"的值增加到 5，并根据表 11-1 定义 5 种化学反应。

其中，PEF=Pre-Exponential Factor，AE=Activation Energy，TE=Temperature Exponent。

● 单击 OK 按钮，关闭"反应"对话框。

表 11-1 化学反应组分表

Reaction ID	1	2	3	4	5
Number of Reactants	2	2	1	3	2
Species	CH_4, O_2	CO, O_2	CO_2	N_2, O_2, CO	N_2, O_2
Stoich. Coefficient	CH_4 = 1 O_2 = 1.5	CO = 1 O_2 = 0.5	CO_2 = 1	N_2 = 1 O_2 = 1 CO = 0	N_2 = 1 O_2 = 1
Rate Exponent	CH_4 = 1.46 O_2 = 0.5217	CO = 1.6904 O_2 = 1.57	CO_2 = 1	N_2 = 0 O_2 = 4.0111 CO = 0.7211	N_2 = 1 O_2 = 0.5
Arrhenius Rate	PEF=1.6596e+15 AE=1.72e+08	PEF=7.9799e+14 AE=9.654e+07	PEF=2.2336e+14 AE=5.1774e+08	PEF=8.8308e+23 AE=4.4366e+08	PEF=9.2683e+14 AE=5.7276e+08 TE = −0.5
Number of Products	2	1	2	2	1
Species	CO, H_2O	CO_2	CO, O_2	NO, CO	NO
Stoich. Coefficient	CO = 1 H_2O = 2	CO_2 = 1	CO = 1 O_2 = 0.5	NO = 2 CO = 0	NO = 2
Rate Exponent	CO = 0 H_2O = 0	CO_2 = 0	CO = 0 O_2 = 0	NO = 0 CO = 0	NO = 0
Mixing Rate	default values	default values	default values	A = 1e+11 B = 1e+11	A = 1e+11 B = 1e+11

⑤ 返回"创建/编辑材料"对话框,单击"机理"右侧的"编辑"按钮,打开"反应机理"对话框。

● 在"反应"列表中选择所有化学反应。

● 单击 OK 按钮,关闭"反应机理"对话框。

⑥ 对于所有组分在 Cp 列表中选择 piecewise-polynomial,对于混合物选择 mixing law。

(3)单击"更改/创建"按钮,并且关闭"创建/编辑材料"对话框。

5. 设置边界条件

在边界条件面板中设置边界条件。

(1)按照表 11-2 为出口 pressure-outlet-4 设置边界条件。

表 11-2 出口边界条件参数

参 数	值
回流总温	2500 K
回流湍流长度尺寸	0.003 m
组份质量分数	O_2 = 0.05、H_2O = 0.1、CO_2 = 0.1

（2）按照表 11-3 为入口 velocity-inlet-5 设置边界条件。

表 11-3　　　　　　　　　　　　入口边界条件参数

参　　数	值
速度大小	60 m/s
温度	650 K
湍流长度尺寸	0.003 m
组份质量分数	$CH_4 = 0.034$、$O_2 = 0.225$

（3）保持 wall-1 的默认边界条件。

（4）关闭边界条件面板。

11.4.3　求解计算及后处理

1. 求解无化学反应的流动

（1）修改组分模型。

在"模型"面板中双击"组份"选项，打开"组份模型"对话框。在"反应"列表中取消勾选"体积反应"复选框。

（2）修改求解参数。

① 在"方程"列表中选择所有方程，如图 11-74 所示。

②在项目树中选择"求解"→"控制"选项，在打开的"解决方案控制"面板中对求解松弛因子进行设置，将 ch4 等气体及"能量"的值设置为 0.95。

（3）设置收敛临界值。

图 11-74　选择求解的方程

在项目树中选择"求解"→"计算监控"→"残差"选项，打开"残差监控器"对话框，各参数保持默认设置，单击 OK 按钮完成设置。

（4）初始化流场，从入口 velocity-inlet-5 开始计算。

打开图 11-75 所示"解决方案初始化"面板，在"计算参考位置"下拉列表中选择 velocity-inlet-5，单击"初始化"按钮进行初始化。

（5）进行 200 步迭代求解。

在面板中单击"开始计算"按钮进行迭代计算。

2. 无化学反应解的后处理

（1）显示速度矢量图。

将"矢量"对话框中的"比例"设置为 10，单击"保存/显示"按钮，显示速度矢量图，如图 11-76 所示。

（2）显示流函数分布图。

在"着色变量"下拉列表中分别选择 Velocity 和 Stream Function，单击"保存/显示"按钮，显示流函数分布图，如图 11-77 所示。

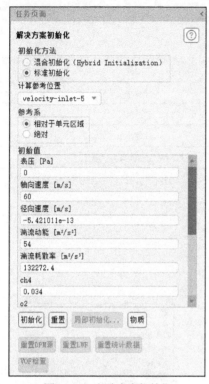

图 11-75 解决方案初始化

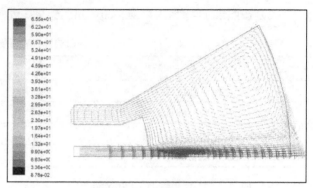

图 11-76 速度矢量图

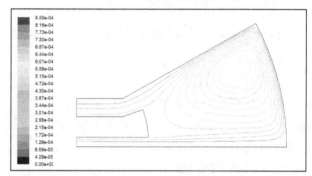

图 11-77 流函数分布图

3. 求解有化学反应的流动

（1）引入体积反应。

在"组份模型"对话框的"反应"列表中勾选"体积反应"复选框。

（2）修改求解参数。

① 在"方程"列表中选择所有方程。

② 打开"解决方案控制"面板，按照表 11-4 设置"亚松弛因子"中的参数。

表 11-4 Under-Relaxation Factors 中的参数

参数	值
密度	0.8
动量	0.6
湍流动能	0.6
湍流耗散率	0.6
湍流粘度	0.6
CH_4, O_2, CO, H_2O, CO_2, NO(species)	0.8
能量	0.8

（3）初始化一个温度区域来启动化学反应。

① 在"解决方案初始化"中单击"局部初始化"按钮，打开"局部初始化"对话框。在 Variable 列表中选择 Temperature 选项。

② 将"值"设置为1000。

③ 在待修补区域列表中选择 fluid-6,如图 11-78 所示。

④ 单击"局部初始化"按钮。

⑤ 关闭"局部初始化"对话框。

图 11-78　在"局部初始化"对话框中设置温度区域

（4）进行 500 步迭代求解。

（5）减小组分收敛标准。

① 在"残差监测器"对话框中,将所有组分的"绝对标准"修改为 1e-06。

② 单击 OK 按钮,关闭"残差监测器"对话框。

（6）修改求解参数。

在"解决方案控制"面板中,将"亚松弛因子"中所有组分及"能量"的值设置为 0.95。

（7）再进行 1000 步迭代,大概 300 步之后求解收敛。

（8）计算气体通过所有边界的质量通量。

① 计算入口边界 velocity-inlet-5 的质量流速率。

● 在"报告"面板双击 Fluxes 选项,打开"通量报告"对话框。

● 在"选项"列表中选择"质量流率"单选按钮。

● 在"边界"列表中选择 velocity-inlet-5 选项。

● 单击"计算"按钮,如图 11-79 所示。

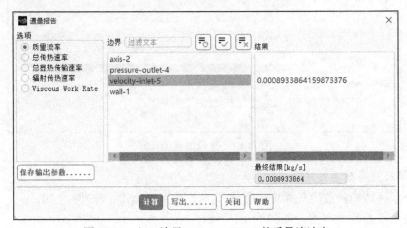

图 11-79　入口边界 velocity-inlet-5 的质量流速率

② 计算出口边界 pressure-outlet-4 的质量流速率。

- 在"选项"列表中选择"质量流率"单选按钮。
- 在"边界"列表中选择 pressure-outlet-4 选项。
- 单击"计算"按钮，如图 11-80 所示。

以上两个速率应该大小相等、方向相反（大小不一定完全相等，误差在一定范围内即可）。

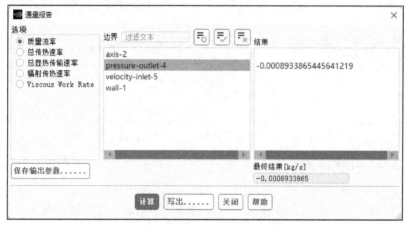

图 11-80 出口边界 pressure-outlet-4 的质量流速率

（9）计算气体通过所有边界的能量通量。

① 在"选项"列表中选择"总传热速率"单选按钮。

② 在"边界"列表中选择所有区域。

③ 单击"计算"按钮，得到如图 11-81 所示结果。

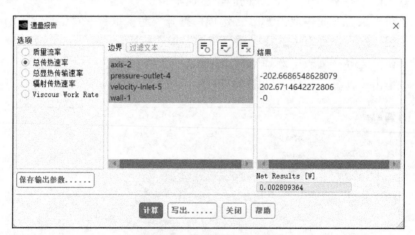

图 11-81 能量通量的计算

4. 化学反应解的后处理

（1）显示区域中的速度矢量图，如图 11-82 所示，"比例"的值为 10。

（2）显示流函数分布图，如图 11-83 所示。

（3）显示静态温度分布图，如图 11-84 所示。

（4）显示组分质量分数图：CH_4（见图 11-85），CO_2（见图 11-86），CO（见图 11-87），H_2O（见图 11-88），NO（见图 11-89），O_2（见图 11-90)。

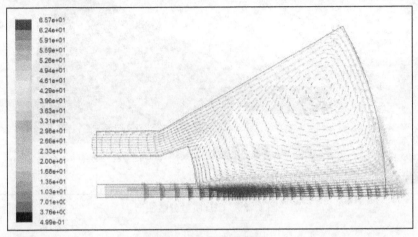

图 11-82　速度矢量图

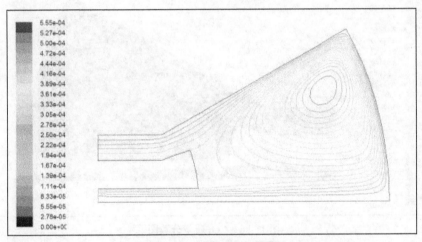

图 11-83　流函数分布图

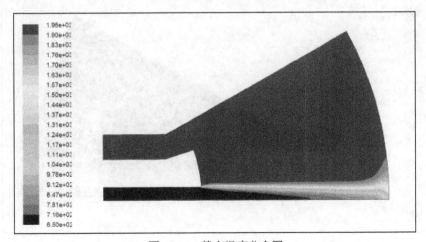

图 11-84　静态温度分布图

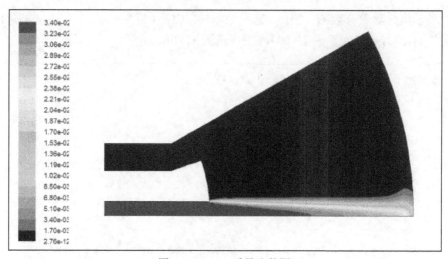

图 11-85 CH_4 质量分数图

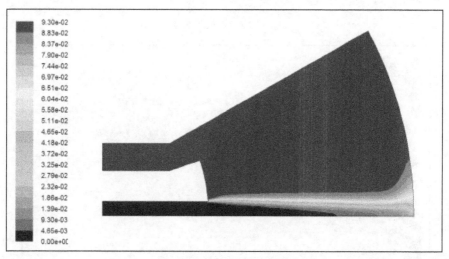

图 11-86 CO_2 质量分数图

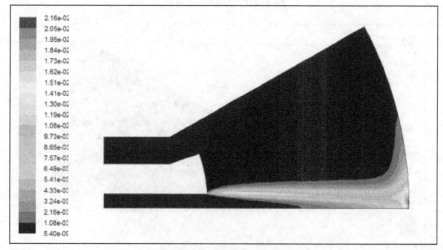

图 11-87 CO 质量分数图

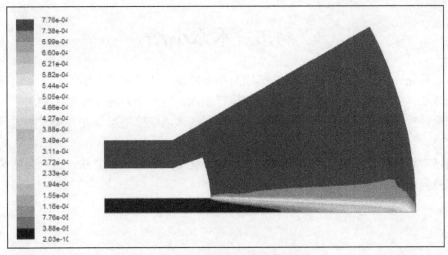

图 11-88 H_2O 质量分数图

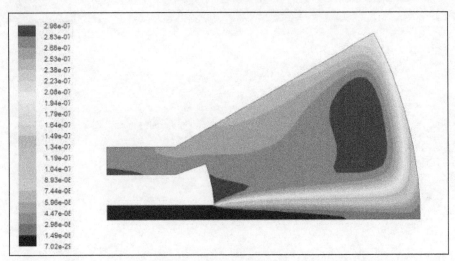

图 11-89   NO 质量分数图

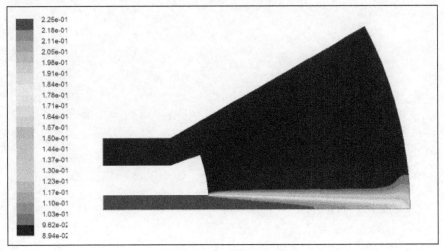

图 11-90 O_2 质量分数图

11.5 本章小结

本章首先介绍了组分传输与气体燃烧的基础知识，然后着重介绍了 Fluent 对化学反应的求解方法，并对其适合求解的实际问题进行说明，进一步对各个模型的使用限制和使用注意事项进行了阐述，最后分别利用组分传输和气体燃烧模型对 3 个实例求解过程进行了详细说明。

通过本章的学习，读者能够掌握组分传输和化学反应的模拟方法，组分传输模型可准确地预测室内污染物的变化。

第 12 章　动网格问题数值模拟

本章将重点介绍 Fluent 中的动网格模型，通过对本章的学习，读者能够掌握计算区域中包含物体运动的数值模拟，进而对流固耦合问题有一定的了解，并且能够解决其中的简单问题。

学习目标：
- 掌握动网格模型的具体设置方法；
- 掌握 Profile 定义运动特性的方法；
- 掌握动网格问题边界条件的设置方法；
- 掌握动网格问题计算结果的后处理及分析方法。

12.1　动网格问题概述

动网格技术主要用来模拟计算区域变化的问题。动网格模型可以用来模拟流场形状由于边界运动而随时间改变的问题。边界的运动形式可以是预先定义的运动，即可以在计算前指定其速度或角速度；也可以是预先未定义的运动，即边界的运动由前一步的计算结果决定。

网格的更新过程由 Fluent 根据每个迭代步中边界的变化情况自动完成。在使用动网格模型时，必须首先定义初始网格、边界运动的方式并指定参与运动的区域，可以用边界型函数或者 UDF 定义边界的运动方式。

Fluent 要求将运动的描述定义在网格面或网格区域上。如果流场中包含运动与不运动两种区域，则需要将它们组合在初始网格中以进行识别。

由于周围区域运动而发生变形的区域必须组合到各自的初始网格区域中，不同区域之间的网格不必是正则的，可以在模型设置中使用 Fluent 软件提供的非正则或者滑动界面功能将各区域连接起来。

动网格的更新方法可使用 3 种模型进行计算，即弹簧光顺模型、动态分层模型和局部网格重构模型。下面对这三种模型进行说明。

1. 光顺模型

原则上，光顺模型可以用于任何一种网格体系，但在非四面体网格区域（二维非三角形），最好在满足下列条件时使用弹簧光顺模型。
- 移动为单方向。
- 移动方向垂直于边界。

如果两个条件都不满足，可能使网格畸变率增大。另外，在系统默认设置中，只有四面体网格（三维）和三角形网格（二维）可以使用光顺模型，如果要在其他网格类型中激活该模型，需要在 dynamic-mesh-menu 下使用文字命令 spring-on-all-shapes，然后激活即可。

2. 层铺模型

层铺模型的应用有如下限制。

● 与运动边界相邻的网格必须为楔形或者六面体（二维四边形）网格。

● 在滑动网格交界面以外的区域，网格必须被单面网格区域包围。

● 如果网格周围区域中有双侧壁面区域，则必须先将壁面和阴影区分割开，再用滑动交界面将二者耦合起来。

● 如果动态网格附近包含周期性区域，则只能使用 Fluent 的串行版求解，但如果周期性区域被设置为周期性非正则交界面，则可以使用 Fluent 的并行版求解。

如果移动边界为内部边界，则边界两侧的网格都将作为动态层参与计算。如果在壁面上只有一部分是运动边界，其他部分保持静止，则只需在运动边界上应用动网格技术，但动网格区与静止网格区之间应该使用滑动网格交界面进行连接。

3. 重新划分网格模型

需要注意的是，重新划分网格模型仅能用于四面体网格和三角形网格。在定义动边界面后，如果在动边界面附近同时定义了局部重构模型，则动边界上的表面网格必须满足下列条件。

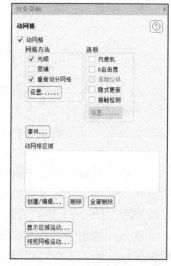

● 需要进行局部调整的表面网格是三角形（三维）或直线（二维）。

● 将被重新划分的面网格单元必须紧邻动网格节点。

● 表面网格单元必须处于同一个面上并构成一个循环。

● 被调整单元不能是对称面（线）或正则周期性边界的一部分。

选择"设置"→"动网格"选项，打开"动网格"对话框，如图 12-1 所示。对话框中显示了可供选择的 3 种网格重构模型，选择其中的某种模型后，对话框会扩展以包含该模型相应的设置参数。

图 12-1　动网格设置面板模型

12.2　两车交会过程的数值模拟

12.2.1　案例简介

本案例主要对两个高速运动的长方形物体交会错车时的速度场和压力场进行数值模拟，计算区域长 10 m，宽 5 m，两个长方形物体长 4 m、宽 1.5 m，两物体横向和纵向间距均为 0.5 m，运动速度均为 55 m/s，运动方向相反，如图 12-2 所示。

通过对两车交会过程进行数值模拟，得到物体周围气流的速度场和压力场的计算结果，并对结果进行分析说明。

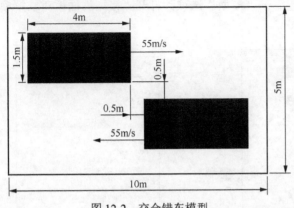

图 12-2 交会错车模型

12.2.2 Fluent 求解计算设置

1. 启动 Fluent-2D

（1）在 Workbench 平台内启动 Fluent，进入启动界面。

（2）选中 Dimension 中的 2D 单选按钮，选择 Double Precision，取消勾选 Display Options 下的 3 个复选框。

（3）其他参数保持默认设置即可，单击 Start 按钮进入 Fluent 主界面。

2. 读入并检查网格

（1）执行"文件"→"导入"→"网格"命令，在打开的 Select File 对话框中读入 passing.msh 二维网格文件。

（2）在功能区执行"域"→"网格"→"信息"→"尺寸"命令，得到如图 12-3 所示的模型网格信息，共有 19974 个节点、58865 个网格面和 38890 个网格单元。

（3）在功能区执行"域"→"网格"→"检查"命令，反馈信息如图 12-4 所示。观察计算域二维坐标的上下限，检查最小体积和最小面积是否为负数。

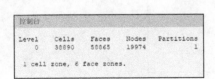

图 12-3 网格信息

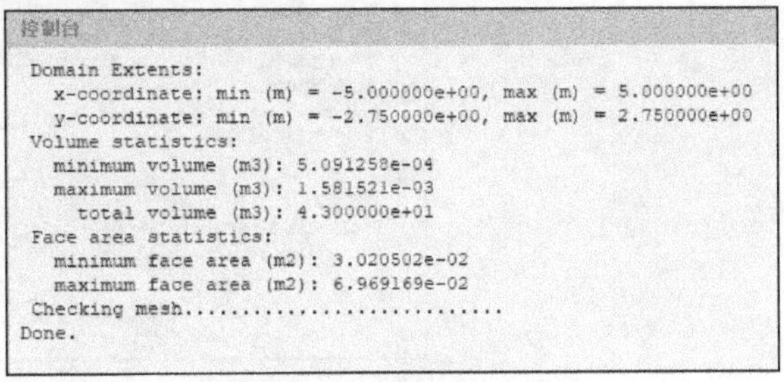

图 12-4 网格检查信息

3. 设置求解器参数

（1）单击工作界面左侧项目树中的"通用"选项，在打开的"通用"面板中设置求解器参数。

（2）选择非稳态计算，在"时间"选项中选择"瞬态"单选按钮，其他求解参数保持默认设置，如图 12-5 所示。

（3）在项目树中选择"设置"→"模型"选项，打开"模型"面板对求解模型进行设置，如图 12-6 所示。

图 12-5 设置求解参数　　　　　　　　　　图 12-6 选择计算模型

（4）双击"模型"列表中的 Viscous-SST k-omega 选项，打开"粘性模型"对话框，选择 k-epsilon（2 eqn）选项，在"k-epsilon（2 eqn）模型"列表中选择 Standard 单选按钮，其他参数保持默认设置，如图 12-7 所示，单击 OK 按钮保存设置。

图 12-7 "粘性模型"对话框

4. 定义材料物性

（1）在项目树中选择"设置"→"材料"选项，在打开的"材料"面板中对所需材料进行设置，如图 12-8 所示。

（2）双击"材料"列表中的 Fluid 选项，打开"创建/编辑材料"设置对话框。保持默认参数设置，如图 12-9 所示，单击"关闭"按钮关闭对话框。

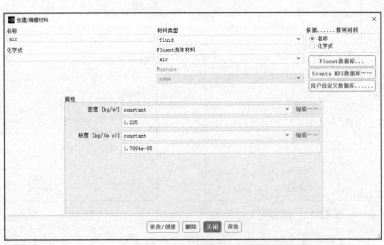

图 12-8　材料选择面板　　　　　　　　　　图 12-9　材料物性参数设置对话框

5．设置区域条件

（1）在项目树中选择"设置"→"单元区域条件"选项，在打开的"单元区域条件"面板中对区域条件进行设置，如图 12-10 所示。

（2）在"区域"列表中选择 fluid 选项，单击"编辑"按钮，将打开图 12-11 所示的"流体"对话框，保持默认设置，单击"应用"按钮完成设置。

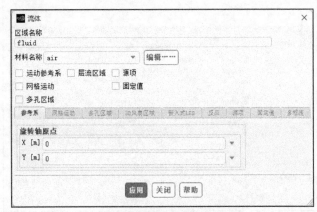

图 12-10　区域选择　　　　　　　　　　　图 12-11　区域属性设置

6．设置边界条件

（1）在项目树中选择"设置"→"边界条件"选项，在打开的边界条件面板中对边界条件进行设置。

（2）双击"区域"列表中的 in 选项，如图 12-12 所示，打开"压力进口"对话框，将"总压（表压）"设置为 0，在"动量"选项卡湍流的"设置"下拉列表中选择 Intensity and Hydraulic Diameter 选项，"湍流强度"设置为 5，"水力直径（m）"设置为 5.5，如图 12-13 所示，单击"应用"按钮完成设置。

图 12-12　选择进口边界

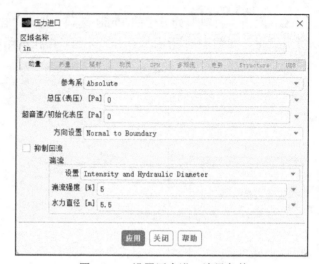

图 12-13　设置压力进口边界条件

（3）重复上述操作，完成出口边界条件设置，出口湍流强度和水力直径数值与进口相同。

7. 导入 Profiles 文件

（1）执行"文件"→"读入"→Profiles 命令，打开 Select File 对话框，单击"OK"按钮，将已经编写好的 Profiles 文件导入，如图 12-14 所示。

（2）用记事本编写 Profiles 文档，如图 12-15 所示。

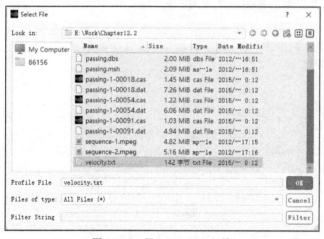

图 12-14　导入 Profiles 文件

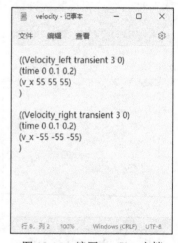

图 12-15　编写 Profiles 文档

8. 设置动网格

（1）在项目树中选择"设置"→"动网格"选项，打开"动网格"面板，勾选"动网格"复选框，在"网格方法"列表中勾选"光顺"和"重新划分网格"复选框，如图 12-16 所示。

（2）单击"网格方法"选项下的"设置"按钮，打开"网格方法设置"对话框，单击"高级"按钮，在打开的"网格光顺参数"面板内设置"弹簧常数因子"为 0.5，"Laplace 节点松弛"为 1，如图 12-17 所示。

图 12-16　动网格设置面板

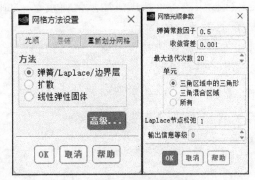

图 12-17　设置弹簧光顺网格

（3）单击"重新划分网格"选项卡，设置"最小长度尺寸（m）"为 0.02，"最大长度尺寸（m）"为 0.08，"最大单元倾斜"为 0.3，如图 12-18 所示。

（4）返回"动网格"面板，单击"创建/编辑"按钮，打开"动网格区域"对话框，在"区域名称"下拉列表中选择 left 选项，在"运动 UDF/离散分布"下拉列表中选择 Velocity_left 选项，单击"创建"按钮，创建左侧区域的运动特性。重复上述操作，在"区域名称"下拉列表中选择 right 选项，在"运动 UDF/离散分布"下拉列表中选择 Velocity_right 选项，单击"创建"按钮，创建右侧区域的运动特性。最终结果如图 12-19 所示。

图 12-18　设置网格重构

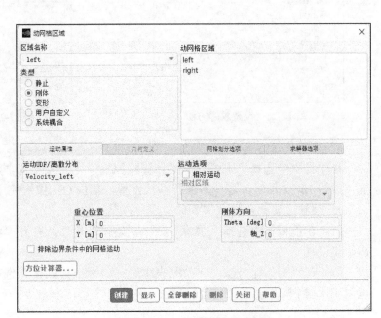

图 12-19　设置区域运动属性

12.2.3 求解计算

1．求解控制参数

（1）在项目树中选择"求解"→"方法"选项，在打开的"求解方法"面板中对求解控制参数进行设置。

（2）面板中的各个选项采用默认值设置，如图 12-20 所示。

2．设置求解松弛因子

（1）在项目树中选择"求解"→"控制"选项，在打开的"解决方案控制"面板中对求解松弛因子进行设置。

（2）面板中相应的亚松弛因子保持默认设置，如图 12-21 所示。

图 12-20 设置求解方法

图 12-21 设置亚松弛因子

3．设置收敛临界值

在项目树中选择"求解"→"计算监控"→"残差"选项，打开"残差监控器"对话框，如图 12-22 所示，各参数保持默认设置，单击 OK 按钮完成设置。

4．设置流场初始化

（1）在项目树中选择"求解"→"初始化"选项，打开"解决方案初始化"面板进行初始化设置。

（2）在"初始化方法"下拉列表中选择"标准初始化"选项，在"计算参考位置"下拉列表中选择 all-zones，其他参数保持默认设置，单击"初始化"按钮完成初始化，如图 12-23 所示。

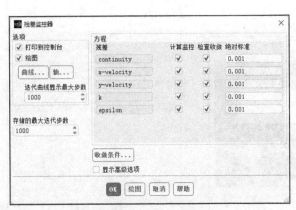

图 12-22 修改迭代残差

图 12-23 设定流场初始化

5. 设置速度场动画

（1）单击"功能区"→"求解"→"活动"→"创建"→"解决方案动画"选项，如图 12-24 所示，将打开"动画定义"设置对话框，如图 12-25 所示，将"记录间隔"设置为 3，代表每隔 3 个时间迭代步保存一次图片，将"存储类型"设置为 In Memory，将"新对象"设置为"云图"，将打开"云图"对话框，在"着色变量"下拉列表中选择 Velocity，如图 12-26 所示，单击"保存/显示"按钮，则显示云图如图 12-27 所示，这就是初始时刻的速度云图。

图 12-24 创建解决方案动画设置说明

图 12-25 动画定义设置对话框

图 12-26 "云图"对话框

（2）在"动画定义"设置对话框，"动画对象"选择 contour-1，单击 OK 按钮完成动画创建，如图 12-28 所示。

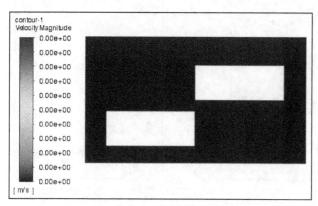

图 12-27 初始时刻速度云图

图 12-28 动画定义设置对话框

6. 迭代计算

（1）在项目树中选择"求解"→"计算设置"→"计算设置"选项，打开"自动保存"面板。将"保存数据文件间隔"设置为 18，代表每计算 18 个时间步保存一次计算数据，如图 12-29 所示，读者也可以根据需求进行调整。

（2）在项目树中选择"求解"→"运行计算"选项，打开"运行计算"面板。设置"时间步数"为 10000，"时间步长"为 0.0001，如图 12-30 所示。

（3）单击"开始计算"按钮进行迭代计算。

图 12-29 保存数据设置

图 12-30 迭代设置对话框

（4）迭代计算至 1654 步时，计算完成，残差如图 12-31 所示。

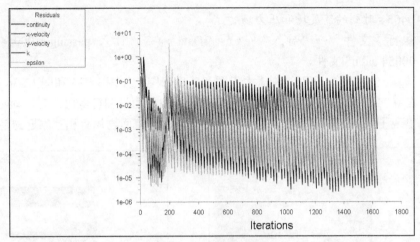

图 12-31 残差监视窗口

12.2.4 计算结果后处理及分析

1. 0.0045 s 时刻的速度场和压力场

（1）执行"文件"→"导入"→Case&Data 命令，读入 passing-1-00018.cas.h5 和 passing-1-00018.dat.h5 文件。执行"结果"→"图形"命令，打开"图形和动画"面板。

（2）双击"图形"列表中的 Contours 选项，打开"云图"对话框，如图 12-32 所示。单击"保存/显示"按钮，显示压力云图，如图 12-33 所示。

（3）重复上述操作，在"云图"对话框的"着色变量"下拉列表中选择 Velocity 选项，单击"保存/显示"按钮，显示速度云图，如图 12-34 所示。

图 12-32 设置压力云图

（4）由压力云图和速度云图可以看出，在 0.0045 s 时刻，两运动物体开始交会。

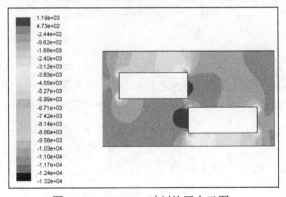

图 12-33 0.0045 s 时刻的压力云图

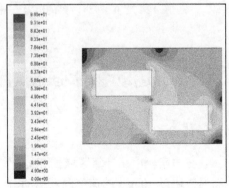

图 12-34 0.0045 s 时刻的速度云图

2. 0.0405 s 时刻的速度场和压力场

（1）执行"文件"→"导入"→Case&Data 命令，读入 passing-1-00054.cas.h5 和 passing-1-00054.dat.h5 文件。

（2）重复上述操作，分别绘制压力云图和速度云图，如图 12-35 和图 12-36 所示。

（3）在 0.0405 s 时刻，两运动物体完全交会，由压力云图可看出，两运动物体的夹层区域明显出现了低压区，而外侧为压力较高的区域，致使两物体有相互靠近的趋势。

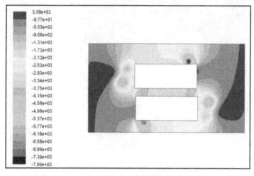
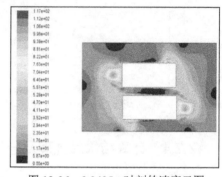

图 12-35　0.0405 s 时刻的压力云图　　　　图 12-36　0.0405 s 时刻的速度云图

3. 0.0775 s 时刻的速度场和压力场

（1）执行"文件"→"导入"→Case&Data 命令，读入 passing-1-00091.cas.h5 和 passing-1-00091.dat.h5 文件。

（2）重复上述操作，分别绘制压力云图和速度云图，如图 12-37 和图 12-38 所示。

（3）由压力云图和速度云图可看出，在 0.0775s 时刻，两运动物体交会完成。

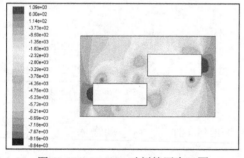
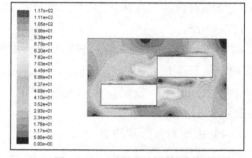

图 12-37　0.0775s 时刻的压力云图　　　　图 12-38　0.0775s 时刻的速度云图

12.3　运动物体强制对流换热的数值模拟

扫码观看
配套视频

12.3 节配套视频

12.3.1　案例简介

在本案例中，计算区域长 5 m，宽 3 m，长宽均为 1 m 的正方形高温铁块以 10 m/s 的速度向右运动,计算区域下方有冷空气吹入对铁块进行冷却，速度为 5 m/s，右侧为空气出口，如图 12-39 所示。

通过对运动物体强制对流换热过程进行数值模拟，计算出铁块表面强制对流换热系数和冷却时间。

图 12-39 运动物体对流换热模型

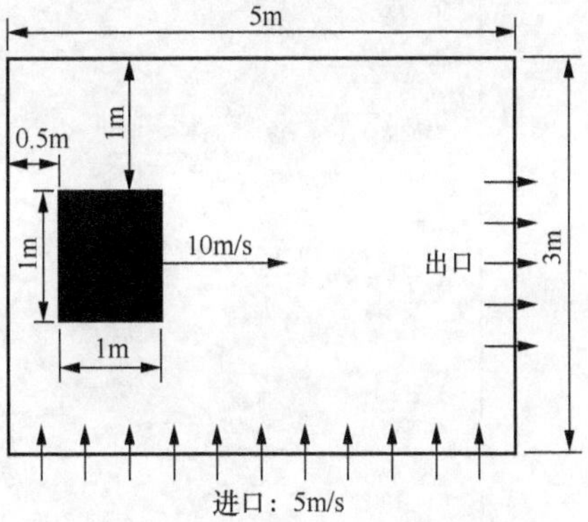

12.3.2 Fluent 求解计算设置

1. 启动 Fluent-2D

（1）在 Workbench 平台内启动 Fluent，进入启动界面。

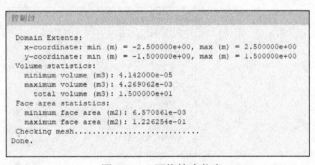

（2）选中 Dimension 中的 2D 单选按钮，选择 Double Precision，取消勾选 Display Options 下的 3 个复选框。

（3）其他参数保持默认设置即可，单击 Start 按钮进入 Fluent 主界面。

2. 读入并检查网格

（1）执行“文件”→“导入”→“网格”命令，在打开的 Select File 对话框中读入 cooling.msh 二维网格文件。

（2）在功能区执行“域”→“网格”→“信息”→“尺寸”命令，得到如图 12-40 所示的模型网格信息。

（3）在功能区执行“域”→“网格”→“检查”命令，反馈信息如图 12-41 所示。观察计算域二维坐标的上下限，检查最小体积和最小面积是否为负数。

控制台

```
Mesh Size

Level    Cells    Faces    Nodes    Partitions
    0    22876    35924    13049             1

 2 cell zones, 7 face zones.
```

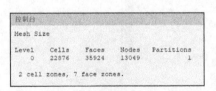

图 12-40 网格信息

控制台

```
 Domain Extents:
   x-coordinate: min (m) = -2.500000e+00, max (m) = 2.500000e+00
   y-coordinate: min (m) = -1.500000e+00, max (m) = 1.500000e+00
 Volume statistics:
   minimum volume (m3): 4.142000e-05
   maximum volume (m3): 4.269062e-03
     total volume (m3): 1.500000e+01
 Face area statistics:
   minimum face area (m2): 6.570861e-03
   maximum face area (m2): 1.226254e-01
 Checking mesh...........................
Done.
```

图 12-41 网格检查信息

3. 设置求解器参数

（1）单击工作界面左侧项目树中的“通用”选项，在打开的“通用”面板中设置求解器参数。

（2）选择非稳态计算，在“时间”列表中选中“瞬态”单选按钮，其他求解参数保持默认设置，如图 12-42 所示。

（3）在项目树中选择“设置”→“模型”选项，打开“模型”面板对求解模型进行设置，如图 12-43 所示。

（4）双击“模型”列表中的 Energy-Off 选项，在打开的对话框中勾选“能量方程”复选框，如图 12-44 所示，单击 OK 按钮，启动能量方程。

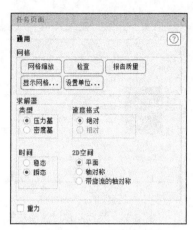

图 12-42　设置求解参数

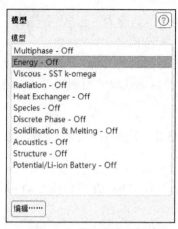

图 12-43　选择计算模型

（5）双击"模型"列表中的 Viscous-SST k-omega 选项，打开"粘性模型"对话框，选择 k-epsilon（2 eqn）选项，在"k-epsilon 模型"列表中选择 Standard 单选按钮，其他参数保持默认设置，如图 12-45 所示，单击 OK 按钮保存设置。

4．定义材料物性

（1）在项目树中选择"设置"→"材料"选项，在打开的"材料"面板中对所需材料进行设置，如图 12-46 所示。

（2）双击"材料"列表中的 Solid 选项，打开"创建/编辑材料"设置对话框，如图 12-47 所示。

图 12-44　"能量"对话框

图 12-45　"粘性模型"对话框

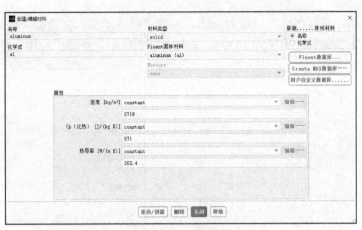

图 12-46 材料选择面板 　　　　　　图 12-47 "创建/编辑材料"对话框

（3）单击"Fluent 数据库"按钮，打开"Fluent 数据库材料"对话框，在"材料类型"下拉列表中选择 Solid，在"Fluent 固体材料"列表中选择 steel 选项，单击"复制"按钮，如图 12-48 所示，单击"关闭"按钮关闭窗口。

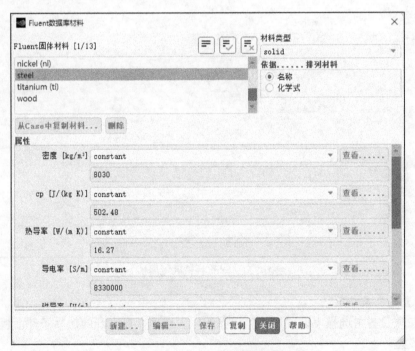

图 12-48 材料库选择材料

5. 设置区域条件

（1）在项目树中选择"设置"→"单元区域条件"选项，在打开的"单元区域条件"面板中对区域条件进行设置，如图 12-49 所示。

（2）在"区域"列表中选择 air 选项，单击"编辑"按钮，将打开图 12-50 所示的"流体"对话框，保持默认设置，单击"应用"按钮完成设置。

（3）在"区域"列表中选择 steel 选项，单击"编辑"按钮，将打开"固体"对话框，将"材料名称"设置为 steel,勾选"网格运动"复选框,在"网格运动"选项卡中设置 X 方向的移动速度为 10 m/s,如图 12-51 所示,单击"应用"按钮完成设置。

图 12-49 区域选择

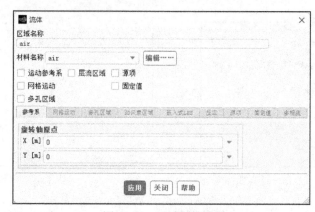

图 12-50 区域属性设置

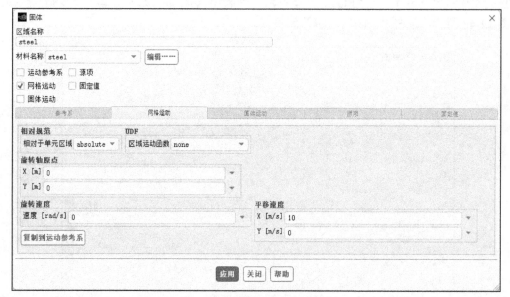

图 12-51 设置钢铁区域属性

6. 设置边界条件

(1)在项目树中选择"设置"→"边界条件"选项,在打开的边界条件面板中对边界条件进行设置。

(2)双击"区域"列表中的 in 选项,如图 12-52 所示,打开"速度入口"对话框,将"动量"选项卡的"速度大小"设置为 5,在"设置"下拉列表中选择 Intensity and Hydraulic Diameter 选项,将"湍流强度"设置为 5,"水力直径(m)"设置为 3,如图 12-53 所示,单击"热量"选项卡,设置进口温度为 298 K,单击"应用"按钮完成设置。

7. 导入 Profiles 文件

(1)执行"文件"→"读入"→Profiles 命令,打开 Select File 对话框,单击"OK"按钮,导入已经编写好的 Profiles 文件,如图 12-54 所示。

（2）使用记事本编写 Profiles 文档，如图 12-55 所示。

图 12-52　选择进口边界

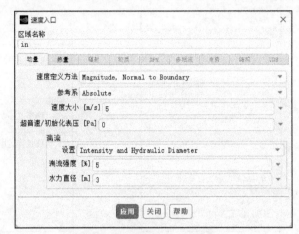

图 12-53　设置进口边界条件

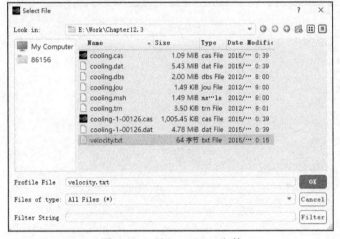

图 12-54　导入 Profiles 文件

图 12-55　编写 Profiles 文档

8. 设置动网格

（1）在项目树中选择"设置"→"动网格"选项，打开"动网格"面板，勾选"动网格"复选框，在"网格方法"列表中勾选"光顺"和"重新划分网格"复选框，如图 12-56 所示。

（2）单击"网格方法"选项下方的"设置"按钮，打开"网格方法设置"对话框，单击"高级"按钮，在打开的"网格光顺参数"面板内设置"弹簧常数因子"为 0.5，"Laplace 节点松弛"为 1，如图 12-57 所示。

（3）单击"重新划分网格"选项卡，设置"最小长度尺寸（m）"为 0.01，"最大长度尺寸（m）"为 0.08，"最大单元倾斜"为 0.6，如图 12-58 所示。

（4）返回"动网格"面板，单击"创建/编辑"按钮，打开"动网格区域"对话框，在"区域名称"下拉列表中选择 wall 选项，在"运动 UDF/离散分布"下拉列表中选择 Velocity 选项，单击"创建"按钮，创建区域的运动特性，最终结果如图 12-59 所示。

图 12-56 动网格设置面板

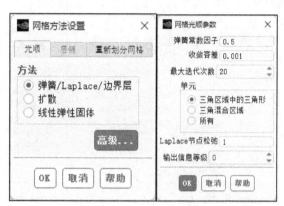

图 12-57 设置弹簧光顺网格

图 12-58 设置网格重构

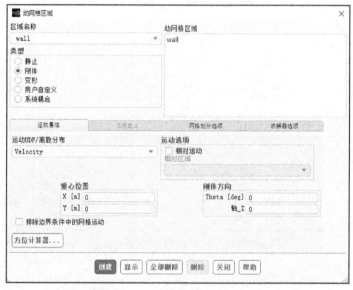

图 12-59 设置区域运动属性

12.3.3 求解计算

1. 求解控制参数

（1）在项目树中选择"求解"→"方法"选项，在打开的"求解方法"面板中对求解控制参数进行设置。

（2）面板中的各个选项采用默认值设置，如图 12-60 所示。

2. 设置求解松弛因子

（1）在项目树中选择"求解"→"控制"选项，在打开的"解决方案控制"面板中对求解松弛因子进行设置。

（2）面板中相应的亚松弛因子保持默认设置，如图 12-61 所示。

图 12-60　设置求解方法

图 12-61　设置亚松弛因子

3. 设置收敛临界值

在项目树中选择"求解"→"计算监控"→"残差"选项，打开"残差监控器"对话框，如图 12-62 所示，各参数保持默认设置，单击 OK 按钮完成设置。

4. 设置流场初始化

（1）在项目树中选择"求解"→"初始化"选项，打开"解决方案初始化"面板进行初始化设置。

（2）在"初始化方法"下拉列表中选择"标准初始化"选项，在"计算参考位置"下拉列表中选择 all-zones，其他参数保持默认设置，单击"初始化"按钮完成初始化，如图 12-63 所示。

图 12-62　修改迭代残差

图 12-63　设定流场初始化

（3）单击"局部初始化"按钮，对铁块初始温度进行设置，如图 12-64 所示。

图 12-64　设置铁块初始温度

5. 设置温度场动画

（1）单击"功能区"→"求解"→"活动"→"创建"→"解决方案动画"选项，如图 12-65 所示，将打开"动画定义"对话框，如图 12-66 所示，在"记录间隔"处输入 3，代表每隔 3 个时间迭代步保存一次图片，在"存储类型"下拉列表中选择 In Memory 选项，在"新对象"下拉列表中选择"云图"，将打开"云图"设置对话框，在"着色变量"下拉列表中选择 Temperature，如图 12-67 所示，单击"保存/显示"按钮，则显示云图如图 12-68 所示，这就是初始时刻的温度云图。

（2）在"动画定义"对话框中，在"动画对象"列表中选择 contour-1，单击 OK 按钮完成动画创建，如图 12-69 所示。

图 12-65　解决方案动画设置

图 12-66　"动画定义"对话框

图 12-67　"云图"对话框

图 12-68　初始时刻温度云图　　　　　　图 12-69　"动画定义"对话框

6. 迭代计算

（1）在项目树中选择"求解"→"计算设置"→"计算设置"选项，打开"自动保存"面板。将"保存数据文件间隔"设置为 18，代表每计算 18 个时间步保存一次计算数据，如图 12-70 所示，读者也可以根据需求进行调整。

（2）在项目树中选择"求解"→"运行计算"选项，打开"运行计算"面板。设置"时间步数"为 10000，"时间步长"为 0.0001，如图 12-71 所示。

（3）单击"开始计算"按钮进行迭代计算。

图 12-70　保存数据设置

图 12-71　迭代设置对话框

（4）迭代计算至 2100 步时，计算完成，残差如图 12-72 所示。

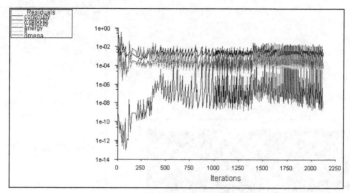

图 12-72　残差监视窗口

12.3.4　计算结果后处理及分析

（1）执行"文件"→"导入"→Case&Data 命令，读入 cooling-1-00126.cas.h5 和 cooling-1-00126.dat.h5 文件。执行"结果"→"图形"命令，打开"图形和动画"面板。

（2）双击"图形"中的 Contours 选项，打开"云图"对话框，在"着色变量"下拉列表中选择 Temperature 选项，如图 12-73 所示。单击"保存/显示"按钮，显示温度云图，如图 12-74 所示。

图 12-73　设置温度云图

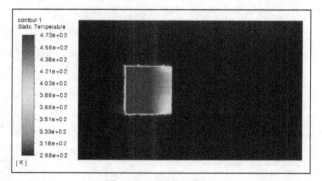

图 12-74　温度云图

（3）重复上述操作，在"云图"对话框中的"着色变量"下拉列表中选择 Velocity 选项，单击"保存/显示"按钮，显示速度云图，如图 12-75 所示。

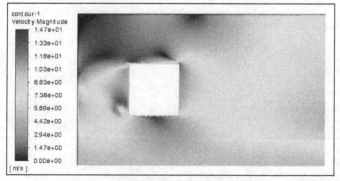

图 12-75　速度云图

（4）由温度云图可以明显看出冷空气对铁块的冷却效果，且前部区域和下部区域冷却较快。

12.4　双叶轮旋转流场的数值模拟

12.4.1　案例简介

本案例主要对双叶轮旋转的流场进行数值模拟，计算区域长 5 m、宽 3 m，中间有两个旋转的叶轮，以顺时针旋转，两旋转叶轮间隔 0.5 m，如图 12-76 所示。

左侧为进口，右侧为出口，通过计算模拟，得到叶轮旋转带动的速度场和压力场。

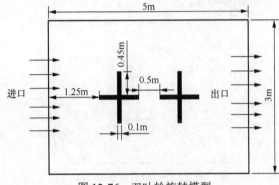

图 12-76　双叶轮旋转模型

12.4.2　Fluent 求解计算设置

1. 启动 Fluent-2D

（1）在 Workbench 平台内启动 Fluent，进入启动界面。

（2）选中 Dimension 中的 2D 单选按钮，选择 Double Precision，取消勾选 Display Options 下的 3 个复选框。

（3）其他参数保持默认设置即可，单击 Start 按钮进入 Fluent 主界面。

2. 读入并检查网格

（1）执行"文件"→"导入"→"网格"命令，在打开的 Select File 对话框中读入 impeller.msh 二维网格文件。

（2）在功能区执行"域"→"网格"→"信息"→"尺寸"命令，得到图 12-77 所示的模型网格信息。

（3）在功能区执行"域"→"网格"→"检查"命令，反馈信息如图 12-78 所示。观察计算域二维坐标的上下限，检查最小体积和最小面积是否为负数。

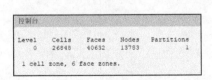

图 12-77　网格信息

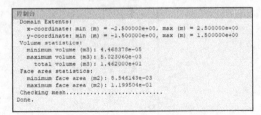

图 12-78　网格检查信息

3. 设置求解器参数

（1）单击工作界面左侧项目树中的"通用"选项，在打开的"通用"面板中设置求解器参数。

（2）选择非稳态计算，在"时间"选项中选择"瞬态"单选按钮，其他求解参数保持默认设置，如图 12-79 所示。

（3）在项目树中选择"设置"→"模型"选项，打开"模型"面板对求解模型进行设置，如图 12-80 所示。

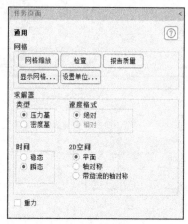

图 12-79　设置求解参数

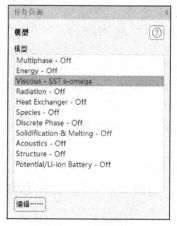

图 12-80　选择计算模型

（4）双击"模型"列表中的 Viscous-SST k-omega 选项，打开"粘性模型"对话框，选择 k-epsilon（2 eqn）选项，在"k-epsilon 模型"列表中选择 Standard 单选按钮，其他参数保持默认设置，如图 12-81 所示，单击 OK 按钮保存退出。

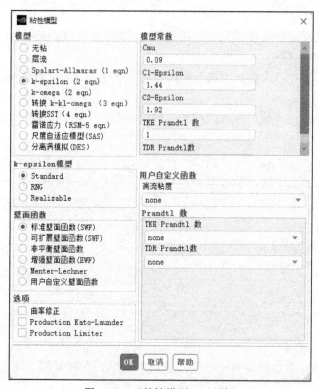

图 12-81　"粘性模型"对话框

4. 定义材料物性

（1）在项目树中选择"设置"→"材料"选项，在打开的"材料"面板中对所需材料进行设置，如图 12-82 所示。

（2）双击"材料"列表中的 Fluid 选项，打开"创建/编辑材料"对话框，如图 12-83 所示。

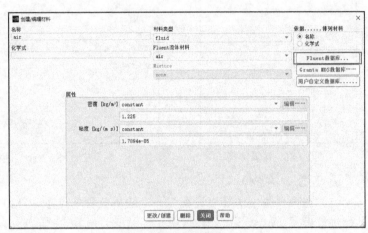

图 12-82　材料选择面板　　　　　　　　图 12-83　"创建/编辑材料"对话框

（3）单击"Fluent 数据库"按钮，打开"Fluent 数据库材料"对话框，在"Fluent 流体材料"列表中选择 water-liquid（h2o<1>）选项，单击"复制"按钮，如图 12-84 所示，单击"关闭"按钮关闭窗口。

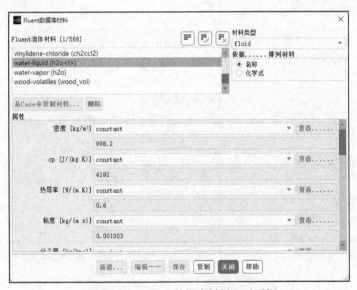

图 12-84　"Fluent 数据库材料"对话框

5. 设置区域条件

（1）在项目树中选择"设置"→"单元区域条件"选项，在打开的"单元区域条件"面板中对区域条件进行设置，如图 12-85 所示。

（2）在"区域"列表中选择 fluid 选项，单击"编辑"按钮，将打开图 12-86 所示的"流体"对话框，在"材料名称"下拉列表中选择 water-liquid，单击"应用"按钮完成设置。

图 12-85　区域选择

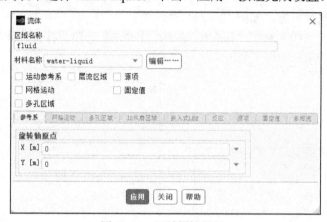

图 12-86　区域属性设置

6. 设置边界条件

（1）在项目树中选择"设置"→"边界条件"选项，在打开的边界条件面板中对边界条件进行设置。

（2）双击"区域"列表中的 in 选项，如图 12-87 所示，打开"压力进口"对话框，将"动量"选项卡"总压（表压）"设置为 0，在 "设置"下拉列表中选择 Intensity and Hydraulic Diameter 选项，将"湍流强度"设置为 5，"水力直径（m）"设置为 3，如图 12-88 所示，单击"应用"按钮完成设置。

图 12-87　选择进口边界

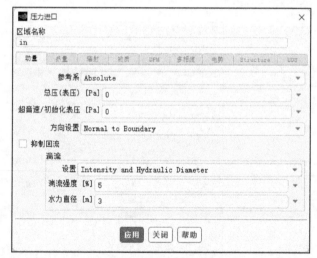

图 12-88　设置进口边界条件

（3）重复上述操作，设置出口边界条件，出口湍流强度和水力直径数值与进口相同。

7. 导入 Profiles 文件

（1）执行"文件"→"读入"→Profiles 命令，打开 Select File 对话框，单击"OK"按钮，将已经编写好的 Profiles 文件导入，如图 12-89 所示。

（2）使用记事本编写 Profiles 文档，如图 12-90 所示。

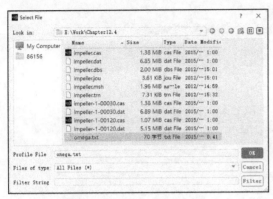

图 12-89　导入 Profiles 文件　　　　　　图 12-90　编写 Profiles 文档

8. 设置动网格

（1）在项目树中选择"设置"→"动网格"选项，打开"动网格"面板，勾选"动网格"复选框，在"网格方法"列表中勾选"光顺"和"重新划分网格"复选框，如图 12-91 所示。

（2）单击"网格方法"选项下方的"设置"按钮，打开"网格方法设置"对话框，单击"高级"按钮，在打开的"网格光顺参数"面板内设置"弹簧常数因子"为 0.5，Laplace 节点松弛为 1，如图 12-92 所示。

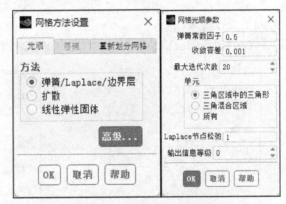

图 12-91　动网格设置面板　　　　　　图 12-92　设置弹簧光顺网格

（3）单击"重新划分网格"选项卡，设置"最小长度尺寸（m）"为 0.014，"最大长度尺寸（m）"0.06，"最大单元倾斜"为 0.323，如图 12-93 所示。

（4）返回"动网格"面板，单击"创建/编辑"按钮，打开"动网格区域"对话框，在"区域名称"下拉列表中选择 wall_1 选项，在"运动 UDF/离散分布"下拉列表中选择 omega 选项，单击"创建"按钮，创建左侧叶轮的运动特性。重复上述操作，在"区域名称"下拉列表中选择 wall_2 选项，在"运动 UDF/离散分布"下拉列表中选择 omega 选项，单击"创建"按钮，创建右侧叶轮的运动特性。最终结果如图 12-94 所示。

图 12-93 设置网格重构

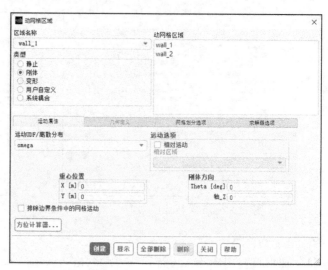

图 12-94 设置区域运动属性

12.4.3 求解计算

1. 求解控制参数

（1）在项目树中选择"求解"→"方法"选项，在打开的"求解方法"面板中对求解控制参数进行设置。

（2）面板中的各个选项采用默认值设置，如图 12-95 所示。

2. 设置求解松弛因子

（1）在项目树中选择"求解"→"控制"选项，在打开的"解决方案控制"面板中对求解松弛因子进行设置。

（2）面板中相应的亚松弛因子采用默认值设置，如图 12-96 所示。

图 12-95 设置求解方法

图 12-96 设置亚松弛因子

3. 设置收敛临界值

在项目树中选择"求解"→"计算监控"→"残差"选项，打开"残差监控器"对话框，如图 12-97 所示，各参数保持默认设置，单击 OK 按钮完成设置。

4. 设置流场初始化

（1）在项目树中选择"求解"→"初始化"选项，打开"解决方案初始化"面板进行初始化设置。

（2）在"初始化方法"下拉列表中选择"标准初始化"选项，在"计算参考位置"下拉列表中选择 all-zones，其他参数保持默认设置，单击"初始化"按钮完成初始化，如图 12-98 所示。

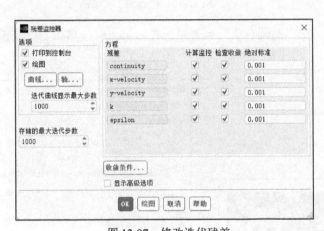

图 12-97 修改迭代残差

图 12-98 设定流场初始化

5. 设置速度场动画

（1）单击"功能区"→"求解"→"活动"→"创建"→"解决方案动画"选项，如图 12-99 所示，将打开"动画定义"设置对话框，如图 12-100 所示，将"记录间隔"设置为 3，代表每隔 3 个时间迭代步保存一次图片，在"存储类型"下拉列表中选择 In Memory，在"新对象"处选择"云图"，将打开"云图"设置对话框，在"着色变量"下拉列表中选择 Velocity，如图 12-101 所示，单击"保存/显示"按钮，则显示云图如图 12-102 所示，这就是初始时刻的速度云图。

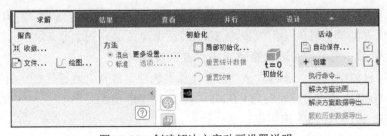

图 12-99 创建解决方案动画设置说明

图 12-100 "动画定义"对话框

图 12-101 "云图"对话框

（2）在"动画定义"对话框中，在"动画对象"列表中选择 contour-1，单击 OK 按钮完成动画创建，如图 12-103 所示。

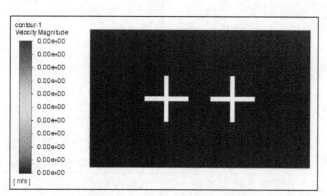

图 12-102 初始时刻速度云图

图 12-103 动画定义设置对话框

6. 迭代计算

（1）在项目树中选择"求解"→"计算设置"→"计算设置"选项，打开"自动保存"面板。将"保存数据文件间隔"设置为 30，代表每计算 30 个时间步保存一次计算数据，如图 12-104 所示，读者也可以根据需求进行调整修改。

（2）在项目树中选择"求解"→"运行计算"选项，打开"运行计算"面板。设置"时间步数"为 10000，"时间步长"为 0.0001，如图 12-105 所示。

（3）单击"开始计算"按钮进行迭代计算。

（4）迭代计算至 2000 步时，计算完成，残差如图 12-106 所示。

图 12-104　保存数据设置

图 12-105　迭代设置对话框

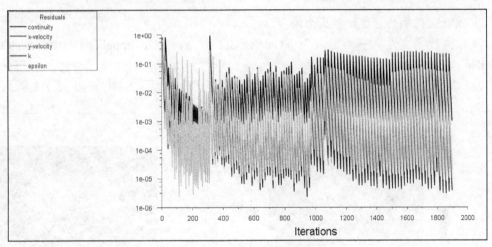

图 12-106　残差监视窗口

12.4.4　计算结果后处理及分析

1. 0.03s 时刻的速度场和压力场

（1）执行"文件"→"导入"→Case&Data 命令，读入 impeller-1-00030.cas.h5 和 impeller-1-00030.dat.h5 文件。执行"结果"→"图形"命令，打开"图形和动画"面板。

（2）双击"图形"列表中的 Contours 选项，打开"云图"对话框，在"着色变量"下拉列表中选择 Pressure 选项，如图 12-107 所示。单击"保存/显示"按钮，显示压力云图，如图 12-108 所示。

（3）重复上述操作，在"云图"对话框中

图 12-107　设置压力云图

的"着色变量"下拉列表中选择 Velocity 选项,单击"保存/显示"按钮,显示速度云图,如图 12-109 所示。

(4)由压力场云图和速度场云图可以看出,在 0.03s 时刻,最高流速达到 0.6 m/s。

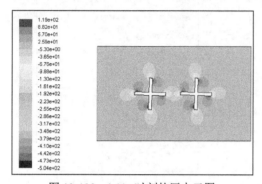

图 12-108　0.03s 时刻的压力云图

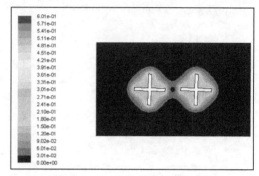

图 12-109　0.03s 时刻的速度云图

2. 4.883s 时刻的速度场和压力场

(1)执行"文件"→"导入"→Case&Data 命令,读入 impeller-1-00120.cas.h5 和 impeller-1-00120.dat.h5 文件。

(2)重复上述操作,分别绘制压力云图和速度云图,如图 12-110 和图 12-111 所示。

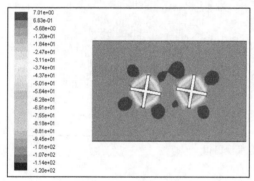

图 12-110　4.883s 时刻的压力云图

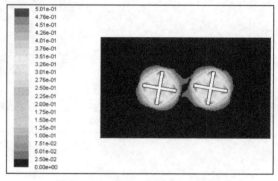

图 12-111　4.883s 时刻的速度云图

12.5　单级轴流涡轮机模型内部流场模拟

12.5.1　案例简介

单级轴流涡轮机转子和定子分别由 9 个和 12 个叶片组成。由于转子和定子的周期角度不同,必须使用混合平面模型,如图 12-112 所示。混合平面是指转子出口与定子入口处的平面。转子和定子两边的网格采用周期性边界条件,流动的上游与下游采用压力进出口条件,轮毂和转子叶片的旋转速度为 1800r/min。使用 ANSYS Fluent 计算该模型的流场。

扫码观看
配套视频

12.5 节配套视频

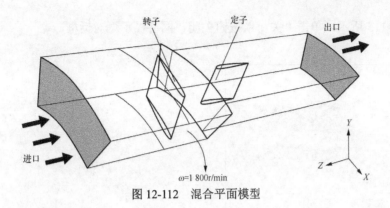

图 12-112 混合平面模型

12.5.2 Fluent 求解计算设置

1. 启动 Fluent-3D

（1）在 Workbench 平台内启动 Fluent，进入启动界面。

（2）选中 Dimension 选项的 3D 单选按钮，选择 Double Precision 及 Display Mesh After Reading，取消勾选 Display Options 的 2 个复选框。

（3）其他参数保持默认设置即可，单击 Start 按钮进入 Fluent 主界面。

2. 读入并检查网格

（1）执行"文件"→"导入"→"网格"命令，在打开的 Select File 对话框中读入 fanstage.msh 文件。

（2）在功能区执行"域"→"网格"→"信息"→"尺寸"命令，得到模型网格信息。

（3）在功能区执行"域"→"网格"→"检查"命令，观察计算域二维坐标的上下限，检查最小体积和最小面积是否为负数。

初始显示模型如图 12-113 所示。

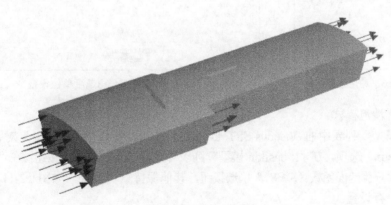

图 12-113 模型显示

（4）转子与定子显示。

执行 "设置"→"通用"→"网格"→"显示网格"命令，打开 Mesh Display 对话框。在"选项"列表中选择"边"，在"表面"列表中选择 rotor-blade、rotor-hub、rotor-inlet-hub、stator-blade 和 stator-hub 选项，如图 12-114 所示，然后单击"显示"按钮显示出转子与定子，如图 12-115 所示。单击"关闭"按钮关闭"网格显示"对话框。

图 12-114   显示设置

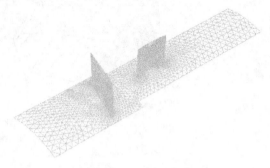

图 12-115   转子和定子

3. 设置求解器参数

保留如图 12-116 所示的默认设置。

（1）设置角速度的单位。

执行"设置"→"通用"→"网格"→"设置单位"命令，打开"设置单位"对话框，在"数量"列表中选择 angular-velocity 选项，在"单位"列表中选择 rev/min 选项，如图 12-117 所示，然后单击"关闭"按钮，关闭该对话框。

图 12-116   通用设置

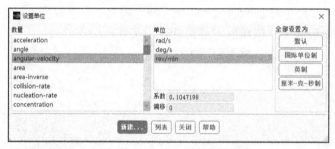

图 12-117   角速度单位设置

（2）设置湍流模式。

双击"模型"列表中的 Viscous-SST k-omega 选项，打开"粘性模型"对话框，选择 k-epsilon（2 eqn）选项，在"k-epsilon 模型"列表中选择 Standard 单选按钮，在"壁面函数"列表中选择"增强壁面函数（SWF）"单选按钮，其他保持默认设置，如图 12-118 所示，单击 OK 按钮保存设置。

（3）设置混合平面。

执行"功能区"→"域"→"网格模型"→"混合平面"命令，打开"混合平面"对话框，在"上游区域"列表中选择 pressure-outlet-rotor，在"下游区域"列表中选择 pressure-inlet-stator，如图 12-119 所示，单击"创建"按钮完成设置，单击"关闭"按钮关闭对话框。

图 12-118 "粘性模型"对话框

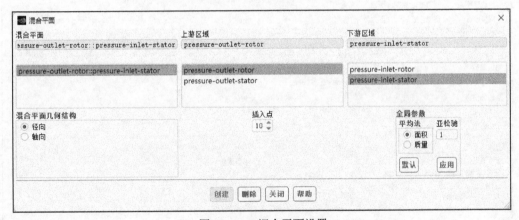

图 12-119 混合平面设置

4. 定义材料物性

（1）在项目树中选择"设置"→"材料"选项，在打开的"材料"面板中对所需材料进行设置，如图 12-120 所示。

（2）双击"材料"列表中的 Solid 选项，打开"创建/编辑材料"设置对话框，如图 12-121 所示。其他参数保持默认设置。单击"关闭"按钮完成设置。

图 12-120 材料选择面板

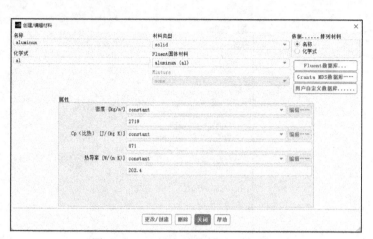

图 12-121 "创建/编辑材料"对话框

5. 设置区域条件

（1）在项目树中选择"设置"→"单元区域条件"选项，在打开的"单元区域条件"面板中对区域条件进行设置。

（2）设置转子区域。在"区域"列表中选择 fluid-rotor 选项，单击"编辑"按钮，将打开图 12-122 所示的"流体"对话框，选择"运动参考系"选项，将"旋转轴方向"Z 设置为−1，将"速度（rev/min）"设置为 1800，单击"应用"按钮完成设置。

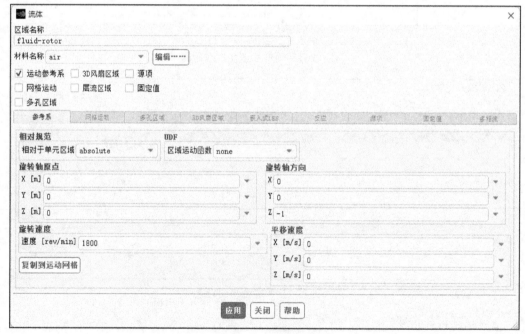

图 12-122 转子区域设置

（3）设置定子区域。在"区域"列表中选择 fluid-stator 选项，单击"编辑"按钮，将打开如图 12-86 所示的"流体"对话框，将"旋转轴方向"Z 设置为−1，如图 12-123 所示，单击"应用"按钮完成设置。

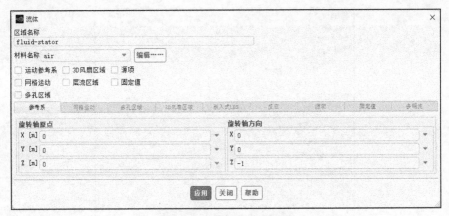

图 12-123　定子区域设置

6. 设置边界条件

（1）在项目树中选择"设置"→"边界条件"选项，在打开的边界条件面板中对边界条件进行设置。

（2）双击"区域"中的 periodic-11 选项，在打开的"周期性边界"对话框中选择"旋转的"单选按钮，如图 12-124 所示，单击"应用"按钮完成设置。

（3）类似地，将定子旋转周期性边界条件（periodic-22）进行同样的设置，如图 12-125 所示。

图 12-124　转子旋转周期性边界条件设置

图 12-125　定子旋转周期性边界条件设置

（4）设置转子压力进口。

双击"区域"列表中的 pressure-inlet-rotor 选项，在打开的"压力进口"对话框中进行如下设置。在"方向设置"和"坐标系"下拉列表中分别选择 Direction Vector 和 Cartesian（X，Y，Z），将"流方向的 Z 分量"设置为−1，在"设置"下拉列表中选择 Intensity and Viscosity Ratio，"湍流强度（%）"和"湍流粘度比"分别设置为 5 和 5，如图 12-126 所示，单击"应用"按钮完成设置。

图 12-126 转子压力进口设置

（5）设置定子压力进口和转子压力出口。双击"区域"中的 pressure-inlet-stator 选项，打开"压力进口"对话框，保留如图 12-127 所示的默认设置，单击"应用"按钮完成设置。

保留转子压力出口默认设置，如图 12-128 所示，单击"应用"按钮完成设置。

图 12-127 定子压力进口设置

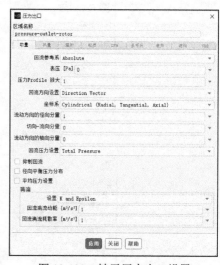

图 12-128 转子压力出口设置

（6）设置定子压力出口。双击"区域"列表中的 pressure-outlet-stator 选项，在打开的"压力出口"对话框中进行如下设置。勾选"径向平衡压力分布"复选框，在"设置"下拉列表中选择 Intensity and Viscosity Ratio，将"回流湍流强度（%）"和"回流湍流粘度比（%）"分别设置为 1 和 1，如图 12-129 所示，单击"应用"按钮完成设置。

"径向平衡压力分布"由式 12-1 来模拟压力分布。

$$\frac{\partial p}{\partial r} = \frac{\rho v_\theta^2}{r} \tag{12-1}$$

式中，v_θ 为切向速度。

（7）设置 rotor-hub 边界。

双击"区域"中的 rotor-hub 选项，打开"壁面"对话框，rotor-hub 边界条件保持默认设置，如图 12-130 所示，单击"应用"按钮完成设置。

图 12-129　定子压力出口设置　　　　　　图 12-130　rotor-hub 边界设置

（8）设置 rotor-inlet-hub 边界。

双击"区域"列表中的 rotor-inlet-hub 选项，在打开的"壁面"对话框中进行如下设置。

在"壁面运动"列表中选择"移动壁面"选项，在"运动"列表中分别选择"绝对"和"旋转的"，将"旋转轴方向"Z 设置为-1，如图 12-131 所示，单击"应用"按钮完成设置。

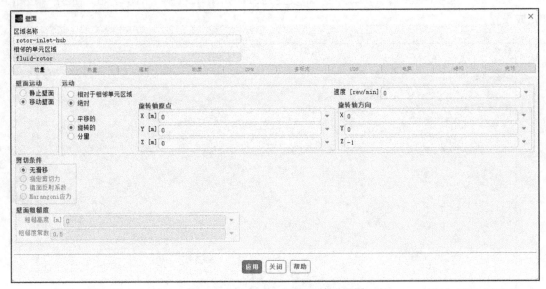

图 12-131　rotor-inlet-hub 边界设置

（9）设置 rotor-inlet-shroud 边界。

双击"区域"列表中的 rotor-inlet-shroud 选项，在打开的"壁面"对话框中进行如下设置。

在"壁面运动"列表中选择"移动壁面"选项，在"运动"列表中分别选择"绝对"和"旋转的"选项，将"旋转轴方向" Z 设置为–1，如图 12-132 所示，单击"应用"按钮完成设置。

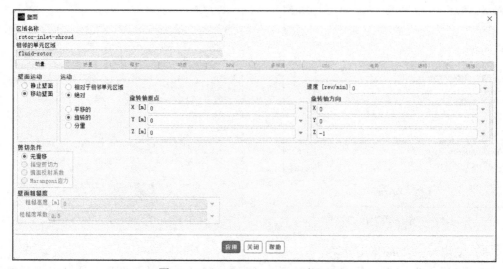

图 12-132　rotor-inlet-shroud 边界设置

（10）设置 rotor-shroud 边界。

双击"区域"列表中的 rotor-shroud 选项，在打开的"壁面"对话框中进行如下设置。

在"壁面运动"列表中选择"移动壁面"选项，在"运动"列表中分别选择"绝对"和"旋转的"选项，将"旋转轴方向" Z 设置为–1，如图 12-133 所示，单击"应用"按钮完成设置。

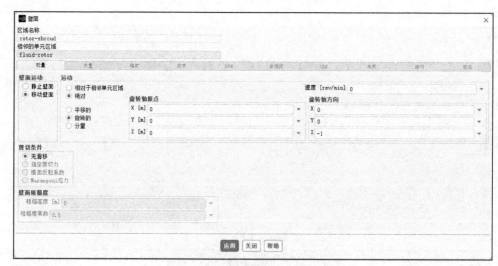

图 12-133　rotor-shroud 边界设置

12.5.3 求解计算

1. 求解控制参数

（1）在项目树中选择"求解"→"方法"选项，在打开的"求解方法"面板中对求解控制参数进行设置。

（2）在"方案"下拉列表中选择 Coupled，如图 12-134 所示。

2. 设置求解松弛因子

（1）在项目树中选择"求解"→"控制"选项，在打开的"解决方案控制"面板中对求解松弛因子进行设置。

（2）在 Pseudo Time Explicit Relaxation Factors 面板中，将"压力"设置为 0.2，"湍流动能"设置为 0.5，"湍流耗散率"设置为 0.5，如图 12-135 所示。

图 12-134　设置求解方法

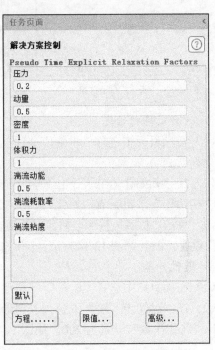

图 12-135　设置松弛因子

3. 设置收敛临界值

在项目树中选择"求解"→"计算监控"→"残差"选项，打开"残差监控器"对话框，如图 12-136 所示，各参数保持默认设置，单击 OK 按钮完成设置。

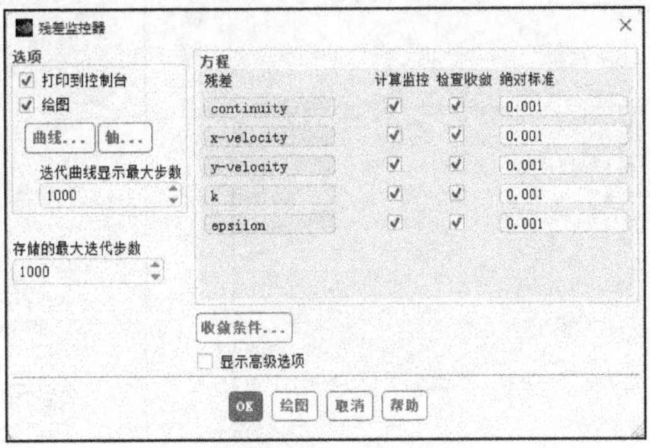

4. 设置出口处质量流量监控

在项目树中使用鼠标右键单击"求解"→"报告定义"选项，在打开的快捷菜单中单击选择"创建"→"表面报告"→"面积加权平均"选项，如图 12-137 所示，将

图 12-136　修改迭代残差

打开"表面报告定义"设置对话框，在"报告类型"下拉列表中选择 Mass Flow Rate，在"创建"列表中选择"报告文件"及"报告图"，在"表面"列表中选择 pressure-outlet-stator，如图 12-138 所示，单击 OK 按钮保存设置。

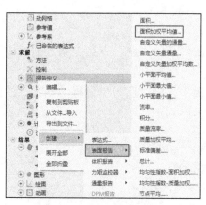

图 12-137 报告文件设置

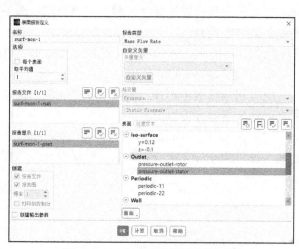

图 12-138 出口质量流量监控设置

5. 设置流场初始化

（1）在项目树中选择"求解"→"初始化"选项，打开"解决方案初始化"面板进行初始化设置。

（2）在"初始化方法"下拉列表中选择"混合初始化（Hybrid Initialization）"选项，单击"初始化"按钮完成初始化，如图 12-139 所示。

（3）单击"更多设置"按钮，打开混合初始化（Hybrid Initialization）对话框，将"迭代次数"设置为15，如图 12-140 所示，单击 OK 按钮完成设置后重新初始化。

6. 迭代计算

（1）在项目树中选择"求解"→"运行计算"选项，打开"运行计算"面板。

（2）在"时间步方法"下拉列表中选择 User-Specified，将"伪时间步长（s）"设置为0.005，"迭代次数"设置为200，如图 12-141 所示。

图 12-139 设定流场初始化

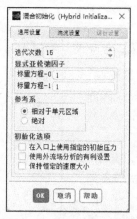

图 12-140 混合初始化设置

图 12-141 迭代设置对话框

（3）单击"开始计算"按钮开始计算，残差收敛曲线和出口处质量流量曲线分别如图 12-142 和图 12-143 所示。

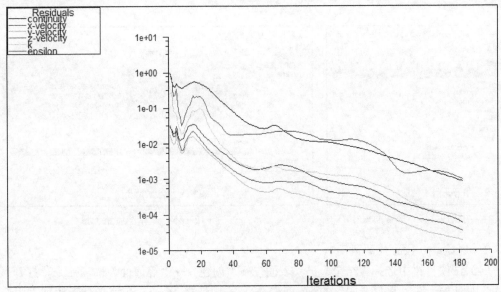

图 12-142 迭代残差图

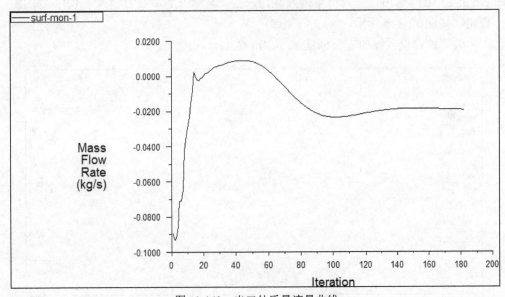

图 12-143 出口处质量流量曲线

12.5.4 计算结果后处理及分析

1. 计算净质量流量

（1）执行"结果"→"报告"命令，打开"报告"面板，如图 12-144 所示。

（2）在打开的面板中双击 Fluxes 选项，打开"通量报告"对话框。在"边界"列表中选择 pressure-inlet-rotor，pressure-inlet-stator， pressure-outlet-rotor 和 pressure- outlet-stator 选项，

单击"计算"按钮，显示进出口质量流量结果，如图 12-145 所示。

（3）由质量流量结果可看出，入口和出口处的净质量流量为一个高阶小量，计算结果可信。

图 12-144　报告面板

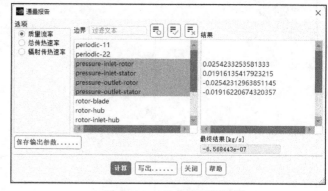

图 12-145　计算净质量流量

2. 创建 *y*=0.12m 处的截面

（1）在项目树中选择"结果"→"表面"→"创建"→"等值面"选项命令，打开"等值面"对话框。在"常数表面"的第一个下拉列表中选择 Mesh，在第二个下拉列表中选择 Y-Coordinate，在"等值"文本框中输入 0.12，在"名称"文本框中输入 y=0.12，单击"保存"按钮，如图 12-146 所示。

（2）类似的，以同样的方法创建 *z*=−0.1m 截面。

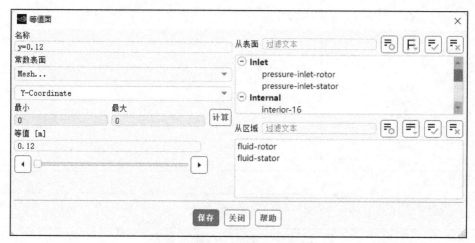

图 12-146　"等值面"对话框

3. 显示 *y*=0.12m 处的速度矢量图

执行"结果"→"图形"→"矢量"选项命令，打开"矢量"对话框，将"比例"和"跳过"分别设置为 10 和 2，在"表面"列表中选择 y=0.12，如图 12-147 所示。单击"保存/显示"按钮，显示速度矢量图，使用工具栏中的放大、平移等工具得到局部速度矢量图，如图 12-148 所示。然后单击"关闭"按钮关闭"矢量"对话框。

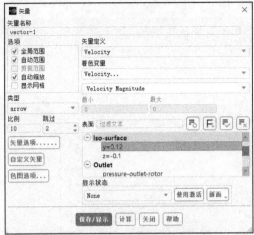

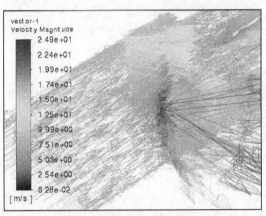

图 12-147　速度矢量图显示设置　　　　　图 12-148　局部速度矢量图

4. 绘制 $z=-0.1$m 平面上的周期平均总压

依次在控制窗口中按照提示输入：

```
plot
/plot> circum-avg-radial
averages of> total-pressure
on surface [] 17
number of bands [5] 15
  Computing r-coordinate ...
  Clipping to r-coordinate ... done.
  Computing "total-pressure" ...
  Computing averages ... done.
  Creating radial-bands surface (32 31 30 29 28 27 26 25 24 23 22 21 20 19 18).
filename [""] "circum-plot.xy"
order points? [no]
```

执行 "结果" → "绘图" → "XY 图" 命令，打开 "解决方案 XY 图" 对话框，单击 "加载文件" 按钮加入 circum-plot.xy，如图 12-149 所示。单击 "绘图" 按钮，得到 $z=-0.1$m 平面上的周期平均总压，如图 12-150 所示。单击 "关闭" 按钮关闭 "解决方案 XY 图" 对话框。

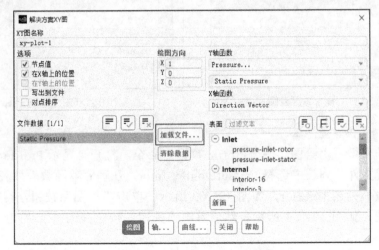

图 12-149　解决方案 XY 图设置

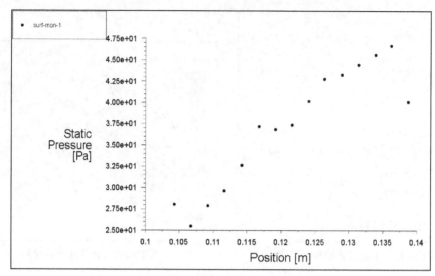

图 12-150 周期平均总压示意图

5. 显示总压云图

执行"结果"→"图形"命令，打开"图形和动画"面板。双击"图形"列表中的 Contours 选项，打开"云图"对话框，在"着色变量"下拉列表中选择 Pressure 和 Total Pressure 选项，在"表面"列表中选择 rotor-blade 和 rotor-hub 选项，如图 12-151 所示。单击"保存/显示"按钮，显示压力云图，如图 12-152 所示。

图 12-151 设置总压云图

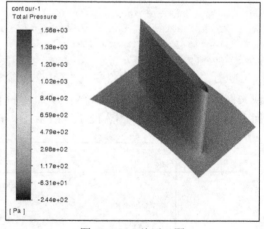

图 12-152 总压云图

6. 显示转子出口处总压

执行"结果"→"绘图"→"Profile 数据"命令，打开"显示 Profile 数据"对话框，在"配置文件"列表中选择 pressure-outlet-rotor，在"Y 轴函数"列表中选择 p0，在"X 轴函数"列表中选择 r，如图 12-153 所示。单击"绘图"按钮，得到转子出口处总压示意图，如图 12-154 所示。然后单击"关闭"按钮关闭"显示 Profile 数据"对话框。

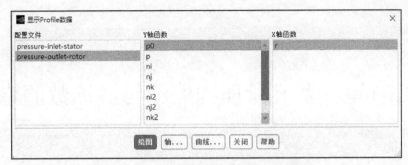

图 12-153　设置转子出口处总压显示选项

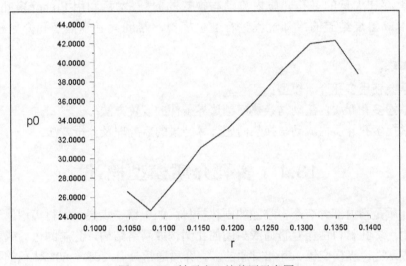

图 12-154　转子出口处总压示意图

12.6　本章小结

　　本章首先介绍了 Fluent 动网格技术的基础知识，然后阐述了动网格所能求解的实际问题，接着讲解了 Fluent 动网格的 3 种更新方法，分别是弹簧光顺模型、动态分层模型和局部网格重构模型，并详细说明了 3 种模型的优缺点，最后通过 4 个实例讲解了这几种模型的运用。

　　通过本章的学习，读者可以掌握使用 Fluent 动网格模型的方法。本章定义运动的 Profile 文件，也可以利用 UDF 编写程序来代替，计算结果是相同的。

第 13 章　多孔介质内流动与换热数值模拟

工程上存在大量的多孔介质内流动与换热的问题,本章利用 Fluent 多孔介质模型,对于冷风对高温烧结矿的冷却过程进行数值模拟,帮助读者掌握多孔介质模型的应用方法。

学习目标:

- 学会使用多孔介质模型;
- 掌握多孔介质内流动与换热问题边界条件的设置方法;
- 掌握多孔介质内流动与换热问题计算结果的后处理及分析方法。

13.1　多孔介质模型概述

多孔介质是指内部含有众多空隙的固体材料,如土壤、煤炭、木材等均属于不同类型的多孔介质。多孔材料由相互贯通或封闭的孔洞构成网络结构,孔洞的边界或表面由支柱或平板构成。孔道纵横交错、互相贯通的多孔介质通常具有 30%～60%体积的孔隙度,孔径为 1～100μm。典型的孔结构有以下几种。

- 由大量多边形孔在平面上聚集形成的二维结构。
- 形状类似于蜂房的六边形结构,也称为"蜂窝"材料。
- 更为普遍的是由大量多面体形状的孔洞在空间聚集形成的三维结构,通常称为"泡沫"材料。

如果构成孔洞的固体只存在于孔洞的边界(即孔洞之间是相通的),则称为开孔;如果孔洞表面也是实心的,即每个孔洞与周围孔洞完全隔开,则称为闭孔;而有些孔洞则是半开孔半闭孔的。

Fluent 多孔介质模型就是在定义为多孔介质的区域结合了一个根据经验假设为主的流动阻力。本质上,多孔介质模型仅仅是在动量方程上叠加了一个动量源项。

多孔介质的动量方程具有附加的动量源项。源项由两部分组成,包括粘性损失项和内部损失项。

在项目树中选择 "设置"→"单元区域条件"选项,在打开的面板中选择定义的多孔介质区域,打开"流体"对话框,如图 13-1 所示。勾选"层流区域"和"多孔区域"复选框,表示所定义的区域为多孔介质区且流动属于层流。

多孔介质模型主要是设置两个阻力系数,即粘性阻力系数和内部阻力系数,且在主流方向和非主流方向相差不超过 1000 倍。

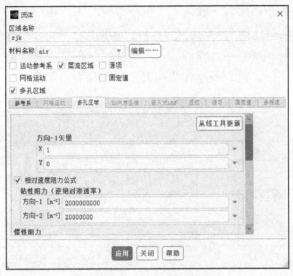

图 13-1　流体对话框

13.2　多孔烧结矿内部流动换热的数值模拟

13.2.1　案例简介

扫码观看
配套视频

13.2 节配套视频

本案例利用 Fluent 软件中自带的多孔介质模型，对一个实际的烧结矿气固换热过程进行数值模拟，帮助读者对 Fluent 多孔介质模型进行初步了解。

换热本体如图 13-2 所示。进口管道直径为 159 mm，烧结矿区域直径为 500 mm，高为 1500 mm，内部矿层厚度最低为 1000 mm，最高不超过 1400 mm。下部为冷却空气进口管路，上部为热空气出口管路，冷风从进口管路进入换热本体，流过高温烧结矿多孔介质层并与之换热，高温热风从出口流出。

13.2.2　Fluent 求解计算设置

1. 启动 Fluent-2D

（1）在 Workbench 平台内启动 Fluent，进入启动界面。

（2）选中 Dimension 选项的 2D 单选按钮，选择 Double Precision，取消勾选 Display Options 的 3 个复选框。

（3）其他参数保持默认设置即可，单击 Start 按钮进入 Fluent 主界面。

2. 读入并检查网格

（1）执行"文件"→"导入"→"网格"命令，在打开的 Select File 对话框中读入 porous.msh 二维网格文件。

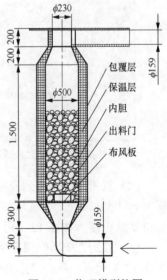

图 13-2　物理模型简图

（2）在功能区执行“域”→“网格”→“信息”→“尺寸”命令，得到如图 13-3 所示的模型网格信息，共有 13858 个节点、27337 个网格面和 13480 个网格单元。

（3）在功能区执行“域”→“网格”→“检查”命令，反馈信息如图 13-4 所示。观察计算域二维坐标的上下限，检查最小体积和最小面积是否为负数。

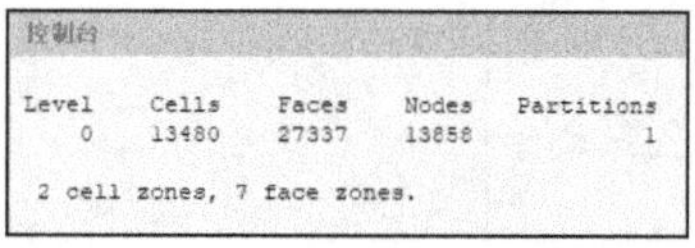

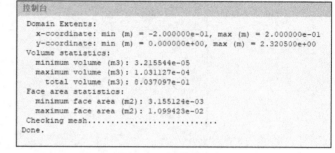

控制台

```
Level    Cells    Faces    Nodes    Partitions
    0    13480    27337    13858             1

 2 cell zones, 7 face zones.
```

图 13-3　网格信息

控制台

```
Domain Extents:
  x-coordinate: min (m) = -2.000000e-01, max (m) = 2.000000e-01
  y-coordinate: min (m) = 0.000000e+00, max (m) = 2.320500e+00
Volume statistics:
  minimum volume (m3): 3.215544e-05
  maximum volume (m3): 1.031127e-04
    total volume (m3): 8.037097e-01
Face area statistics:
  minimum face area (m2): 3.155124e-03
  maximum face area (m2): 1.099423e-02
Checking mesh.............................
Done.
```

图 13-4　网格检查信息

3. 设置求解器参数

（1）单击工作界面左侧项目树中的“通用”选项，在打开的“通用”面板中设置求解器参数。

（2）选择非稳态计算，在“时间”列表中选中“瞬态”单选按钮，其他求解参数保持默认设置，如图 13-5 所示。

（3）在项目树中选择“设置”→“模型”选项，打开“模型”面板对求解模型进行设置，如图 13-6 所示。

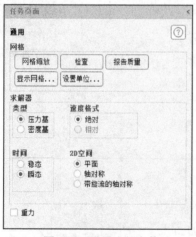

图 13-5　设置求解参数

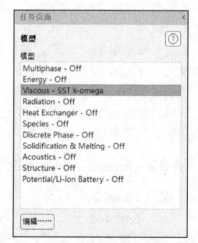

图 13-6　选择计算模型

（4）双击“模型”列表中的 Viscous-SST k-omega 选项，打开“粘性模型”对话框，选择 k-epsilon（2 eqn）选项，在“k-epsilon 模型”列表中选择 Standard 单选按钮，其他参数保持默认设置，如图 13-7 所示，单击 OK 按钮保存设置。

（5）双击“模型”列表中的 Energy-Off 选项，在打开的对话框中勾选能量方程复选框，如图 13-8 所示，单击 OK 按钮，启动能量方程。

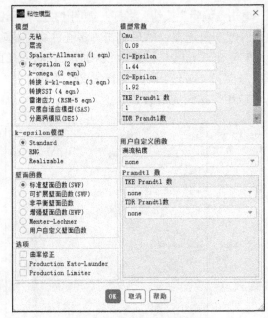

图 13-7 "粘性模型"对话框　　　　　　　　　图 13-8 "能量"对话框

4. 定义材料物性

（1）在项目树中选择"设置"→"材料"选项，在打开的"材料"面板中对所需材料进行设置，如图 13-9 所示。

（2）双击"材料"列表中的 Fluid 选项，打开"创建/编辑材料"对话框。所有参数保持默认设置，如图 13-10 所示，单击"关闭"按钮关闭对话框。

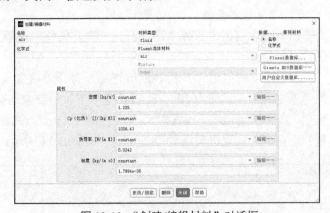

图 13-9 材料选择面板　　　　　　　　　图 13-10 "创建/编辑材料"对话框

（3）双击"材料"列表中的 Solid 选项，再次打开创建/编辑材料对话框，设置"名称"为 porous，"密度（kg/m³）"为 3500，"导热系数"为 8，其他参数保持默认设置，单击"更改/创建"按钮完成设置。

5. 设置区域条件

（1）在项目树中选择"设置"→"单元区域条件"选项，在打开的"单元区域条件"面板中对区域条件进行设置，如图 13-11 所示。

（2）在"区域"列表中选择 sjk 选项，单击"编辑"按钮，将打开如图 13-12 所示的"流体"对话框，勾选"层流区域"和"多孔区域"复选框，然后单击"多孔区域"选项卡，勾选"相对速度阻力公式"复选框，将"方向-1（1/m²）"设置为 2e+09，"方向-2（1/m²）"设置为 2e + 07；在"惯性阻力"选项中将"方向-1（1/m）"设置为 1500000，"方向-2（1/m）"设置为 15000，孔隙率设置为 0.4，单击"应用"按钮完成设置。

图 13-11　区域选择

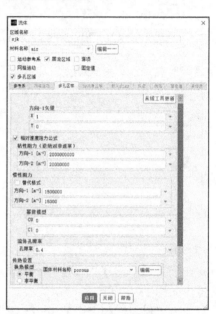

图 13-12　区域属性设置

6. 设置边界条件

（1）在项目树中选择"设置"→"边界条件"选项，在打开的边界条件面板中对边界条件进行设置。

（2）双击"区域"列表中的 in 选项，打开"速度入口"对话框，将"动量"选项卡中的"速度大小"设置为 10，在 "设置"下拉列表中选择 Intensity and Hydraulic Diameter 选项，将"湍流强度"设置为 5，"水力直径（m）"设置为 0.4，如图 13-13 所示，单击"热量"选项卡，设置进口温度为 298 K，如图 13-14 所示，单击"应用"按钮完成设置。

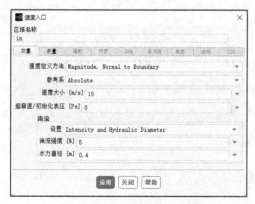

图 13-13　设置空气进口速度

图 13-14　设置空气进口温度

（3）其他边界条件保持默认设置。

13.2.3 求解计算

1. 求解控制参数

（1）在项目树中选择"求解"→"方法"选项，在打开的"求解方法"面板中对求解控制参数进行设置。

（2）面板中的各个选项采用默认值设置，如图 13-15 所示。

2. 设置求解松弛因子

（1）在项目树中选择"求解"→"控制"选项，在打开的"解决方案控制"面板中对求解松弛因子进行设置。

（2）面板中相应的亚松弛因子保持默认设置，如图 13-16 所示。

图 13-15　设置求解方法　　　　　　图 13-16　设置亚松弛因子

3. 设置收敛临界值

在项目树中选择"求解"→"计算监控"→"残差"选项，打开"残差监控器"对话框，如图 13-17 所示，各参数保持默认设置，单击 OK 按钮完成设置。

4. 设置流场初始化

（1）在项目树中选择"求解"→"初始化"选项，打开"解决方案初始化"面板进行初始化设置。

（2）在"初始化方法"下拉列表中选择"标准初始化"选项，在"计算参考位置"列表中选择 all-zones，其他参数保持默认设置，单击"初始化"按钮完成初始化，如图 13-18 所示。

（3）单击"局部初始化"按钮，对烧结矿区域的初始温度进行设置。在"待修补区域"列表中选择 sjk 选项，在 Variable 列表中选择 Temperature 选项，设置"值"为 873 K，如图 13-19 所示，单击"局部初始化"按钮完成设置。

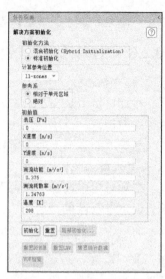

图 13-17　修改迭代残差　　　　　　　　图 13-18　设定流场初始化

图 13-19　设置烧结矿区初始温度

5. 出口温度变化监视曲线

在项目树中使用鼠标右键单击"求解"→"报告定义"选项，在打开的快捷菜单中选择"创建"→"表面报告"→"面积加权平均"选项，如图 13-20 所示，将打开"表面报告定义"设置对话框，在"场变量"下拉列表中选择 Temperature 及 Static Temperature，在"创建"列表中选择"报告文件"及"报告图"，在"表面"列表中选择 out，如图 13-21 所示，单击 OK 按钮保存设置。

图 13-20　报告文件设置　　　　　　　　图 13-21　出口温度监控设置

6. 设置速度场与温度场动画

（1）单击"功能区"→"求解"→"活动"→"创建"→"解决方案动画"选项，如图 13-22 所示，将打开"动画定义"设置对话框，如图 13-23 所示，将"记录间隔"设置为3，代表每隔 3 个时间迭代步保存一次图片，在"存储类型"下拉列表中选择 In Memory，"新对象"选择"云图"，将打开"云图"对话框，在"着色变量"下拉列表中选择 Temperature，如图 13-24 所示，单击"保存/显示"按钮，显示云图如图 13-25 所示，即初始时刻的温度云图。

图 13-22　创建解决方案动画设置说明

图 13-23　"动画定义"对话框

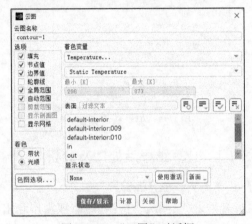

图 13-24　"云图"对话框

（2）在"动画定义"对话框中，在"动画对象"列表中选择 contour-1，单击 OK 按钮完成动画创建，如图 13-26 所示。

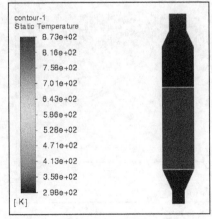

图 13-25　初始时刻温度云图

图 13-26　"动画定义"对话框

（3）重复上述操作，对"速度场"动画监视窗口进行设置。

7. 迭代计算

（1）在项目树中选择"求解"→"计算设置"→"计算设置"选项，打开"自动保存"面板。将"保存数据文件间隔"设置为 3，代表每计算 3 个时间步保存一次计算数据，如图 13-27 所示，读者也可以根据需求进行调整。

（2）在项目树中选择"求解"→"运行计算"选项，打开"运行计算"面板。设置"时间步数"为 10000，"时间步长"为 0.0001，如图 13-28 所示。

（3）单击"开始计算"按钮进行迭代计算。

图 13-27　保存数据设置

图 13-28　迭代设置对话框

13.2.4　计算结果后处理及分析

1. 残差与出口温度曲线

（1）开始迭代计算，打开残差监视窗口和出口温度变化监视窗口，分别如图 13-29 和图 13-30 所示。

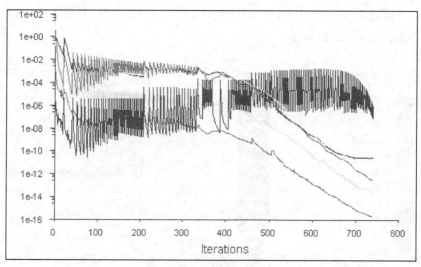

图 13-29　残差监视窗口

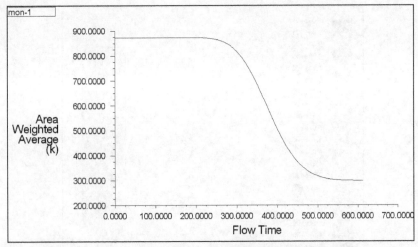

图 13-30　出口温度变化曲线

（2）由出口温度变化曲线可看出，出口热风达到最高温度所需的时间很短，由于采用的是气固换热热平衡方程，因此最高风温与烧结矿最高区域温度相等，均为 873K，230s 之前的时间，出口风温度均保持均衡的高温。在这之后，随着矿层不断被冷却，出口风温度逐渐降低，最终到 600 多秒时，冷却结束。

2. 温度场与速度场

（1）执行"结果"→"图形"命令，打开"图形和动画"面板。

（2）双击"图形"列表中的 Contours 选项，打开"云图"对话框，在"着色变量"下拉列表中选择 Temperature 选项，如图 13-31 所示。单击"保存/显示"按钮，显示温度云图，如图 13-32 所示。由温度云图可看出，烧结矿是自下而上逐层冷却的，流动方向的温度梯度大，横向温度梯度几乎为 0。

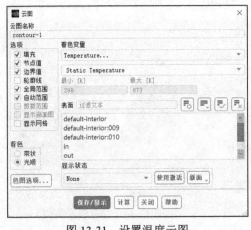

图 13-31　设置温度云图

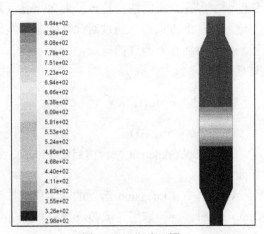

图 13-32　温度云图

（3）重复步骤（2）的操作，在"着色变量"的第一个下拉列表中选择 Velocity，单击"保存/显示"按钮，显示速度云图，如图 13-33 所示。由速度云图可看出，在进口和出口区域空气流速较大，在中间烧结矿区域空气流速最小。

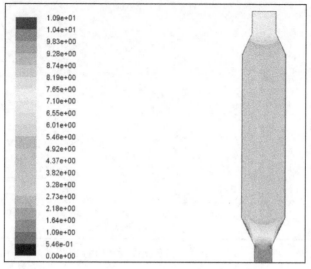

图 13-33　速度云图

13.3　三维多孔介质内部流动的数值模拟

13.3.1　案例简介

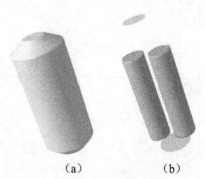

扫码观看
配套视频

13.3 节配套视频

本案例利用 Fluent 软件自带的多孔介质模型，对三维多孔介质内部流动进行数值模拟。

换热本体如图 13-34 所示。图 13-34（a）为计算区域的整体图，整个计算区域是直径为 50 mm、高为 100 mm 的圆柱。图 13-34（b）为内部的两个多孔介质圆柱，其直径为 20 mm，高为 80 mm，空气从柱体下方进入，从上方流出。通过对此案例进行数值模拟，得到空气流通过双圆柱的流场，分析双多孔介质圆柱对气流的影响。

13.3.2　Fluent 求解计算设置

1．启动 Fluent-3D

（1）在 Workbench 平台内启动 Fluent，进入启动界面。

（2）选中 Dimension 选项的 3D 单选按钮，选择 Double Precision，取消勾选 Display Options 的 3 个复选框。

（a）　　　　（b）
图 13-34　物理模型简图

（3）其他参数保持默认设置，单击 Start 按钮进入 Fluent 主界面。

2．读入并检查网格

（1）执行"文件"→"导入"→"网格"命令，在打开的 Select File 对话框中读入 porous_2.msh 三维网格文件。

（2）在功能区执行"域"→"网格"→"信息"→"尺寸"命令，得到如图 13-35 所示的模型网格信息，共有 298418 个节点、869307 个网格面和 285551 个网格单元，共有 3 个网格区域和 8 个面域。

（3）在功能区执行"域"→"网格"→"检查"命令，反馈信息如图 13-36 所示。观察计算域三维坐标的上下限，检查最小体积和最小面积是否为负数。

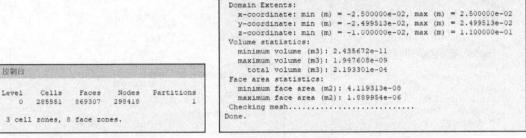

图 13-35　网格信息　　　　　　　　　　图 13-36　网格检查信息

3. 设置求解器参数

（1）单击工作界面左侧项目树中的"通用"选项，在打开的"通用"面板中设置求解器参数。

（2）单击"缩放网格"按钮，打开"缩放网格"对话框，在"网格生成单位"下拉列表中选择 mm，单击"比例"按钮，计算模型尺寸单位更改为 mm，如图 13-37 所示。

（3）其他求解参数保持默认设置，如图 13-38 所示。

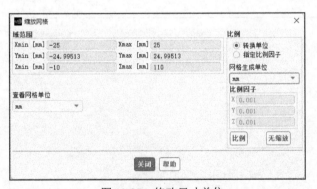

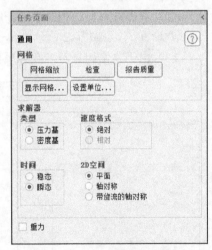

图 13-37　修改尺寸单位　　　　　　　　图 13-38　通用求解参数设置

（4）在项目树中选择"设置"→"模型"选项，打开"模型"面板对求解模型进行设置，如图 13-39 所示。

（5）双击"模型"列表中的 Viscous-SST k-omega 选项，打开"粘性模型"对话框，选择 k-epsilon（2 eqn）选项，在"k-epsilon 模型"列表中选择 Standard 单选按钮，其他参数保持默认设置，如图 13-40 所示，单击 OK 按钮保存设置。

图 13-39 选择计算模型

图 13-40 "粘性模型"对话框

4. 定义材料物性

（1）在项目树中选择"设置"→"材料"选项，在打开的"材料"面板中对所需材料进行设置，如图 13-41 所示。

（2）双击"材料"列表中的 Fluid 选项，打开"创建/编辑材料"设置对话框。保持默认参数设置，如图 13-42 所示，单击"关闭"按钮关闭对话框。

（3）由于本案例只对多孔介质内流场进行数值模拟，因此骨架的材质不需要设置。

图 13-41 材料选择面板

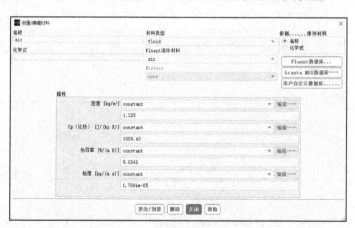

图 13-42 "创建/编辑材料"对话框

5. 设置区域条件

（1）在项目树中选择"设置"→"单元区域条件"选项，在打开的"单元区域条件"面板中对区域条件进行设置，如图 13-43 所示。

（2）在"区域"列表中选择 porous1 选项，单击"编辑"按钮，将打开如图 13-44 所示的"流体"对话框，选择"层流区域"和"多孔区域"复选框，然后单击"多孔区域"选项卡，勾选"相对速度阻力公式"复选框，设置"方向-1（$1/m^2$）"及"方向-2（$1/m^2$）"为 3e+10，"方向-3（$1/m^2$）"为 3e + 07；在"惯性阻力"选项中设置"方向-1（1/m）"及"方向-2（1/m）"为 20000，"方向-3（1/m）"为 20，液体孔隙率设置为 0.4，单击"应用"按钮完成设置。

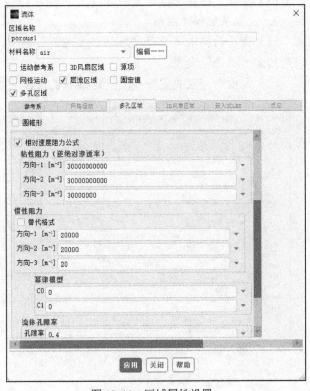

图 13-43　区域选择　　　　　　　　　　图 13-44　区域属性设置

（3）重复上述操作，应用相同的参数完成 porous2 的设置。

6. 设置边界条件

（1）在项目树中选择"设置"→"边界条件"选项，在打开的边界条件面板中对边界条件进行设置。

（2）双击"区域"列表中的 in 选项，打开"速度入口"对话框，在"动量"选项卡中"速度大小"设置为 20，在"湍流"选项的"设置"下拉列表中选择 Intensity and Hydraulic Diameter 选项，将"湍流强度"设置为 5，"水力直径（m）"设置为 20，如图 13-45 所示，单击"应用"按钮完成设置。

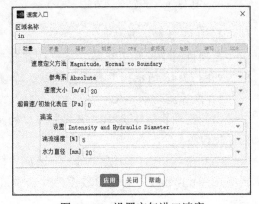

图 13-45　设置空气进口速度

（3）其他边界条件保持默认设置。

13.3.3 求解计算

1. 求解控制参数

（1）在项目树中选择"求解"→"方法"选项，在打开的"求解方法"面板中对求解控制参数进行设置。

（2）面板中的各个选项采用默认值，如图 13-46 所示。

2. 设置求解松弛因子

（1）在项目树中选择"求解"→"控制"选项，在打开的"解决方案控制"面板中对求解松弛因子进行设置。

（2）面板中相应的亚松弛因子保持默认设置，如图 13-47 所示。

图 13-46　设置求解方法

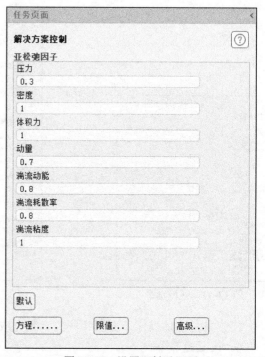

图 13-47　设置亚松弛因子

3. 设置收敛临界值

在项目树中选择"求解"→"计算监控"→"残差"选项，打开"残差监控器"对话框，如图 13-48 所示，各参数保持默认设置，单击 OK 按钮完成设置。

4. 设置流场初始化

（1）在项目树中选择"求解"→"初始化"选项，打开"解决方案初始化"面板进行初始化设置。

（2）在"初始化方法"列表中选择"标准初始化"选项，在"计算参考位置"下拉列表中选择 all-zones，其他参数保持默认设置，单击"初始化"按钮完成初始化，如图 13-49 所示。

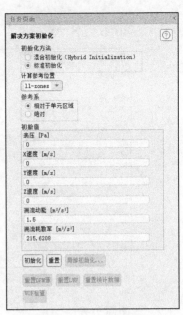

图 13-48　修改迭代残差　　　　　　　　　　图 13-49　设定流场初始化

5．迭代计算

（1）在项目树中选择"求解"→"运行计算"选项，打开"运行计算"面板。

（2）设置"迭代次数"为 1000，如图 13-50 所示。

（3）单击"开始计算"按钮进行迭代计算。

（4）开始迭代计算，打开残差监视窗口，迭代计算至 457 步时，迭代残差达到收敛最低限，如图 13-51 所示。

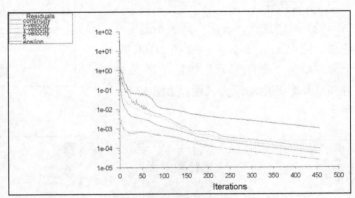

图 13-50　迭代设置对话框　　　　　　　　　图 13-51　迭代残差图

13.3.4　计算结果后处理及分析

1．创建截面

（1）执行"结果"→"表面"→"创建"→"等值面"命令，打开"等值面"对话框。在"常数表面"的第一个拉列表中选择 Mesh，在第二个下拉列表中选择 Y-Coordinate，在"等值"设置为 0，在"新面名称"设置为 y-0，单击"创建"按钮，如图 13-52 所示。

（2）以同样的方法创建 z-0、z-40、z-80 和 z-100 四个截面。

图 13-52　"等值面"对话框

2. 截面压力云图

（1）执行"结果"→"图形"命令，打开"图形和动画"面板。双击"图形"中的 Contours 选项，打开"云图"对话框，在"着色变量"下拉列表中选择 Pressure 和 Static Pressure 选项，在"表面"列表中选择 y-0，如图 13-53 所示。单击"保存/显示"按钮，显示压力云图，如图 13-54 所示。

（2）取消选择"表面"列表中的 y-0 选项，选中 z-0、z-40、z-80 和 z-100 四个面，单击"保存/显示"按钮，显示 Z 方向这 4 个截面的压力云图，如图 13-55 所示。

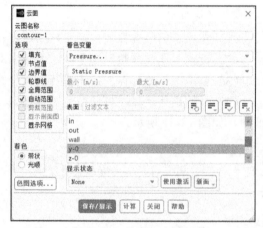

图 13-53　设置压力云图

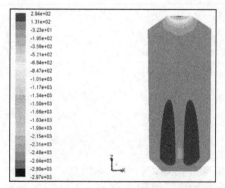

图 13-54　y-0 截面的压力云图

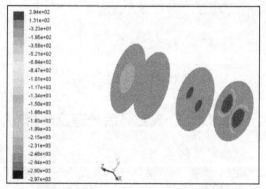

图 13-55　Z 方向 4 个截面的压力云图

3. 截面速度云图

（1）在"云图"对话框中的"着色变量"下拉列表中选择 Velocity 选项，在"表面"列表中选择 y-0 选项，单击"保存/显示"按钮，显示 y-0 截面的速度云图，如图 13-56 所示。

（2）取消选择"表面"列表中的 y-0 选项，选中 z-0、z-40、z-80 和 z-100 四个面，单击"保存/显示"按钮，显示 Z 方向这 4 个截面的速度云图，如图 13-57 所示。

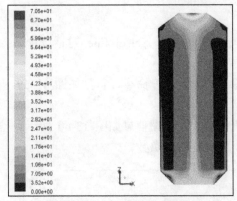

图 13-56　y-0 截面的速度云图

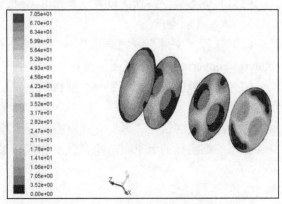

图 13-57　Z 方向 4 个截面的速度云图

13.4　催化转换器内部流动的数值模拟

13.4.1　案例简介

扫码观看
配套视频

13.4 节配套视频

催化转换器的模型如图 13-58 所示。入口的气体为氮气，其速度为 22.6m/s，流过中间的区域，从出口流出。其整体流动为湍流，流动通过中间的基板渗透。使用 ANSYS Fluent 完成该模型的计算。

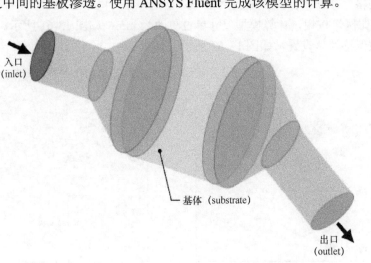

入口
(inlet)

基体（substrate）

出口
(outlet)

图 13-58　催化转换器模型

13.4.2 Fluent 求解计算设置

1. 启动 Fluent-3D

（1）在 Workbench 平台内启动 Fluent，进入启动界面。

（2）选中 Dimension 选项的 3D 单选按钮，选择 Double Precision，取消勾选 Display Options 下的 3 个复选框。

（3）其他参数保持默认设置，单击 Start 按钮进入 Fluent 主界面。

2. 读入并检查网格

（1）执行"文件"→"导入"→"网格"命令，在打开的 Select File 对话框中读入 catalytic_converter.msh 三维网格文件。

（2）在功能区执行"域"→"网格"→"信息"→"尺寸"命令，得到如图 13-59 所示的模型网格信息。

（3）在功能区执行"域"→"网格"→"检查"命令，反馈信息如图 13-60 所示。检查计算域三维坐标的上下限，检查最小体积和最小面积是否为负数。

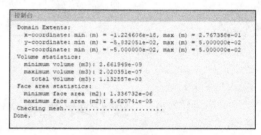

图 13-59 网格信息

图 13-60 网格检查信息

3. 设置求解器参数

（1）单击工作界面左侧项目树中的"通用"选项，在打开的"通用"面板中设置求解器参数。

（2）单击"缩放网格"按钮，打开"缩放网格"对话框，在"网格生成单位"下拉列表中选择 mm，单击"比例"按钮，计算模型尺寸单位更改为 mm，如图 13-61 所示。

（3）其他求解参数保持默认设置，如图 13-62 所示。

图 13-61 修改尺寸单位

图 13-62 通用求解参数设置

（4）在项目树中选择"设置"→"模型"选项，打开"模型"面板对求解模型进行设置，如图 13-63 所示。

（5）双击"模型"列表中的 Viscous-SST k-omega 选项，打开"粘性模型"对话框，选择 k-epsilon（2 eqn）选项，在"k-epsilon 模型"列表中选择 Standard 单选按钮，其他参数保持默认设置，如图 13-64 所示，单击 OK 按钮保存退出。

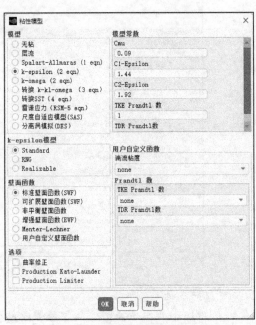

图 13-63　选择计算模型　　　　　　　　　图 13-64　"粘性模型"对话框

4. 定义材料物性

（1）在项目树中选择"设置"→"材料"选项，在打开的"材料"面板中对所需材料进行设置，如图 13-65 所示。

（2）双击"材料"列表中的 Fluid 选项，打开"创建/编辑材料"设置对话框，如图 13-66 所示。

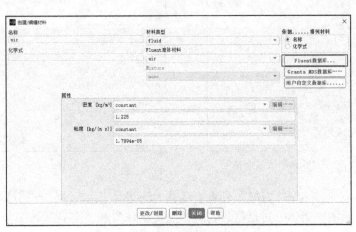

图 13-65　材料选择面板　　　　　　　　　图 13-66　"创建/编辑材料"对话框

（3）单击"Fluent 数据库"按钮，打开"Fluent 数据库材料"对话框，在"Fluent 流体材料"列表中选择 nitrogen（n2）选项，单击"复制"按钮，如图 13-67 所示，单击"关闭"按钮关闭窗口。

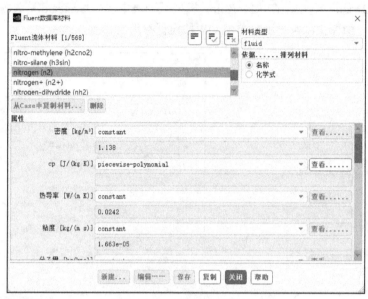

图 13-67　材料库选择材料

5. 设置区域条件

（1）在项目树中选择"设置"→"单元区域条件"选项，在打开的"单元区域条件"面板中对区域条件进行设置，如图 13-68 所示。

（2）在"区域"列表中选择 fluid 选项，单击"编辑"按钮，将打开如图 13-69 所示的"流体"对话框，在"材料名称"下拉列表中选择 nitrogen 选项，单击"应用"按钮完成设置。

图 13-68　区域选择

图 13-69　区域属性设置

（3）在"区域"列表中选择 substrate 选项，单击"编辑"按钮，将打开如图 13-70 所示的"流体"对话框，勾选"层流区域"和"多孔区域"复选框，然后单击"多孔区域"选项卡，将"方向矢量"参数设置为如表 13-1 所示；勾选"相对速度阻力公式"复选框，设置"方向-1（1/m²）"为 3.846e+07，"方向-2（1/m²）"及"方向-3（1/m²）"为 3.846e+10；在"惯性阻力"选项的"方向-1（1/m）"设置为 20.414，"方向-2（1/m）"及"方向-3（1/m）"为 20414，单击"应用"按钮完成设置。

表 13-1　　　　　　　　　　　　　　　方向矢量设置

Axis	Direction-1 Vector	Direction-2 Vector
X	1	0
Y	0	1
Z	0	0

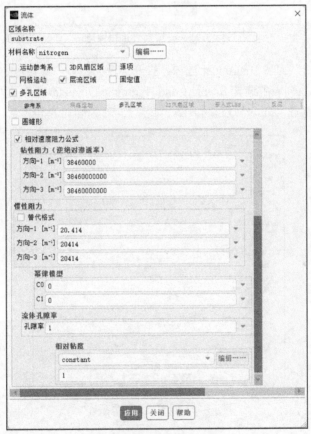

图 13-70　substrate 设置

6. 设置边界条件

（1）在项目树中选择"设置"→"边界条件"选项，在打开的边界条件面板中对边界条件进行设置。

（2）双击"区域"列表中的 inlet 选项，打开"速度入口"对话框，将"动量"选项卡中的"速度大小"设置为 22.6，在"设置"下拉列表中选择 Intensity and Hydraulic Diameter 选项，"湍流强度"设置为 10，"水力直径（mm）"设置为 42，如图 13-71 所示，单击"应用"按钮完成设置。

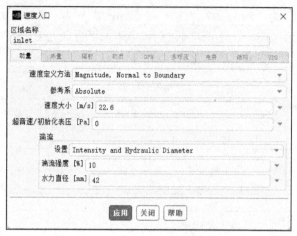

图 13-71 设置空气进口速度

（3）双击"区域"列表中的 outlet 选项，打开"压力出口"对话框，单击"动量"选项卡，在"设置"下拉列表中选择 Intensity and Hydraulic Diameter 选项，"回流湍流强度"设置为 5，"回流水力直径（mm）"设置为 42，如图 13-72 所示，单击"应用"按钮完成设置。

图 13-72 设置出口边界条件

13.4.3 求解计算

1. 求解控制参数

（1）在项目树中选择"求解"→"方法"选项，在打开的"求解方法"面板中对求解控制参数进行设置。

（2）面板中的各个选项采用默认值，如图 13-73 所示。

2. 设置求解松弛因子

（1）在项目树中选择"求解"→"控制"选项，在打开的"解决方案控制"面板中对求解松弛因子进行设置。

（2）面板中相应的松弛因子选择默认设置，如图 13-74 所示。

图 13-73　设置求解方法

图 13-74　设置松弛因子

3. 设置收敛临界值

在项目树中选择"求解"→"计算监控"→"残差"选项，打开"残差监控器"对话框，如图 13-75 所示，各参数保持默认设置，单击 OK 按钮完成设置。

4. 设置流场初始化

（1）在项目树中选择"求解"→"初始化"选项，打开"解决方案初始化"面板进行初始化设置。

（2）在"初始化方法"下拉列表中选择"混合初始化 Hybrid Initialization"选项，单击"初始化"按钮完成初始化，如图 13-76 所示。

此时控制窗口会显示警告"Warning：convergence tolerance of 1.000000e-06 not reached during Hybrid Initialization"，这意味着需要更多的初始化步数。

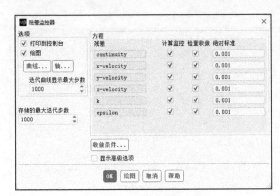

图 13-75　修改迭代残差

图 13-76　设定流场初始化

（3）单击"解决方案初始化"面板中的"更多设置"按钮，打开"混合初始化 Hybrid Initialization"对话框，将"迭代次数"设置为 15，如图 13-77 所示，单击 OK 按钮完成设置，再次单击"初始化"按钮进行初始化。

5. 设置出口处质量流量监控

在项目树中使用鼠标右键单击"求解"→"报告定义"选项，在打开的界面中单击选择"创建"→"表面报告"→"面积加权平均"选项，如图 13-78 所示，将打开"表面报告定义"设置对话框，在"报告类型"下拉列表中选择 Mass Flow Rate，在"创建"列表中选择"报告文件"及"报告图"，在"表面"列表中选择 outlet，如图 13-79 所示，单击 OK 按钮保存设置。

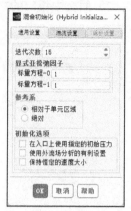

图 13-77 混合初始化设置

图 13-78 报告文件设置

图 13-79 出口质量流量监控设置

6. 迭代计算

（1）在项目树中选择"求解"→"运行计算"选项，打开"运行计算"面板。

（2）设置"迭代次数"为 100，如图 13-80 所示。

（3）单击"开始计算"按钮进行迭代计算。

（4）迭代计算开始，残差收敛曲线与出口处质量流量监控曲线分别如图 13-81 和图 13-82 所示。

图 13-80 迭代设置对话框

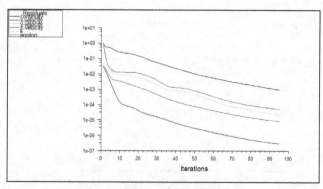

图 13-81 迭代残差图

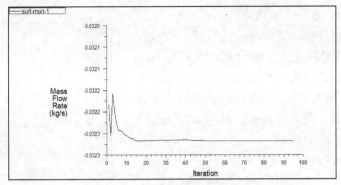

图 13-82　出口处质量流量监控曲线

13.4.4　计算结果后处理及分析

1. 创建通过中线的面

执行"结果"→"表面"→"创建"→"等值面"命令，打开"等值面"对话框。在"常数表面"的第一个下拉列表中选择 Mesh，在第二个下拉列表中选择 Y-Coordinate，在"等值"文本框中输入 0，在"新面名称"文本框中输入 y=0，单击"创建"按钮，如图 13-83 所示。

图 13-83　"等值面"对话框（1）

2. 创建横截面

执行"结果"→"表面"→"创建"→"等值面"命令，打开"等值面"对话框。在"常数表面"的第一个下拉列表中选择 Mesh，在第二个下拉列表中选择 X-Coordinate，在"等值"文本框中输入 95，在"新面名称"文本框中输入 x=95，单击"创建"按钮，如图 13-84 所示。

图 13-84　"等值面"对话框（2）

3. 创建多孔介质中心面的线

执行"结果"→"表面"→"创建"→"线/耙面"命令，打开"线/耙面"对话框。将 x0（mm）和 x1（mm）分别设置为 95 和 165，y0（mm）和 y1（mm）分别设置为 0 和 0，z0（mm）和 z1（mm）均设置为 0，"名称"设置为 porous-cl，单击"创建"按钮，如图 13-85 所示。

图 13-85　创建线设置

4. 显示壁面区域

执行"结果"→"云图"→"网格"命令，打开"网格显示"对话框，勾选"选项"列表中的"面"复选框，在"表面"列表中选择 substrate-wall 和 wall，如图 13-86 所示。单击"保存/显示"按钮完成设置，单击"关闭"按钮关闭对话框。

5. 显示灯光设置

执行"结果"→"图形"→"选项"命令，打开"显示选项"对话框，在"照明属性"选项勾选"光照开启"复选框，在"照明"下拉列表中选择 Gouraud 选项，如图 13-87 所示。单击"应用"按钮完成设置，单击"关闭"按钮关闭对话框。

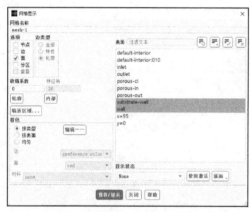

图 13-86　显示壁面区域设置

图 13-87　显示灯光设置

6. 为壁面区域设置透明参数

执行"结果"→"场景"命令，打开"场景"对话框，选择"图形对象"的"网格1"，并将"透明度"设置为 70，如图 13-88 所示。单击"应用"按钮完成设置，单击"关闭"按钮关闭对话框。

7. 显示 y=0 截面上速度矢量

（1）执行"结果"→"图形"→"矢量"命令，打开"矢量"对话框，将"比例"和"跳过"分别设置为 5 和 1，在"表面"列表中选择 y=0，如图 13-89 所示。

（2）勾选"显示网格"复选框，打开如图 13-90 所示的"网格显示"对话框，在"选项"列表中选择"边"，

图 13-88　场景设置

在"表面"列表中选择 substrate-wall 和 wall，单击"显示"按钮后单击"关闭"按钮关闭对话框。

图 13-89　速度矢量图显示设置

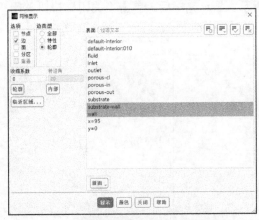

图 13-90　网格显示设置

（3）返回"矢量"对话框，单击"保存/显示"按钮显示速度矢量图，如图 13-91 所示，单击"关闭"按钮关闭对话框。

8．显示 $y=0$ 截面上压力云图

执行"结果"→"图形"命令，打开"图形和动画"面板。双击"图形"列表中的 Contours 选项，打开"云图"对话框，在"着色变量"下拉列表中选择 Pressure 和 Static Pressure 选项，在"表面"列表中选择 $y=0$，如图 13-92所示。单击"保存/显示"按钮，显示压力云图，如图 13-93 所示。

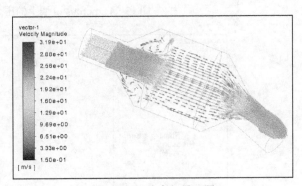

图 13-91　速度矢量云图

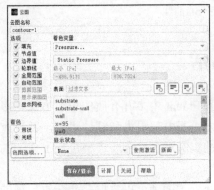

图 13-92　设置压力云图

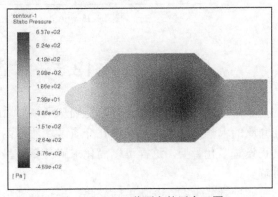

图 13-93　$y=0$ 截面上的压力云图

9．显示 porous-cl 线上的压力分布曲线

执行"结果"→"绘图"→"XY 图"命令，打开"解决方案 XY 图"对话框，在"Y

轴函数”下拉列表中选择 Pressure 和 Static Pressure，在“表面”列表中选择 porous-cl，如图 13-94 所示。单击“绘图”按钮，得到 porous-cl 线上的压力分布曲线，如图 13-95 所示。显示完毕后，单击“关闭”按钮关闭“解决方案 XY 图”对话框。

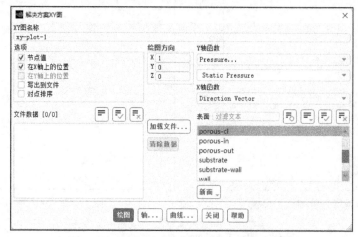

图 13-94　porous-cl 线上的压力分布曲线设置

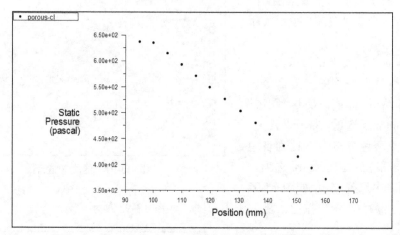

图 13-95　porous-cl 线上的压力分布曲线

13.5　本章小结

本章首先介绍了多孔介质的基础知识，然后介绍了 Fluent 中多孔介质的求解方法。多孔介质的求解方法主要是在多孔介质区域假想两个阻力，即内部阻力和粘性阻力，并没有真正设置多孔骨架，这样可以简化求解计算。最后通过实例对多孔介质模型进行了详细的讲解。

通过对二维多孔介质气固换热过程进行数值模拟分析，读者可以掌握多孔介质模型的使用方法，在应用过程中可根据实际情况修改多孔介质属性，得到准确的模拟结果。

第 14 章　UDF 基础应用

本章将介绍 UDF（用户自定义函数）的基本用法，并详细讲解 UDF 在物性参数修改及多孔介质中的基本应用思路。希望读者通过一些实例的应用和练习，能够进一步掌握 UDF 的基本用法及相关案例设置的基本操作过程，灵活使用 Fluent 中的 UDF 来解决实际问题。

学习目标：
- 掌握 Fluent UDF 基础技术；
- 掌握 Fluent 利用 UDF 对物性参数进行自定义的方法；
- 练习 Fluent 利用 UDF 的求解案例。

14.1　UDF 介绍

本节将简要地介绍 UDF 的概念及其在 Fluent 中的用法。

14.1.1　UDF 的基本功能

UDF 是用户自编的程序，它可以被动态地连接到 Fluent 求解器来提高求解器性能。标准的 Fluent 界面并不能满足所有用户的需要，UDF 可以定制 Fluent 代码来满足用户的特殊需要，以下是 UDF 所具有的一些功能。

（1）定制边界条件，定义材料属性，定义表面和体积反应率，定义 Fluent 输运方程中的源项，自定义标量输运方程（UDS）中的源项扩散率函数等。

（2）在每次迭代的基础上调节计算值。

（3）方案的初始化及后处理功能的改善。

（4）Fluent 模型（如离散项模型、多项混合物模型、离散发射辐射模型）的改进。

UDF 可执行的任务有以下几种不同的类型。

（1）返回值。

（2）修改自变量。

（3）修改 Fluent 变量（不能作为自变量传递）。

（4）向 case 或 data 文件写入信息（或读取信息）。

需要说明的是，尽管 UDF 在 Fluent 中有着广泛的用途，但是并非所有的情况都可以使用 UDF，它不能访问所有的变量和 Fluent 模型。

14.1.2　UDF 编写基础

UDF 可以使用标准 C 语言的库函数，也可以使用 Fluent 公司提供的预定义宏，通过这些预定义宏，可以获得 Fluent 求解器得到的数据。由于篇幅所限，这里不具体介绍 Fluent 软件所提供的预定义宏（指 DEFINE 宏，包括通用解算器 DEFINE 宏、模型指定 DEFINE 宏、多相 DEFINE 宏、离散相模型 DEFINE 宏等）。

简单归纳起来，编写 UDF 时需要明确以下基本要求。

（1）UDF 必须用 C 语言编写。

（2）UDF 必须包含源代码声明的 udf.h 头文件（用#include 实现文件包含），因为所有宏的定义都包含在 udf.h 文件中，而且 DEFINE 宏的所有参变量声明必须在同一行，否则会导致编译错误。

（3）UDF 必须使用预定义宏和包含在编译过程的其他 Fluent 提供的函数来定义，即 UDF 只使用预定义宏和函数从 Fluent 求解器中访问数据。

通过 UDF 传递到求解器的任何值或从求解器返回 UDF 的值，都指定为国际（SI）单位。

编辑 UDF 代码有两种方式：解释式 UDF 及编译式 UDF，即 UDF 使用时可以被当作解释函数或编译函数。

编译式 UDF 的基本原理与 Fluent 的构建方式相同，可以用来调用 C 编译器构建的一个当地目标代码库，该目标代码库包含高级 C 语言源代码的机器语言，这些代码库在 Fluent 运行时会动态装载并被保存在用户的 case 文件中。此代码库与 Fluent 同步自动连接，因此当计算机的物理结构发生改变（如计算机操作系统改变）或使用的 Fluent 版本发生改变时，需要重新构建这些代码库。

解释式 UDF 则是在运行时，直接从 C 语言源代码进行编译和装载，即在 Fluent 运行过程中，源代码被编译为中介的、独立于物理结构的、使用 C 预处理程序的机器代码，当 UDF 被调用时，机器代码由内部仿真器直接执行注释，不具备标准 C 编译器的所有功能，因此不支持 C 语言的某些功能，如以下几个方面。

● goto 语句。
● 非 ANSI-C 原型语法。
● 直接的数据结构查询。
● 局部结构的声明。
● 联合（Unions）。
● 指向函数的指针（Pointerst of Unctions）。
● 函数数组。

虽然解释式 UDF 用法简单，但是有源代码和速度方面的限制，而且解释式 UDF 不能直接访问存储在 Fluent 结构中的数据，只能通过使用 Fluent 提供的宏间接地访问这些数据。编译式 UDF 执行速度较快，而且没有源代码限制，但设置和使用较为麻烦。另外，编译式 UDF 没有任何 C 编程语言或其他求解器数据结构的限制，而且能调用其他语言编写的函数。

无论 UDF 在 Fluent 中是以解释方式还是编译方式执行，用户定义函数的基本要求都是相同的。

编辑 UDF 代码，并且在用户的 Fluent 模型中有效使用它，有以下 7 个基本步骤。

（1）定义用户模型，例如，希望使用 UDF 来定义一个用户化的边界条件，则首先需要定义一系列数学方程来描述这个条件。

（2）编制 C 语言源代码，编写好的 C 语言函数需以.c 为后缀名保存在工作路径下。

（3）运行 Fluent，读入并设置 case 文件。

（4）编译或注释（Compile or Interpret）C 语言源代码。

（5）在 Fluent 中激活 UDF。

（6）开始计算。

（7）分析计算结果，并与期望值比较。

综上所述，采用 UDF 解决某个特定的问题时，不仅需要具备一定的 C 语言编程基础，还需要具体参照 UDF 的帮助手册提供的技术支持。

14.1.3　UDF 中的 C 语言基础

本节将省略循环、联合、递归结构及读写文件的 C 语言基础知识，只是根据需要介绍与 UDF 相关的 C 语言的一些基本信息，这些信息对处理 Fluent 的 UDF 很有帮助。如果对 C 语言不熟悉，可以参阅相关书籍。

1．Fluent 的 C 数据类型

UDF 解释程序支持以下 C 数据类型。

- int：整型。
- long：长整型。
- real：实数。
- float：浮点型。
- double：双精度。
- char：字符型。

UDF 解释函数在单精度算法中定义 real 为 float 型，在双精度算法中定义 real 为 double 型。因为解释函数自动进行分配，所以在 UDF 中声明所有的 float 和 double 数据变量时，使用 real 数据类型是很好的编程习惯。

除标准的 C 语言数据类型（如 real、int）外，还有几个 Fluent 指定的与求解器数据相关的数据类型。这些数据类型描述了 Fluent 中定义的网格的计算单位，使用这些数据类型定义的变量既补充了 DEFINE macros 的自变量，也补充了其他专门访问 Fluent 求解器数据的函数。

由于 Fluent 数据类型需要进行实体定义，因此需要理解 Fluent 网格拓扑的术语，如图 14-1 所示，具体说明如表 14-1 所示。

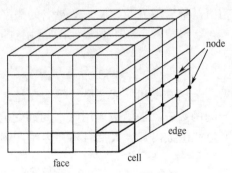

图 14-1　Fluent 网格拓扑

表 14-1 网格拓扑术语的定义

术　语	定　义
单元（cell）	区域被分割成的控制容积
单元中心（cell center）	Fluent 中场数据存储的位置
面（face）	单元（2D 或 3D）的边界
边（edge）	面（3D）的边界
节点（node）	网格点
单元线索（cell thread）	其中分配了材料数据和源项的单元组
面线索（face thread）	其中分配了边界数据的面组
节点线索（node thread）	节点组
区域（domain）	由网格定义的所有节点、面和单元线索的组合

一些更为常用的 Fluent 数据类型如下所述。

cell_t：线索（Thread）内单元标识符的数据类型，是一个识别给定线索内单元的整数下标。

face_t：线索内面标识符的数据类型，是一个识别给定线索内面的整数下标。

thread：Fluent 中的数据结构，充当了一个与它描述的单元或面的组合相关的数据容器。

domain：代表了 Fluent 中最高水平的数据结构，充当了一个与网格中所有节点、面和单元线索组合相关的数据容器。

node：也是 Fluent 中的数据结构，充当了一个与单元或面的拐角相关的数据容器。

2. 常数和变量

常数是表达式中使用的绝对值，在 C 程序中用语句#define 来定义。最简单的常数是十进制整数（如 0,1,2），包含小数点或者包含字母 e 的十进制数被看作浮点常数。按照惯例，常数的声明一般都使用大写字母。例如，用户可以设定区域的 ID 或者定义 YMIN 和 YMAX 为#define WALL_ID 5。

变量或者对象保存在可以存储数值的内存中。每个变量都有类型、名字和值。变量在使用之前必须在 C 程序中声明，这样，计算机才会提前明确应该如何为相应变量分配存储类型。

变量声明的结构如下：首先是数据类型，然后是具有相应类型的一个或多个变量的名称。变量声明时可以给定初值，最后用分号结尾。变量名的头字母必须是 C 程序所允许的合法字符，变量名中可以包含字母、数字和下画线。需要注意的是，在 C 程序中，字母是区分大小写的。例如：

```
int n;                          /*声明变量 n 为整型*/
```

变量又可分为局部变量、全局变量和外部变量、静态变量。

局部变量：只用于单一的函数中。当函数调用时，局部变量已经被创建，函数返回之后，这个变量消失。局部变量在函数内部（大括号内）声明，例如：

```
real temp = C_T(cell, thread);
if (temp1 > 1.)                     /*temp1 为局部变量*/
```

```
temp2= 5.5;                          /*temp2 为局部变量*/
else if (temp1 > 2)
temp2= -5.5;
```

全局变量：全局变量在用户的 UDF 源文件中对所有的函数都起作用，它们是在单一函数的外部定义的。全局变量一般在预处理程序之后的文件开始处声明。

外部变量 extern：如果全局变量在某一源代码文件中声明，但是另一个源代码的某一文件需要用到它，则必须在这个文件中声明它是外部变量。外部变量的声明很简单，只需要在变量声明的最前面加上 extern 即可。如果有几个文件涉及该变量，最方便的处理方法就是在头文件（.h）中增加 extern 的定义，然后在所有的.c 文件中引用该头文件。

静态变量 static：在函数调用返回之后，静态局部变量不会被破坏。静态全局变量在定义该变量的.c 源文件之外对任何函数保持不可见。静态声明也可以用于函数，使该函数只对定义它的.c 源文件保持可见。

3. 函数和数组

函数包括一个函数名及函数名之后的零行或多行语句，其中函数主体可以完成所需要的任务。函数可以返回特定类型的数值，也可以通过数值来传递数据。

函数有很多数据类型，如 real、void 等，其相应的返回值就是该数据类型，如果函数的类型是 void，则没有任何返回值。要确定定义 UDF 时所使用的 DEFINE 宏的数据类型，需要参阅 udf.h 文件中关于宏的#define 声明。

数组的定义格式：名字[数组元素个数]。C 数组的下标是从零开始的，变量的数组可以具有不同的数据类型。例如：

```
a[0] = 1;                            /*变量 a 为一个一维数组*/
b[6][6] = 4;                         /*变量 b 为一个二维数组*/
```

4. 指针

C 程序中指针变量的声明必须以*开头。指针广泛用于提取结构中存储的数据，以及在多个函数中通过数据的地址传送数据。指针变量的数值是其他变量存储于内存中的地址值。

例如：

```
int a = 100;                         /*整型变量赋初值为 100*/
int *ip;                             /*声明了一个指向整型变量的指针变量 ip*/
ip = &a;                             /*整型变量 a 的地址值分配给指针 ip */
printf("content of address pointed to by ip =%d\n", *ip); /*用*ip 来输出指针 ip 所指
向的值（该值为 100）*/
*ip = 400;                           /* a = 400 即用*ip 间接地给变量 a 赋值为 400*/
printf("now a =%d\n", a);            /*输出 a 的新值*/
```

指针还可以指向数组的起始地址，在 C 程序中指针和数组具有紧密的联系。

在 Fluent 中，线程和域指针是 UDF 常用的自变量。当在 UDF 中指定这些自变量时，Fluent 解算器会自动将指针所指向的数据传送给 UDF，从而使函数可以存取解算器的数据。

5. 常用数学函数及 I/O 函数

常用数学函数如表 14-2 所示。

表 14-2 常用数学函数

C 函数	表 达 式
double sqrt (double x);	$\sqrt{x}$
double pow(double x, double y);	x^y
double exp (double x);	e^x
double log (double x);	$\ln x$
double log10 (double x);	$\log_{10} x$
double fabs (double x);	$\|x\|$
double ceil (double x);	不小于 x 的最小整数
double floor (double x);	不大于 x 的最大整数

标准输入/输出（I/O）函数如表 14-3 所示。

表 14-3 I/O 函数

I/O 函数	含 义
FILE *fopen(char *filename, char *type);	打开一个文件
int fclose(FILE *ip);	关闭一个文件
int fprintf(FILE *ip, char *format, ...);	以指定的格式写入文件
int printf(char *format, ...);	输出到屏幕
int fscanf(FILE *ip, char *format, ...);	格式化读入一个文件

另外，所有的函数都声明为整数，这是因为该函数所返回的整数会告诉我们这个文件操作命令是否成功执行。

例如：

```
FILE *ip;
    ip = fopen ("data.txt","r");        /*r 表明 data.txt 是以可读形式打开的*/
    fscanf (ip, "%f , %f'', &f1, &f2);  /*fscan 函数从 ip 所指向的文件中读入两个浮点数，并
将它们存储为 f1 和 f2*/
    fclose (ip);
```

后面的章节将讲解如何利用 UDF 对物性参数进行自定义，以及利用 UDF 对多孔介质进行求解。

14.2 利用 UDF 自定义物性参数

本节将利用 Fluent 对液态金属流入二维通道的问题进行数值模拟，其中，液态金属的粘性系数是与温度有关的一个物理量，我们利用 UDF 函数对该物理量进行定义。本节主要完成以下任务。

● 编写 UDF，对液态金属物性参数进行定义；
● 对计算结果进行简单后处理。

扫码观看
配套视频

14.2 节配套视频

14.2.1　案例简介

图 14-2 所示为液态金属流通模型。由于对称面边界条件，因此只需要一半模型。流通通道中的壁面被分为两部分，其中 wall-2 的壁面温度为 280K，wall-3 的壁面温度为 290K。液态金属与温度相关的粘性系数可通过不同壁面得以表现。

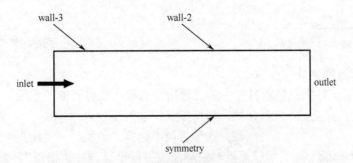

（wall 壁面从 290K 至 280K 分布，symmetry 为对称面，inlet 为入口，outlet 为出口）

图 14-2　液态金属流通模型

通过 DEFINE_PROPERTY 在单元上定义一个名为 cell_viscosity 的函数，其中引入两个实变量，temp 为 C_T（cell, thread），mu 为层流粘性系数。根据计算得到的温度范围对 mu 进行计算，在函数结尾，计算得到的 mu 将会返回 Fluent 求解器。

这里液态金属的粘性系数与温度相关，见式 14-1。

$$\mu = \begin{cases} 5.5 \times 10^{-3} & T > 288 \\ 143.213\,5 - 0.497\,25 & 286 \leqslant T \leqslant 288 \end{cases} \quad (14\text{-}1)$$

式中，T 代表流体温度，单位为 K；μ 代表分子粘性系数，单位为 kg/(m·s)。

14.2.2　Fluent 求解计算设置

1. 启动 Fluent-2D

（1）在 Workbench 平台内启动 Fluent，进入启动界面。

（2）选中 Dimension 选项的 2D 单选按钮，选择 Display Mesh After Reading，取消勾选 Display Options 的 3 个复选框。

（3）其他参数保持默认设置，单击 Start 按钮进入 Fluent 主界面。

2. 读入并检查网格

（1）执行"文件"→"导入"→"网格"命令，在打开的 Select File 对话框中读入 user-vis.msh 二维网格文件。

（2）在功能区执行"域"→"网格"→"信息"→"尺寸"命令，得到如图 14-3 所示的模型网格信息。

（3）在功能区执行"域"→"网格"→"检查"命令，反馈信息如图 14-4 所示。观察计算域二维坐标的上下限，检查最小体积和最小面积是否为负数。

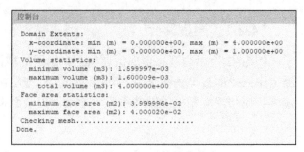

图 14-3　网格信息 图 14-4　网格检查信息

3. 设置求解器参数

（1）单击工作界面左侧项目树中的"通用"选项，在打开的"通用"面板中设置求解器参数，保持默认的求解器设置。

（2）在项目树中选择"设置"→"模型"选项，打开"模型"面板对求解模型进行设置。双击"模型"列表中的 Energy-Off 选项，如图 14-5 所示，打开"能量"对话框。

（3）在打开的对话框中勾选"能量方程"复选框，如图 14-6 所示，单击 OK 按钮，启动能量方程。

（4）粘性方程选择层流模型。

4. 编写 UDF 并编译

（1）浏览 UDF 函数，可以了解到 UDF 函数 viscosity.c 是用来定义分

图 14-5　选择能量方程

图 14-6　"能量"对话框

子粘性系数与温度的函数关系。利用其他的文本编辑工具或者编程工具可以打开该文件的内容。编写的 UDF 及部分说明如下。

```c
#include "udf.h"
DEFINE_PROPERTY(user_vis, cell, thread)
{
  float temp, mu;
  temp = C_T(cell, thread);
  {
/* 如果温度高，则使用较小的常数粘性系数 */
  if (temp > 288.)
    mu = 5.5e-3;
  else if ( temp >= 286. )
    mu = 143.2135 - 0.49725 * temp;
  else
    mu = 1.0;
  }
  return mu;
}
```

上述方程将被应用于所有与该问题区域有关的网格单元。该 UDF 将被调用以求得材料的物性参数中的粘性系数。

（2）编译 UDF。

执行菜单栏"用户自定义"→"用户自定义"→"函数"→"解释"命令，打开"解释 UDF"对话框，如图 14-7 所示。

① 单击"浏览"按钮,选择工作文件夹中的 viscosity.c 文件。

② 指定"CPP 命令名称"的 CPP 前处理器。如果要使用 Fluent 软件提供 C 前处理器,则可以勾选"使用内置预处理器"复选框。

③ "堆栈尺寸"保持默认值 10000,为了防止 UDF 中的局部变量导致堆栈溢出,"堆栈尺寸"的数量应该设置得比局部变量的数量大。

图 14-7 "解释 UDF"对话框

④ 单击"解释"按钮,然后单击"关闭"按钮关闭"解释 UDF"对话框。

此时,控制窗口中会出现如下提示。

```
cpp -I"D:\PROGRA~1\ANSYSI~1\v140\Fluent\Fluent14.0.0/src"
-I"D:\PROGRA~1\ANSYSI~1\v140\Fluent\Fluent14.0.0/cortex/src"
-I"D:\PROGRA~1\ANSYSI~1\v140\Fluent\Fluent14.0.0/client/src"
-I"D:\PROGRA~1\ANSYSI~1\v140\Fluent\Fluent14.0.0/multiport/src" -I. -DUDF
ONFIG_H="<udfconfig.h>" "E:\Fluent\chapter15\viscosity.c"
temp definition shadows previous definition
```

5. 定义材料物性

单击项目树中的"材料"选项,再双击右侧操作栏中的 Fluid 选项,打开"创建/编辑材料"对话框。将"名称"修改为 liquid_metal,并将"属性"选项中"密度"的数值修改为 8000,"比热容"修改为 680,"热导率"修改为 30,在"粘度"的下拉列表中选择 user-defined 选项,此时打开另外一个对话框供用户选择所使用的具体函数,如图 14-8 所示,选择 user_vis 选项,单击 OK 按钮关闭此对话框。全部设置之后如图 14-9 所示,最后依次单击"更改/创建"按钮和"关闭"按钮完成此步骤。

图 14-8 选择 UDF 函数

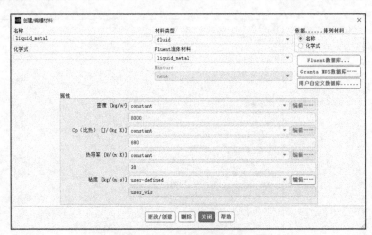

图 14-9 修改流体的物性参数

6. 设置边界条件

单击项目树中的"边界条件"选项,则可以在右侧操作栏中看到需要进行的设置。

(1)设置 wall-2 的边界条件。

① 在操作栏的"区域"列表中选择 wall-2 并单击下面的"编辑"按钮,打开"壁面"对话框。

② 单击该对话框中的"热量"选项卡，在"传热相关边界条件"列表中选中"温度"单选按钮，在其右侧将"温度"设置为 280，并单击"应用"按钮保存设置，如图 14-10 所示。

图 14-10　wall-2 边界条件设置

③ 单击"关闭"按钮关闭"壁面"对话框。

（2）设置 wall-3 的边界条件。

① 在操作栏的"区域"列表中选择 wall-3 并单击下面的"编辑"按钮，打开"壁面"对话框。

② 单击该对话框中的"热量"选项卡，在"传热相关边界条件"列表中选中"温度"单选按钮，在其右侧将"温度"设置为 290，并单击"应用"按钮保存设置，如图 14-11 所示。

图 14-11　wall-3 边界条件设置

③ 单击"关闭"按钮关闭"壁面"对话框。

（3）设置 velocity-inlet-6 的边界条件。

① 在操作栏的"区域"列表中选择 velocity-inlet-6 并单击下面的"编辑"按钮，打开"速度入口"对话框。

② 在该对话框默认选项卡的"速度定义方法"下拉列表中选择 Components 选项，并将"X-速度（m/s）"设置为 0.001，单击"应用"按钮保存设置，如图 14-12 所示。

③ 单击该对话框中的"热量"选项卡，将"回流总温"设置为 290。

④ 单击"关闭"按钮关闭"速度入口"对话框。

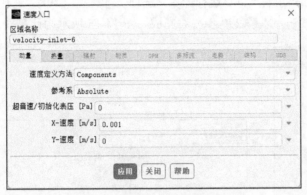

图 14-12　速度入口边界条件设置

（4）设置 pressure-outlet-7 的边界条件。

① 在操作栏的"区域"列表中选择 pressure-outlet-7 并单击下面的"编辑"按钮，打开"压力出口"对话框。

② 单击该对话框中的"热量"选项卡，将"回流总温（K）"设置为 290，并单击"应用"按钮保存设置，如图 14-13 所示。

图 14-13　压力出口边界条件设置

③ 单击"关闭"按钮关闭"压力出口"对话框。

（5）其余边界条件保持系统默认设置。

14.2.3　求解计算

1. 设置流场初始化

（1）在项目树中选择"求解"→"初始化"选项，打开"解决方案初始化"面板进行初始化设置。

（2）在"初始化方法"列表中选择"标准初始化"选项，在"计算参考位置"下拉列表中选择 velocity-inlet-6，其他选项保持默认设置，单击"初始化"按钮完成初始化，如图 14-14 所示。

2．迭代计算

在项目树中单击"求解"→"运行计算"选项，将操作栏中的"迭代次数"设置为 300，单击"开始计算"按钮，求解 270 步左右完成，图 14-15 所示为计算残差曲线。

图 14-14　流场初始化设置

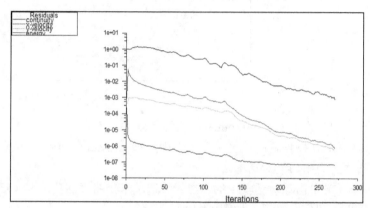

图 14-15　计算残差曲线

14.2.4　计算结果后处理及分析

利用 Fluent 的后处理工具显示流体分子粘性系数。

执行"结果"→"图形"命令，打开"图形和动画"面板。双击"图形"列表中的 Contours 选项，打开"云图"对话框，在"着色变量"下拉列表中选择 Properties 和 Molecular Viscosity 列表，如图 14-16 所示。单击"保存/显示"按钮，显示流体分子粘性系数云图，如图 13-93 所示。

图 14-17 所示为暖流体从左到右进入一个较低温度通道的流体分子粘性系数分布云图，可以发现粘性系数通过 UDF 随流动方向升高。

图 14-16　云图显示设置

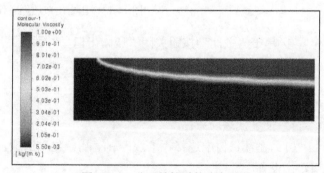

图 14-17　分子粘性系数分布云图

14.3　利用 UDF 求解多孔介质问题

本节利用 Fluent 对多孔介质及其位置进行建模并求解该问题，求解过程中利用 UDF 函数功能对介质相关参数进行定义。

14.3.1　案例简介

图 14-18 所示为多孔介质问题的模型示意图。由于对称面边界条件，所以只需要二分之一模型。整个区域被分为两个流体区域，其中名为 fluid-2 的流体区域中每个单元都利用 UDF 定义 X 方向的源项。这个源项对 X 方向的流动定义出一个多孔介质，见式 14-2：

$$S_x = -\frac{1}{2}C\rho y|u|u \tag{14-2}$$

式中，$C=100$，为一个常数项。

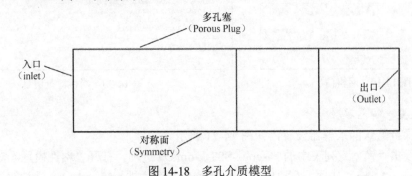

图 14-18　多孔介质模型

方程中源项通过 DEFINE_SOURCE 语句进行定义。采用有限体积法的 Fluent 求解器需要对源项进行如式 14-3 所述的线性化处理。

$$S_\phi = A + B\phi = \underbrace{\left(S^* - \left(\frac{\partial S_\phi}{\partial \phi}\right)^* \phi^*\right)}_{A} + \underbrace{\left(\frac{\partial S_\phi}{\partial \phi}\right)^*}_{B}\phi \tag{14-3}$$

式中，上标*号代表前一步迭代得到的结果，B 项通过当前已知的 φ 值被显示出来，整个 S 通过 DEFINE_SOURCE 返回。在本例中 X 方向的动量方程中的源项通过式 14-4 得到 B 项结果。

$$B = \frac{\partial S_x}{\partial u} = -C\rho y|u| \tag{14-4}$$

读者可以根据 porous_plug.c 文件对 UDF 源文件进行更深入的了解。

14.3.2　Fluent 求解计算设置

1. 启动 Fluent-2D

（1）在 Workbench 平台内启动 Fluent，进入启动界面。

（2）选中 Dimension 选项的 2D 单选按钮，选择 Display Mesh After Reading 及 Double Precision 选项，取消勾选 Display Options 的 2 个复选框。

（3）其他参数保持默认设置，单击 Start 按钮进入 Fluent 主界面。

2. 读入并检查网格

（1）执行“文件”→“导入”→“网格”命令，在打开的 Select File 对话框中读入 user-vis.msh 二维网格文件。

（2）在功能区执行“域”→“网格”→“信息”→“尺寸”命令，得到如图 14-19 所示的模型网格信息。

（3）在功能区执行“域”→“网格”→“检查”命令，反馈信息如图 14-20 所示。观察计算域二维坐标的上下限，检查最小体积和最小面积是否为负数。

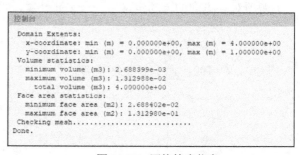

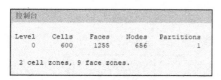

```
控制台

Level    Cells    Faces    Nodes    Partitions
    0      600     1255      656             1

 2 cell zones, 9 face zones.
```

图 14-19　网格信息

```
控制台

 Domain Extents:
   x-coordinate: min (m) = 0.000000e+00, max (m) = 4.000000e+00
   y-coordinate: min (m) = 0.000000e+00, max (m) = 1.000000e+00
 Volume statistics:
   minimum volume (m3): 2.688399e-03
   maximum volume (m3): 1.312988e-02
     total volume (m3): 4.000000e+00
 Face area statistics:
   minimum face area (m2): 2.688402e-02
   maximum face area (m2): 1.312980e-01
 Checking mesh...........................
Done.
```

图 14-20　网格检查信息

3. 设置求解器参数

（1）保持默认的求解器设置，如图 14-21 所示。

（2）双击“模型”列表中的 Viscous-SST k-omega 选项，打开“粘性模型”对话框，选择 k-epsilon（2 eqn）选项，在“k-epsilon 模型”列表中选择 Standard 单选按钮，其他参数保持默认设置，如图 14-22 所示，单击 OK 按钮保存设置。

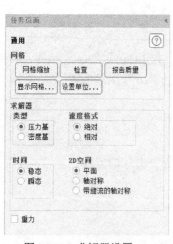

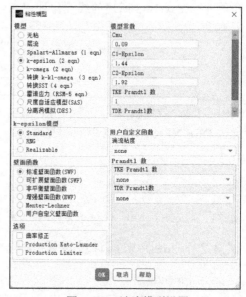

图 14-21　求解器设置

图 14-22　湍流模型设置

4. 编写 UDF 并编译

UDF 函数可以通过编译或者直接解释得到，在本案例中我们通过直接解释得到。

（1）浏览 UDF 函数，可以了解 UDF 函数 porous_plug.c 是如何定义源项的。利用其他的文本编辑工具或者编程工具可以打开该文件的内容，编写的 UDF 及部分说明如下。

```c
#include "udf.h"
DEFINE_SOURCE(xmom_source, cell, thread, dS, eqn)
{
  const real c2=100.0;
  real x[ND_ND];
  real con, source;
  C_CENTROID(x, cell, thread);
  con = c2*0.5*C_R(cell, thread)*x[1];
  source = - con*fabs(C_U(cell, thread))*C_U(cell, thread);
  dS[eqn] = - 2.*con*fabs(C_U(cell, thread));
  return source;
}
```

（2）执行菜单栏"用户自定义"→"用户自定义"→"函数"→"解释"命令，打开"解释 UDF"对话框，如图 14-23 所示。

① 单击"浏览"按钮，选择工作文件夹中的 porous_plug.c 文件。

② 指定"CPP 命令名称"的 CPP 前处理器。如果要使用 Fluent 软件所提供的 C 前处理器，则可以勾选"使用内置预处理器"复选框。

③ "堆栈尺寸"保持默认值 10000 设置，为了防止 UDF 中的局部变量的会导致堆栈溢出，"堆栈尺寸"的数量应该设置得比局部变量的数量大。

此时，控制窗口出现如下提示。

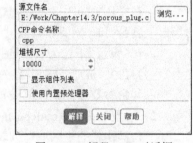

图 14-23　解释 UDF 对话框

```
cpp -I"D:\PROGRA~1\ANSYSI~1\v140\Fluent\Fluent14.0.0/src"
-I"D:\PROGRA~1\ANSYSI~1\v140\Fluent\Fluent14.0.0/cortex/src"
-I"D:\PROGRA~1\ANSYSI~1\v140\Fluent\Fluent14.0.0/client/src"
-I"D:\PROGRA~1\ANSYSI~1\v140\Fluent\Fluent14.0.0/multiport/src" -I. -DUDF
ONFIG_H="<udfconfig.h>" "E:\Fluent\chapter15\porous_plug.c"
```

5. 定义材料物性

本例中的材料参数采用空气的默认值设置，故不需要重新定义。

6. 设置区域条件

（1）单击项目树中的"单元区域条件"，则在右侧操作栏中可以看到需要进行的设置。

（2）在操作栏的"区域"列表中选择 fluid-2 并单击下面的"编辑"按钮，打开"流体"对话框，勾选"源项"复选框，如图 14-24 所示。

（3）单击该对话框中的"源项"选项卡，然后单击"X 动量"之后的"编辑"按钮，打开"X 动量源"对话框。首先增加源项数量值为 1，再在源项下拉列表中选择 udf xmom source::libudf，如图 14-25 所示，单击 OK 按钮关闭该对话框。

（4）单击"关闭"按钮关闭"流体"对话框。

图 14-24　fluid-2 区域条件设置

图 14-25　X 动量源设置

7. 设置边界条件

（1）设置 velocity-inlet-1 的边界条件。单击项目树中的"边界条件"选项，则在右侧操作栏中可以看到需要进行的设置。

① 在操作栏的"区域"列表中选择 velocity-inlet-1 选项并单击下面的"编辑"按钮，打开"速度入口"对话框，将"速度大小（m/s）"设置为 1。

② 在"设置"下拉列表中选择 Intensity and Hydraulic Diameter 选项，将"湍流强度（%）"和"水力直径（m）"分别设置为 5 和 4。

③ 其余参数保持默认值设置，单击"应用"按钮保存设置，如图 14-26 所示。

（2）设置 pressure-outlet-1 的边界条件。

① 在操作栏的"区域"列表中选择 pressure-outlet-1 并单击下面的"编辑"按钮，打开"压力出口"对话框，在"表压（Pa）"中输入数值 0。

② 在"设置"下拉列表中选择 Intensity and Viscosity Ratio 选项，将"回流湍流强度（%）"和"回流湍流粘度比"分别设置为 5 和 10。

③ 其余参数保持默认值设置，单击"应用"按钮保存设置，如图 14-27 所示。

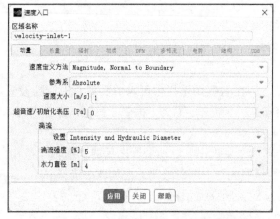

图 14-26　速度入口边界条件设置

图 14-27　压力出口边界条件设置

（3）其余边界条件保持系统默认设置。

14.3.3 求解计算

1. 设置流场初始化

（1）在项目树中选择"求解"→"初始化"选项，打开"解决方案初始化"面板进行初始化设置。

（2）在"初始化方法"列表中选择"标准初始化"选项，在"计算参考位置"下拉列表中选择 velocity-inlet-1，其他参数保持默认设置，单击"初始化"按钮完成初始化，如图 14-28 所示。

2. 迭代计算

单击项目树中的"求解"→"运行计算"选项，将操作栏的"迭代次数"设置为 100，单击"开始计算"按钮，求解 30 步左右完成计算，图 14-29 所示为计算残差曲线。

图 14-28 流场初始化设置

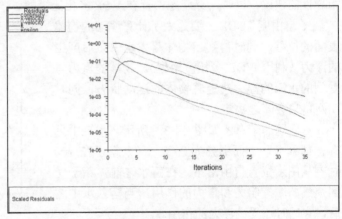

图 14-29 计算残差曲线

14.3.4 计算结果后处理及分析

利用 Fluent 的后处理工具显示速度矢量图。

执行"结果"→"图形"命令，打开"图形和动画"面板。双击"图形"中的 Vectors 选项，打开"矢量"对话框，如图 14-30 所示。单击"保存/显示"按钮，显示速度矢量云图，如图 14-31 所示。速度矢量图表明流体由于轴向动量方程中的源项影响而靠近通道下侧流动。

本案例可指导读者如何利用 UDF 对源项进行定义，以及通过 UDF 有效地在 CFD 中引入其他物理影响因素，而且可以对质量、动量、能量、组分等添加源项。

图 14-30　云图显示设置

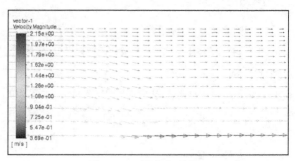

图 14-31　速度矢量图

14.4　水中落物的数值模拟

14.4.1　案例简介

本案例的目的是为带有"6 自由度"的动网格的问题提供一些指导性的建议。同时，该问题中存在 VOF 多相流模型。

"6 自由度"UDF 主要是为了计算移动的物体表面的位移，同时得到当物体落入水中之后产生的浮力（利用 VOF 多相流模型）。物体的重力与受到的水流的浮力决定着物体的运动状态，同时动网格也会随之决定。

本问题的示意图如图 14-32 所示。水缸中只有一部分水，上面部分为空气。一个箱子在 $t=0$ 时刻从图示位置自由落下。在落水之前，箱子受到空气的摩擦阻力和重力的作用。当落入水中之后，它同时还受到浮力的作用。

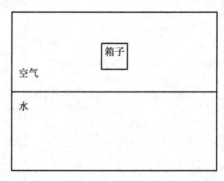

图 14-32　箱子落水的示意图

箱子的壁面按照刚体运动规律由"6 自由度"求解器计算出其位移。当箱子及其表面边界层附近网格发生位移，然后它外围的网格就会自动光顺或者重划分。使用 ANSYS Fluent 计算该模型。

14.4.2　Fluent 求解计算设置

1. 启动 Fluent-2D

（1）在 Workbench 平台内启动 Fluent，进入启动界面。

（2）选中 Dimension 选项的 2D 单选按钮，选择 Display Mesh After Reading，取消勾选中 Display Options 的 3 个复选框。

（3）其他参数保持默认设置，单击 Start 按钮进入 Fluent 主界面。

2. 读入并检查网格

（1）执行"文件"→"导入"→"网格"命令，在打开的 Select File 对话框中读入 falling-box-mesh.msh.gz 二维网格文件。

（2）在功能区执行"域"→"网格"→"信息"→"尺寸"命令，得到如图 14-33 所示的模型网格信息。

（3）在功能区执行"域"→"网格"→"检查"命令，反馈信息如图 14-34 所示。观察计算域二维坐标的上下限，检查最小体积和最小面积是否为负数。

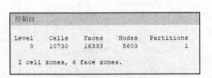

图 14-33　网格信息　　　　　　　　图 14-34　网格检查信息

3. 设置求解器参数

（1）单击工作界面左侧项目树中的"通用"选项，在打开的"通用"面板中设置求解器参数。

（2）在"通用"面板中勾选"重力"复选框，定义 Y 方向的重力加速度为-9.8m/s²，在"时间"列表中选择"瞬态"，其他求解参数保持默认设置，如图 14-35 所示。

（3）在项目树中选择"设置"→"模型"选项，打开"模型"面板对求解模型进行设置，如图 14-36 所示。

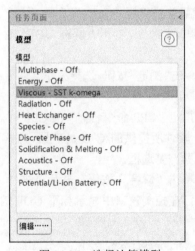

图 14-35　设置求解参数　　　　　　图 14-36　选择计算模型

（4）双击"模型"列表中的 Viscous-SST k-omega 选项，打开"粘性模型"对话框，选择 k-epsilon（2 eqn）选项，其他参数保持默认设置，如图 14-37 所示，单击 OK 按钮保存设置。

（5）再次返回"模型"面板，双击 Multiphase-Off 选项，打开"多相流模型"对话框。选中"模型"列表中的 VOF 单选按钮，勾选"体积分数参数"列表中的"显式"复选框，选中"体积力格式"的"隐式体积力"复选框，"Eulerian 相数量"设置为 2，如图 14-38 所示，单击"应用"按钮完成设置。

图 14-37 "粘性模型"对话框

图 14-38 选择多相流模型

4. 编译（解释）UDF 文件

执行菜单栏"用户自定义"→"用户自定义"→"函数"→"解释"命令，打开"解释 UDF"对话框，如图 14-39 所示。

（1）单击"浏览"按钮，选择工作文件夹中的 porous_plug.c 文件。

（2）指定"CPP 命令名称"的 CPP 前处理器。如果要使用 Fluent 软件所提供的 C 前处理器，则可以勾选"使用内置预处理器"复选框。

图 14-39 "解释 UDF"对话框

（3）单击"解释"按钮，然后单击"关闭"按钮关闭"解释 UDF"对话框。

此时，在控制窗口中显示如下 UDF 信息。

```
cpp -I"D:\PROGRA~1\ANSYSI~1\v140\Fluent\Fluent14.0.0/src"
-I"D:\PROGRA~1\ANSYSI~1\v140\Fluent\Fluent14.0.0/cortex/src"
-I"D:\PROGRA~1\ANSYSI~1\v140\Fluent\Fluent14.0.0/client/src"
-I"D:\PROGRA~1\ANSYSI~1\v140\Fluent\Fluent14.0.0/multiport/src" -I. -DUDF
ONFIG_H="<udfconfig.h>" "E:\Fluent\chapter17\falling-box-6dof_2d.c"
```

5. 定义材料物性

（1）在项目树中选择"设置"→"材料"选项，在打开的"材料"面板中对所需材料进行设置。

（2）双击"材料"列表中的 Fluid 选项，打开"创建/编辑材料"设置对话框，如图 14-40
所示。

（3）单击"Fluent 数据库"按钮，打开"Fluent 数据库材料"对话框，在"Fluent 流体
材料"列表中选择 water-liquid（h2o<1>）选项，单击"复制"按钮，如图 14-41 所示，单击
"关闭"按钮关闭窗口。

图 14-40　材料物性参数设置对话框　　　　图 14-41　材料库选择材料

（4）修改 water-liquid（h2o<1>）的参数。

① 在"密度"下拉列表中选择 user-defined，在打开的对话框中选择 water_density，如
图 14-42 所示，并单击 OK 按钮关闭对话框。

② 在"声速"下拉列表中选择 user-defined，在弹出的对话框中选择 water_speed_
of_sound，并单击 OK 按钮。

③ 最终修改的"创建/编辑材料"对话框如图 14-43 所示，单击"更改/创建"按钮完成
设置，然后单击"关闭"按钮关闭"创建/编辑材料"对话框。

图 14-42　用户自定义函数　　　　图 14-43　修改 water-liquid 的参数

6. 物相设置

（1）在项目树中选择"设置"→"模型"→"多相流（VOF）"选项，打开"多相流模
型"对话框，单击"相"选项卡，进行相材料设置，如图 14-44 所示。

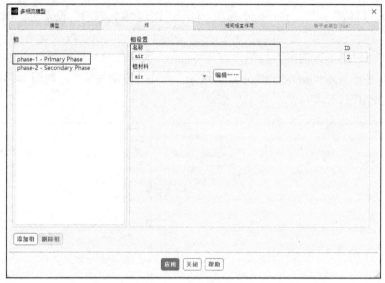

图 14-44　气液相设置面板

（2）单击"相"列表中的 phase-1-Primary Phase 选项，将"名称"设置为 water，在"相材料"的下拉列表中选择 water-liquid 选项，单击"应用"按钮保存设置。

（3）单击"相"列表中的 phase-2-Primary Phase 选项，将"名称"设置为 air，在"相材料"的下拉列表中选择 air 选项，单击"应用"按钮保存设置，如图 14-45 所示。

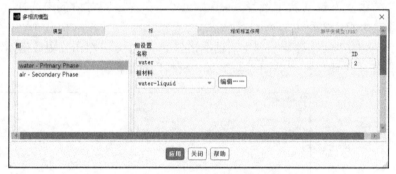

图 14-45　气液相材料设置面板

7. 定义工作环境

在功能区执行"物理模型"→"求解器"→"工作条件"命令，打开"工作条件"对话框，勾选"可变密度参数"的"指定的操作密度"复选框，并将"工作密度"设置为 1.225，如图 14-46 所示，单击 OK 按钮保存设置。

8. 设置边界条件

（1）在项目树中选择"设置"→"边界条件"选项，在打开的边界条件面板中对边界条件进行设置。

（2）双击"区域"列表中的 tank_outlet 选项，打

图 14-46　设置操作密度

开"压力出口"对话框，在"动量"选项卡湍流选项的"设置"下拉列表中选择 Intensity and Viscosity Ratio 选项，"回流湍流强度"及"回流湍流粘度比"设置为 1 和 10，如图 14-47 所示，单击"应用"按钮完成设置。

（3）在"压力进口"边界条件面板中的"相"下拉列表中选择 air 选项，在打开的对话框中设置"回流体积分数"为 1，表明出口压力回流只有空气，如图 14-48 所示。

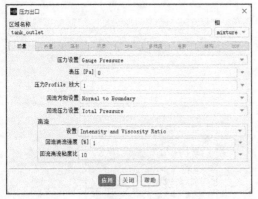

图 14-47　混合物（mixture）相设置

图 14-48　空气（air）相设置

9. 动网格设置

（1）在项目树中选择"设置"→"动网格"选项，打开"动网格"面板，勾选"动网格"复选框，在"网格方法"列表中勾选"光顺"和"重新划分网格"复选框，在"选项"列表中选择"6 自由度"，如图 14-49 所示。重力加速度必须在"6 自由度"中进行定义，由于在"操作压力"面板中已经定义，所以这里不需要再定义。

（2）单击"网格方法"选项下方的"设置"按钮，打开"网格方法设置"对话框，单击"高级"按钮，在打开的"网格光顺参数"面板内设置"弹簧常数因子"为 0.5，"Laplace 节点松弛"为 1，如图 14-50 所示。

图 14-49　动网格设置面板

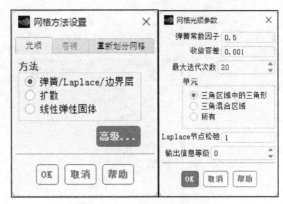

图 14-50　设置弹簧光顺网格

（3）单击"重新划分网格"选项卡，将"最小长度尺寸（m）"设置为 0.056，"最大长度尺寸（m）"设置为 0.13，"最大单元倾斜"设置为 0.5，如图 14-51 所示。单击"网格尺度信息"按钮，打开"网格尺度信息"面板，可以查看最大最小网格尺度，如图 14-52 所示，单击"关闭"按钮关闭该对话框。

图 14-51　设置网格重构

图 14-52　网格尺度信息

（4）返回"动网格"面板，单击"创建/编辑"按钮，打开"动网格区域"对话框，在"区域名称"下拉列表中选择 moving_box 选项，在"类型"列表中选择"刚体"选项，在"属性"下拉列表中选择 test_box 选项，在"6 自由度"选项中选择"开启"复选框，单击"创建"按钮，创建 moving_box 区域的运动特性。重复上述操作，在"区域名称"下拉列表中选择 moving_fluid 选项，在"类型"列表中选择"刚体"选项，在"属性"下拉列表中选择 test_box 选项，在"6 自由度"选项中勾选"开启"及"随动"复选框，单击"创建"按钮，创建 moving_fluid 区域的运动特性，最终结果如图 14-53 所示。

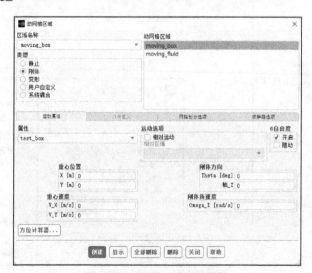

图 14-53　设置区域运动属性

10. 预览动网格运动

该步骤的目的是预览网格在运动过程中的质量变化情况，由于没有加载流体，所以网格的运动规律仅仅是自由落体。

（1）保存先前设置的 case 文件，命名为 falling-box-init.cas.h5。

（2）预览动网格运动。

① 执行"设置"→"通用"→"显示网格"命令，再次显示网格。

② 打开"动网格"面板。

③ 单击"预览网格运动"按钮，打开"网格运动"对话框，设置"时间步长（s）"为 0.005，"时间步数"为 150，其余选项保持默认值设置，如图 14-54 所示。

图 14-54 动网格运动过程预览设置

④ 单击"预览"按钮进行预览，如图 14-55 和图 14-56 所示。

图 14-55 动网格运动效果图（1）

图 14-56 动网格运动效果图（2）

⑤ 单击"关闭"按钮，关闭"网格运动"对话框。

（3）退出 Fluent。

14.4.3 求解计算

1. 求解控制参数

（1）打开二维版本的 Fluent，并读入先前保存的 falling-box-init.cas.h5 文件。

（2）在项目树中选择"求解"→"方法"选项，在打开的"求解方法"面板中对求解控制参数进行设置。

（3）按照如图 14-57 所示对面板中的各个选项进行设置，选择 Coupled 算法。

2. 设置求解松弛因子

（1）在项目树中选择"求解"→"控制"选项，在打开的"解决方案控制"面板中对求解松弛因子进行设置。

（2）按照如图 14-58 所示对面板中相应的松弛因子进行设置，将"流动库朗数"设置为 1000000，"动量"及"压力"设置为 1，"体积力"设置为 0.5。

3. 设置流场初始化

（1）在项目树中选择"求解"→"初始化"选项，打开"解决方案初始化"面板进行初始化设置。

（2）在"初始化方法"下拉列表中选择"标准初始化"选项，将"湍流动能（m^2/s^2）"及"湍流耗散率（m^2/s^2）"设置为 0.001，其他选项保持默认设置，单击"初始化"按钮完成初始化，如图 14-59 所示。

图 14-57　设置求解方法

图 14-58　设置松弛因子

图 14-59　解决方案初始化

4. 设置液相区域

执行"求解"→"单元标记"→"创建"→"区域"命令，打开"区域标记"对话框，将"X 最小值（m）"设置为 2，"X 最大值（m）"设置为 3.25，"Y 最小值（m）"设置为 0，"Y 最大值（m）"设置为 1.5，如图 14-60 所示，单击"保存/显示"按钮完成设置。显示的区域范围如图 14-61 所示。

图 14-60　液相区设定

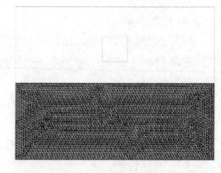

图 14-61　液相区设定示意图

5. 设置初始相

返回流场初始化的"解决方案初始化"面板，单击"局部初始化"按钮，打开"局部初始化"对话框，选择"待局部初始化的标记"下的 region_0 选项，在"相"下拉列表中选择 air 选项，在 Variable 列表中选择 Volume Fraction 选项，将"值"设置为 0，如图 14-62

所示，单击"局部初始化"按钮，完成设置。

图 14-62　初始相设置

6. 设置收敛临界值

在项目树中选择"求解"→"计算监控"→"残差"选项，打开"残差监控器"对话框，如图 14-63 所示，各参数保持默认设置，单击 OK 按钮完成设置。

图 14-63　修改迭代残差

7. 设置监控窗口

在项目树中右击"求解"→"报告定义"选项，在弹出的界面中选择"创建"→"表面报告"→"面积加权平均"选项，如图 14-64 所示，将打开"表面报告定义"设置对话框，在"报告类型"下拉列表中选择 Area-Weighted Average，在"场变量"下拉列表中选择 Velocity，在"创建"列表中选择"报告文件"及"报告图"复选框，在"表面"列表中选择 moving_box 选项，如图 14-65 所示，单击 OK 按钮保存设置。

8. 设置自动截图

（1）执行"文件"→"保存图片"命令，打开"保存图片"对话框。

（2）在"格式"列表中选择 TIFF 选项，勾选"选项"列表中的两个复选框，如图 14-66 所示。

（3）单击"应用"按钮，然后单击"关闭"按钮关闭"保存图片"对话框。

（4）执行"结果"→"图形"命令，打开"图形和动画"面板。双击"图形"列表中的 Contours 选项，打开"云图"对话框。在"着色变量"下拉列表中分别选择 Phases 和 Volume fraction 选项，如图 14-67 所示，单击"保存/显示"按钮完成设置，单击"关闭"按钮关闭对话框。

图 14-64　报告文件设置

图 14-65　表面监控设置

图 14-66　保存图片设置

图 14-67　云图显示设置

9. 为创建 TIFF 动画定义命令

（1）执行"求解"→"计算设置"→"执行命令"命令，打开"执行命令"面板。

（2）将"定义命令"设置为 4，如图 14-68 所示。

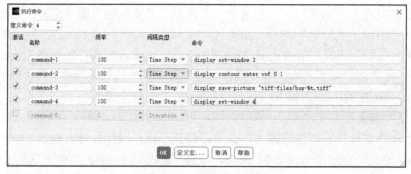

图 14-68　执行命令设置

（3）定义命令如表 14-4 所示。

表 14-4 命令定义

	Every	When	Command
Command-1	100	Time Step	display set-window 3
Command-2	100	Time Step	display contour water vof 0 1
Command-3	100	Time Step	display save-picture "tiff-files/box-%t.tiff"
Command-4	100	Time Step	display set-window 4

在单击 OK 按钮之前，必须确定工作目录下包含名为 tiff-files 的子目录。

（4）将 4 个命令之前的 Active 复选框全部勾选。

（5）单击 OK 按钮关闭对话框。

10．迭代计算

（1）在项目树中选择"求解"→"计算设置"→"计算设置"选项，打开"自动保存"面板。将"保存数据文件间隔"设置为 100，代表每计算 100 个时间步保存一次计算数据，在"保存相关 Case 文件"选项中选择"每次"，如图 14-69 所示。

（2）在项目树中选择"求解"→"运行计算"选项，打开"运行计算"面板。设置"时间步数"为 10000，"时间步长"为 0.0005，将"最大迭代数/时间步"设置为 50，如图 14-70 所示。

（3）单击"开始计算"按钮进行迭代计算。

图 14-69 保存数据设置

图 14-70 迭代设置对话框

经过计算得到的所有图像文件都在附带文件中的 TIFF 文件夹内，该图像序列为箱子落水的全部过程，部分时刻的云图如图 14-71 及图 14-72 所示。

本算例展示了如何设置并求解带有六自由度和多相流的动网格问题。本算例中，6DOF UDF 用于计算箱子掉入水中的浮力，TIFF 文件可以为后处理及制作动画做准备。

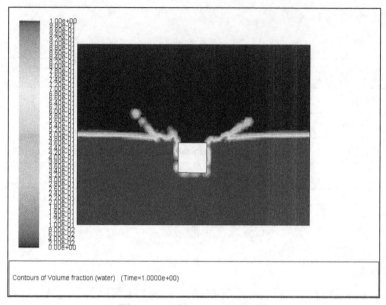

图 14-71　时间 t=1s 时刻云图

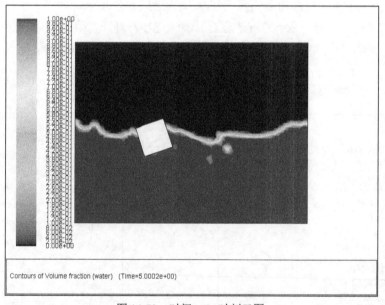

图 14-72　时间 t=5s 时刻云图

14.5　本章小结

　　本章在介绍 UDF 基本用法的基础上，通过示范 UDF 在物性参数修改、多孔介质及运动定义中的应用介绍其基本使用方法。UDF 的具体编写法则可以参考 Fluent 用户手册及参阅帮助中对 UDF 宏命令的介绍。通过功能介绍和实例讲解帮助读者进一步掌握 UDF 的基本用法及设置的基本操作过程。

第 15 章　燃料电池问题模拟

本章案例主要向读者介绍如何使用 Fluent 中的燃料电池附件模块来求解单通道逆流聚合物电解质膜（PEM）燃料电池问题。

学习目标：

● 建立和构造单直通道逆流 PEM 燃料电池的网格；
● 指定 Fluent 中 PEM 燃料电池附件模块中所需要的计算区域的名字和类型。

15.1　单直通道逆流 PEM 燃料电池

15.1.1　案例简介

图 15-1 所示为单直通道逆流 PEM 燃料电池。该物体在 X、Y 和 Z 方向的尺寸分别为 2.4 mm、2.88 mm 和 125 mm，图示为重复的 PEM 燃料电池堆中的一个单元。电解质交换膜的面积为 2.4×125=300mm²。在图示中标记的所有单元（除了冷却通道）都必须通过 GAMBIT 定义为单独的区域。可以定义出多个区域，如多个阴极气体扩散层，每个的物性参数也可以不同。

扫码观看
配套视频

15.1 节配套视频

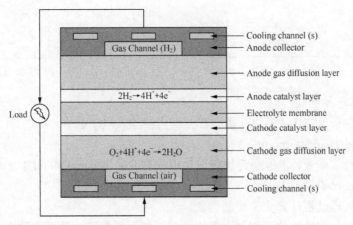

（Load 为负载，Gas Channel 为气体通道，Cooling channel 为冷却通道，Cathode collector 为阴极集电极，Anode collector 为阳极集电极，Anode catalyst layer 为阳极催化层，Cathode catalyst layer 为阴极催化层，Anode gas diffusion layer 为阳极气体扩散层，Cathnode gas diffusion layer 为阴极气体扩散层，Electrolyte membrane 为电解质膜）

图 15-1　PEM 燃料电池区域示意图

在 Fluent 中，所有连续的区域都是流体（Fluid）类型，除电流收集器以外（可以是固体，也可以是流体）。简便起见，推荐读者将电流收集器设置为固体连续的区域类型。

15.1.2 Fluent 求解计算设置

1. 启动 Fluent-3D

（1）在 Workbench 平台内启动 Fluent，进入启动界面。

（2）选中 Dimension 中的 3D 单选按钮，选择 Display Mesh After Reading 及 Double Precision，取消勾选 Display Options 的 2 个复选框。

（3）其他选项保持默认设置即可，单击 Start 按钮进入 Fluent 主界面。

2. 读入并检查网格

（1）执行"文件"→"导入"→"网格"命令，在打开的 Select File 对话框中读入 pem-single-channel.msh.gz 三维网格文件。

（2）在功能区执行"域"→"网格"→"检查"命令，可以看到计算域二维坐标的上下限，检查最小体积和最小面积是否为负数。

（3）在"通用"面板中，单击"缩放网格"按钮，打开"缩放网格"对话框，在"网格生成单位"下拉列表中选择 mm，单击"比例"按钮，计算模型尺寸单位修改为 mm，如图 15-2 所示。

（4）其他求解参数保持默认设置，如图 15-3 所示。

图 15-2　修改尺寸单位

图 15-3　通用求解参数设置

3. 设置求解器参数

（1）为了加载 PEMFC 模块，需要在控制台中输入以下命令。

/define/models/addon-module 3

输入并执行该命令，求解器会加载与该模块有关的 Scheme 和 GUI 及 UDF 库。在显示"Addon Module: fuelcells...loaded!"语句后，代表模块加载成功。

（2）为后处理过程计算交换膜的面积。

在本案例中，交换膜的面积与阴极终端表面的面积相等，该面名称为 wall-terminal-c。

在功能区执行"结果"→"报告"→"投影面积"命令，打开"投影表面区域"对话框。在"投影方向"列表中选择 Y，在"表面"列表中选择 wall-terminal-c，单击"计算"按钮，得到面积为 0.0003 m^2，如图 15-4 所示。然后单击 "关闭"按钮关闭该对话框。

图 15-4 投射面积设置

（3）改变求解区域，使用户自定义标量在全部区域有效。

在功能区执行"用户自定义"→"用户自定义"→"标量"命令，打开"用户自定义标量"对话框，单击 OK 按钮完成设置。该步操作是可选择的，为后处理提供便利。

（4）设置 PEMFC 模型。

执行"设置"→"模型"→Fuel Cell and Electrolysis（PEMFC）命令，打开图 15-5 所示的 Fuel Cell and Electrolysis Models 对话框[①]。

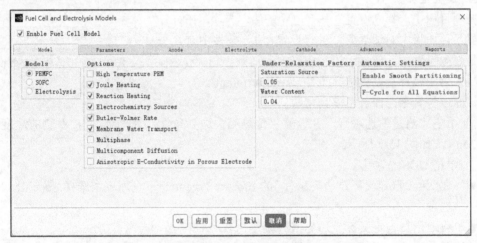

图 15-5 Fuel Cell and Electrolysis Models 对话框

① 单击对话框中的 Anode 选项卡。

- 选择 Anode Zone Type 下的 Current Collector，并选择右侧 Zone 列表中的 current-a。
- 选择 Anode Zone Type 下的 Flow Channel，并选择右侧 Zone 列表中的 channel-a。
- 选择 Anode Zone Type 下的 Porous Electrode，并选择右侧 Zone 列表中的 gdl-a。
- 选择 Anode Zone Type 下的 TPB Layer（Catalyst），并选择右侧 Zone 列表中的 catalyst-a。

② 单击 Electrolyte 选项卡。选择 Zone 列表中的 membrane。

③ 单击 Cathode 选项卡。

- 选择 Cathode Zone Type 下的 Current Collector，并选择右侧 Zone 列表中的 current-c。
- 选择 Cathode Zone Type 下的 Flow Channel，并选择右侧 Zone 列表中的 channel-c。

----

① 注：由于当前 ANSYS 软件汉化不彻底，部分界面仍为英文界面。

- 选择 Cathode Zone Type 下的 Porous Electrode，并选择右侧 Zone 列表中的 gdl-c。
- 选择 Cathode Zone Type 下的 TPB Layer（Catalyst），并选择右侧 Zone 列表中的 catalyst-c。

④ 单击 Reports 选项卡。

- 设置 Electrolyte Projected Area 的值为 0.0003，该值在前面已经得到。
- 选择右侧 Anode 列表中的 wall-terminal-a，Cathode 列表中的 wall-terminal-c。

⑤ 单击 OK 按钮关闭该对话框。

4. 定义材料物性

该步骤直接跳过，所有材料物性采用系统默认设置即可。

5. 工作环境参数设置

（1）在功能区执行"物理模型"→"求解器"→"工作条件"命令，打开"工作条件"对话框，在"工作压力 Pa"下输入 200000，如图 15-6 所示。

（2）单击 OK 按钮关闭对话框。

图 15-6 工作环境参数设置

6. 设置边界条件

在项目树中选择"设置"→"边界条件"选项，在打开的边界条件面板中对边界条件进行设置。边界条件中有几个区域是必须设置的，包括阴极、阳极、入口及出口。

（1）为阳极终端设置边界条件，wall-terminal-a。

该面电势为零，而且温度为常数。

① 单击"热量"选项卡，并设置"传热相关边界条件"为"温度"，右侧的温度值设置为 353K，如图 15-7 所示。

② 单击 UDS 选项卡。

- 在"用户自定义标量边界条件"的 Electric Potential 下拉列表中选择 Specified Value 选项。
- 将"用户自定义标量边界值"设置为 0。

该边界代表该处为地，电势设置为零。

- 单击"应用"按钮，关闭"壁面"边界设置对话框。

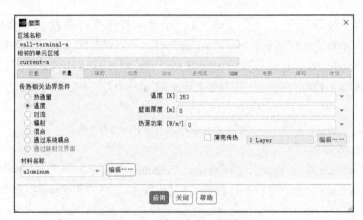

图 15-7 边界条件设置实例

（2）为阴极终端设置边界条件，wall-terminal-c。

在该面上，其电势为常数，且为正值。

① 单击"热量"选项卡，并设置"传热相关边界条件"为"温度"，右侧的温度值设置为 353K。

② 单击 UDS 选项卡。

- 在"用户自定义标量边界条件"的 Electric Potential 下拉列表中选择 Specified Value 选项。
- 将"用户自定义标量边界值"设置 0.75。

该边界代表该处电势为 0.75V。

- 单击"应用"按钮，关闭"壁面"边界设置对话框。

为了得到伏安特性曲线，读者需要将阴极电势从开路电压起开始设置，然后逐步降低该电势，每次求解收敛后再改变该值。

（3）为阳极气体入口设置边界条件，inlet-a。

在该处入口，潮湿的氢气进入燃料电池。没有液体直接进入通道。

① 分别将"质量流率"和"超音速/初始化表压"设置为 6.0e-7 和 0，"方向设置"修改为 Normal to Boundary。

② 单击"热量"选项卡，将"总温"设置为 353。

③ 单击"组份"选项卡，将 h2、o2 和 h2o 的质量分数分别设置为 0.8、0.0 和 0.2。

④ 单击 UDS 选项卡，在"用户自定义标量边界条件"的 Water Saturation 下拉列表中选择 Specified Value 选项。

⑤ 将"用户自定义标量边界值"的 Water Saturation 设置为 0。

⑥ 单击"应用"按钮，关闭"质量流入口"边界设置对话框。

（4）为阴极气体入口设置边界条件，inlet-c。

在该处入口，潮湿的空气进入燃料电池。没有液体直接进入通道。

① 将"质量流率"设置为 5.0e-7，"方向设置"修改为 Normal to Boundary。

② 单击"热量"选项卡，将"总温"设置为 353。

③ 单击"组份"选项卡，将 h2、o2 和 h2o 的质量分数分别设置为 0.0、0.2 和 0.1。

④ 单击 UDS 选项卡，在"用户自定义标量边界条件"的 Water Saturation 下拉列表中选择 Specified Value。

⑤ 将"用户自定义标量边界值"的 Water Saturation 设置为 0。

⑥ 单击"应用"按钮，关闭"质量流入口"边界设置对话框。

（5）设置阳极气体出口边界条件，outlet-a。

① 单击"热量"选项卡，将"回流温度"设置为 353。

② 单击"应用"按钮，关闭"压力出口"边界条件设置对话框。

（6）将 outlet-a 的边界条件复制至阴极出口边界（outlet-c）即可。

15.1.3 求解计算

1. 求解控制参数

系统默认的求解器设置参数无法实现求解收敛，因此需要经过以下修改。

（1）执行"求解"→"控制"命令，修改"解决方案控制"面板中的"亚松弛因子"，将"压力"、"动量"、Protonic Potential 及 Water Content 分别修改为 0.7、0.3、0.95 和 0.95，如图 15-8 所示。

（2）单击"解决方案控制"面板中的"高级"按钮，打开"高级解决方案控制"对话框，如图 15-9 所示。

① 将所有方程的"周期类型"都修改为 F-Cycle。读者需要利用鼠标滚轮查看所有方程。

② 在"结束限制"中，将 h2、o2、h2o 和 Water Saturation 的值修改为 0.001。

③ 将 h2、o2、h2o、Water Saturation、Electric Potential 和 Protonic Potential 的"稳定方法"通过下拉列表改为 BCGSTAB。

④ 将 Electric Potential 和 Protonic Potential 的"结束限制"修改为 0.0001。

⑤ 将"固定周期参数"的"最大循环数"改为 50。

⑥ 单击 OK 按钮关闭该对话框。

图 15-8　解决方案控制设置

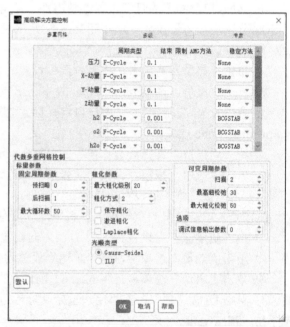

图 15-9　"高级解决方案控制"对话框

2. 设置流场初始化

（1）在项目树中选择"求解"→"初始化"选项，打开"解决方案初始化"面板进行初始化设置。

（2）在"初始化方法"下拉列表中选择"标准初始化"选项，将"温度（k）"设置为 353，其他选项保持默认设置，单击"初始化"按钮完成初始化，如图 15-10 所示。

3. 迭代计算

在项目树中选择"求解"→"运行计算"选项，将面板中的"迭代步数"设置为 400。单击"开始计算"按钮开始计算。求解过程中的残差收敛曲线如图 15-11 所示。每次迭代过程中，平均电流密度在控制台中都有显示。

图 15-10 解决方案初始化设置

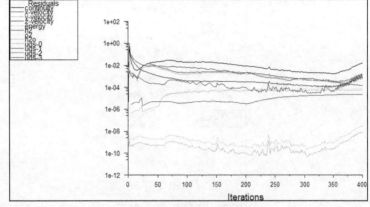

图 15-11 残差收敛曲线

15.1.4 计算结果后处理及分析

1. 建立后处理所需要的面

执行"结果"→"表面"→"创建"→"等值面"选项命令，打开"等值面"对话框。在"常数表面"下的第一个下拉列表中选择 Mesh，在第二个下拉列表中选择 Z-Coordinate，将"等值"设置为 0.0625，"新面名称"设置为 plane-xy，单击"创建"按钮，如图 15-12 所示。

图 15-12 等值面创建对话框

使用同样的方法沿着电池长度方向，选择 X-Coordinate 创建值为 0.0012、名称为 plane-yz 的平面。

2. 创建自定义矢量图显示

执行"结果"→"图形"命令，打开"图形和动画"面板。双击"图形"中的 Vectors 选项，打开"矢量"对话框，如图 15-13 所示。

图 15-13 "矢量"对话框

① 单击对话框中的"自定义矢量"按钮,弹出"自定义矢量"对话框。

- 在"矢量名称"中输入 current-flux-density。
- 在"X 分量"下拉列表中选择 User Defined Memory 和 X Current Flux Density。
- 在"Y 分量"下拉列表中选择 User Defined Memory 和 Y Current Flux Density。
- 在"Z 分量"下拉列表中选择 User Defined Memory 和 Z Current Flux Density,如图 15-14 所示。
- 单击"定义"按钮完成设置,单击"关闭"按钮关闭该对话框。

图 15-14 自定义矢量对话框

② 在"矢量"对话框的"矢量定义"下拉列表中选择 current-flux-density。

③ 在"类型"列表中选择 filled-arrow。

④ 单击"矢量选项"按钮,打开"矢量选项"对话框,将"缩放矢量箭头"设置为 0.5,如图 15-15 所示。单击"应用"按钮完成设置,单击"关闭"按钮关闭该对话框。

⑤ 在"着色变量"下拉列表中选择 User-Defined Memory 和 Current Flux Density Magnitude。

⑥ 选择"显示网格"复选框,打开"网格显示"对话框,在"表面"列表中仅选择 plane-xy,在"边类型"列表中选择"特性",如图 15-16 所示。单击"显示"按钮完成设置,单击"关闭"按钮关闭该对话框。

⑦ 在"表面"列表中选择 plane-xy,单击"保存/显示"按钮完成设置,则显示出如图 15-17 所示的图形。

图 15-15　矢量选项对话框　　　　　　图 15-16　网格显示对话框

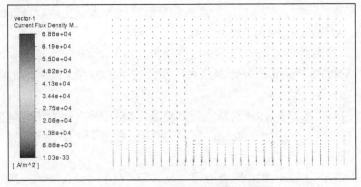

图 15-17　电池正中间处的电流密度

3. 显示 plane-yz 上的质量分数分布云图，过程中可以对 Z 轴方向进行显示缩放，其操作如下

执行"结果"→"图形"命令，打开"图形和动画"面板。双击"图形"中的 Contours 选项，打开"云图"对话框，在"着色变量"下拉列表中分别选择 Species 和 Mass fraction of h2，在"表面"列表中选择 plane-yz，如图 15-18 所示。单击"保存/显示"按钮完成设置。

图 15-19 所示为该面上的 h2 质量分数分布云图。

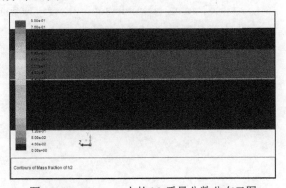

图 15-18　质量分数分布云图显示设置　　　图 15-19　plane-yz 上的 h2 质量分数分布云图

15.2　本章小结

本章介绍了 Fluent 中燃料电池的案例，读者应掌握如何建模并设置单通道 PEM 燃料电池，并且通过 Fluent 进行具体的求解。

参考文献

［1］钱翼稷. 空气动力学［M］. 北京：北京航空航天大学出版社，2004.

［2］唐家鹏. ANSYS FLUENT 16.0 超级学习手册［M］. 北京：人民邮电出版社，2016.

［3］周力行. 湍流两相流动与燃烧的数值模拟［M］. 北京：清华大学出版社，1991.

［4］丁伟. ANSYS Fluent 流体计算从入门到精通（2020 版）［M］. 北京：机械工业出版社，2020.

［5］刘斌. Fluent 2020 流体仿真从入门到精通［M］. 北京：清华大学出版社，2020.

［6］温正，石良臣，任毅如. Fluent 流体计算应用教程［M］. 北京：清华大学出版社，2009.

［7］刘斌. ANSYS Fluent2020 综合应用案例详解［M］. 北京：清华大学出版社，2020.

［8］刘鹤年. 流体力学［M］. 2 版. 北京：中国建筑工业出版社，2004.

［9］王福军. 计算流体动力学——CFD 软件原理应用［M］. 北京：清华大学出版社，2004.

［10］凌桂龙. Fluent 2020 流体计算从入门到精通（升级版）［M］. 北京：电子工业出版社，2021.

［11］章梓雄，董曾南. 黏性流体力学［M］. 北京：清华大学出版社，1998.

［12］陶文铨. 数值传热学［M］. 2 版. 西安：西安交通大学出版社，2001.

［13］[美] John，D.Anderson，JR.著，姚朝晖，周强译. 计算流体力学入门［M］. 北京：清华大学出版社，2010.

［14］张来平. 计算流体力学网格生成技术［M］. 北京：科学出版社，2017.